全国水利行业规划教材　高职高专水利水电类
中国水利教育协会策划组织

水库调度与管理

（第2版·修订版）

主　编　宋萌勃　岳延兵　陈吉琴
副主编　赵吴静　刘艳芳　黄彩琴
主　审　郭海晋　李宗尧

黄河水利出版社
·郑州·

内 容 提 要

本书是全国水利行业规划教材，是根据中国水利教育协会职业技术教育分会高等职业教育教学研究会组织制定的水库调度与管理课程教学标准编写的。全书主要内容包括绪论、水库调度的基本资料、水库的兴利调度、水库的防洪调度、水库的综合利用调度、水库运行调度管理、水库群调度简介、水库优化调度及自动化系统简介等。

本书可供高等职业院校和高等专科学校水文与水资源工程专业教学使用，也可供高职高专院校水利水电工程管理等专业师生及水电规划与水库调度管理人员阅读参考。

图书在版编目(CIP)数据

水库调度与管理/宋萌勃，岳延兵，陈吉琴主编.—2版.—郑州：黄河水利出版社，2020.6 (2022.7 修订版重印)
全国水利行业规划教材
ISBN 978-7-5509-2690-5

Ⅰ.①水… Ⅱ.①宋…②岳…③陈… Ⅲ.①水库调度-高等职业教育-教材②水库管理-高等职业教育-教材 Ⅳ.①TV697.1

中国版本图书馆CIP数据核字(2020)第104158号

组稿编辑：王路平 电话：0371-66022212 E-mail：hhslwlp@163.com

出 版 社：黄河水利出版社 网址：www.yrcp.com
地址：河南省郑州市顺河路黄委会综合楼14层 邮政编码：450003
发行单位：黄河水利出版社
发行部电话：0371-66026940、66020550、66028024、66022620(传真)
E-mail：hhslcbs@126.com
承印单位：河南育翼鑫印务有限公司
开本：787 mm×1 092 mm 1/16
印张：12
字数：280千字 印数：3 101—6 000
版次：2013年1月第1版 印次：2022年7月第2次印刷
2020年6月第2版
2022年7月修订版

定价：35.00元

第 2 版前言

本书是贯彻落实《国家职业教育改革实施方案》(国发〔2019〕4 号)、《国务院关于加快发展现代职业教育的决定》(国发〔2014〕19 号)和《水利部 教育部关于进一步推进水利职业教育改革发展的意见》(水人事〔2013〕121 号)等文件精神,依据教育部印发的《高等职业学校专业教学标准(试行)》中关于课程的教学要求,在中国水利教育协会的指导下,由中国水利教育协会职业技术教育分会高等职业教育教学研究会组织编写的第四轮水利水电类专业规划教材。第四轮教材以学生能力培养为主线,体现出实用性、实践性、创新性的教材特色,是一套理论联系实际、教学面向生产的高职教育精品规划教材。

为了不断提高教材质量,编者于 2022 年 7 月,根据近年来国家及行业最新公布的相关资料,以及在教学实践中发现的问题和错误,对全书进行了修订完善。

本书第 1 版自 2013 年 1 月出版以来,因其通俗易懂、全面系统、应用性知识突出、实用性强等特点,受到全国高职高专院校水利类专业师生及广大水利从业人员的喜爱。随着水利行业的发展,中华人民共和国水利部相继发布了《水库调度规程编制导则》(SL 706—2015)和《水库工程管理设计规范》(SL 106—2017)等文件。为进一步满足教学需要,并使教材内容符合新的行业要求,编者在第 1 版(修订版)的基础上对原教材内容进行了全面修订、补充和完善。此外,在体例上也作了修改,以项目引导、任务引领编排教学内容,并在每个学习项目后附有复习思考题,便于学生学习和掌握,有助于学生职业能力的培养。

本书编写人员与编写分工如下:长江工程职业技术学院宋萌勃编写项目一、项目八、附录二 ,山西水利职业技术学院岳延兵编写项目二,长江工程职业技术学院陈吉琴编写项目三、项目六,安徽水利水电职业技术学院赵吴静编写项目四,广西水利电力职业技术学院黄彩琴编写项目五,河南水利与环境职业学院刘艳芳编写项目七。全书由宋萌勃、岳延兵、陈吉琴担任主编,宋萌勃负责全书统稿;由赵吴静、刘艳芳、黄彩琴担任副主编;由长江水利委员会水文局郭海晋教授级高级工程师、安徽水利水电职业技术学院李宗尧教授担任主审。

在本书的编写过程中,承蒙各编写人员所在学院给予了大力支持,本书参考并引用了各种教材和文献资料,除已列出的外,其余未能一一注明,特此一并真诚感谢!

由于编者水平有限,编写正处新冠肺炎疫情期间,时间仓促,经验不足,书中难免会出现缺点、错误及不妥之处,敬请广大读者批评指正。

编 者

2022 年 7 月

目　录

项目一 绪 论

任务一 中国的水能资源和水电建设

一、中国的水能资源

(一)水能资源总量

我国是世界上水能资源最丰富的国家之一。2005 年的复查结果表明，我国大陆水能资源理论蕴藏量在 1 万 kW 及以上的河流共 3 886 条，水能资源理论蕴藏量年发电量为 60 829亿 kW · h，年平均功率为 69 440 万 kW；技术可开发装机容量为 54 164 万 kW，年发电量为 24 740 亿 kW · h；其中，经济可开发装机容量为 40 180 万 kW，年发电量为 17 534 亿 kW · h，分别占技术可开发装机容量和年发电量的 74.2% 和 70.9%，见表 1-1。单站装机容量 500 kW 及以上的可开发水电站共 11 000 余座，总装机容量为 37 853.24 万 kW，多年平均发电量为 19 233.04 亿 kW · h。2005 年复查的全国各流域水能资源蕴藏量和技术可开发量成果汇总见表 1-2。

表 1-1 我国大陆水能资源复查成果汇总

序号	项目		单位	数值
1	理论蕴藏量	年发电量	亿 kW · h	60 829
		年平均功率	万 kW	69 440
2	技术可开发量	水电站数量	座	13 286 +28/2*
		装机容量	万 kW	54 164
		年发电量	亿 kW · h	24 740
3	经济可开发量	水电站数量	座	11 653 +27/2*
		装机容量	万 kW	40 180
		年发电量	亿 kW · h	17 534
4	已开发量	水电站数量	座	6 053 +4/2*
		装机容量	万 kW	13 098
		年发电量	亿 kW · h	5 269

注：表中数值统计范围为理论蕴藏量 10 MW 及以上河流和这些河流上单站装机容量 0.5 MW 及以上的水电站，不含港澳台地区。加 * 的为国际界河电站数值。

表1-2 2005年复查的全国各流域水能资源蕴藏量和技术可开发量成果汇总

序号	流域	理论蕴藏量		技术可开发量		
		年电量(亿kW·h)	平均功率(万kW)	装机容量(万kW)	年发电量(亿kW·h)	电站座数(座)
1	长江流域	24 335.98	27 780.8	25 627.3	11 878.99	5 748
2	黄河流域	3 794.13	4 331.2	3 734.3	1 360.96	535
3	珠江流域	2 823.94	3 223.7	3 128.8	1 353.75	1 757
4	海河流域	247.94	283.0	202.9	47.63	295
5	淮河流域	98.00	111.9	65.6	18.64	185
6	东北诸河	1 454.80	1 660.7	1 682.1	465.23	644 +26/2
7	东南沿海诸河	1 776.11	2 027.5	1 907.5	593.39	2 558 +1/2
8	西南国际诸河	8 630.07	9 851.7	7 501.5	3 731.82	609 +1/2
9	西藏自治区诸河	14 034.82	16 021.5	8 466.4	4 483.11	243
10	北方内陆及新疆诸河	3 633.57	4 147.9	1 847.2	805.86	712
	合计	60 829.00	69 439.9	54 163.5	24 739.00	13 286 +28/2

注:2005年普查结果,未包括台湾省。

(二)中国河川水能资源的特点

(1)资源总量大(技术可开发装机容量约6.87亿kW,年发电量约3万亿kW·h,均居世界首位),但人均资源占有量较低。以电量计,人均资源占有量只有世界平均值的70%左右。

(2)空间分布很不均匀,大部分集中在西南地区,其次在中南地区,经济发达的东部沿海地区的水能资源较少,而中国煤炭资源多分布在北部,形成北煤南水的格局;时间上分布也极不均匀,大多数河流年内、年际径流分布不均,丰、枯季节流量相差较大,需要建设调节性能好的水库,对径流进行调节,缓解水电供应的丰枯矛盾,提高水电站的总体供电质量。

(3)大型水电站的比重很大,单站规模大于200万kW的水电站资源量占50%。已建成的长江三峡工程的装机容量为2 250万kW,多年平均年发电量为1 000亿kW·h。位于雅鲁藏布江的墨脱水电站,据最新研究,其拟装机容量为6 000万kW,保证出力2 000万kW,年发电量为3 000亿kW·h,仅次于刚果河上天下第一大水电站的大英加(Grand Inga)超级瀑布水电站(6 600万kW),成为世界上第二大水电站。。

二、中国的水电建设

全世界江河的水能资源蕴藏量总计为50.5亿kW,年发电量可达44.24万亿kW·h;技术可开发的水能资源为22.6亿kW,年发电量可达9.8万亿kW·h。1878年,法国建成世界上第一座水力发电站,装机容量为25 kW。根据国际水电协会(IHA)发布的报告,

2018 年全世界水电装机容量达 1 292 GW(12.92 亿 kW)。前 5 位依次为:中国(3.52 亿 kW)、巴西(1.04 亿 kW)、美国(1.03 亿 kW)、加拿大(8 100 万 kW)、日本和印度(均为 5 000万 kW)。2018 年全世界水电发电量 4 200 TW·h(4.2 万亿 kW·h)。

我国水电建设可简要分为以下三个时期。

(一)中华人民共和国成立前(1949 年前)

1905 年 7 月,中国第一座水电站——台湾省龟山水电站建成发电,装机容量 500 kW。1912 年,中国大陆第一座水力发电站——云南省昆明石龙坝水电站建成发电,装机容量 480 kW。1948 年开始对日伪时期建设的丰满水电站(初期计划装机容量 18 万 kW)进行维修、加固和改扩建工作。1949 年年底,全国的水电装机容量为 16.3 万 kW,年发电量 7 亿 kW·h,人均装机容量和发电量仅分别为 0.000 7 kW、3.3 kW·h。

(二)百废待兴,艰难起步(1949~1978 年)

中华人民共和国成立后,我国水电工作者不仅开展了古田溪、永定河、以礼河等中小型河流开发规划,而且设计建设了狮子滩、黄坛口、上犹江、佛子岭、响洪甸、陆水等一批中小型水电站。

1957 年,动工兴建黄河干流上的第一座大型水电站——三门峡水电站。同年浙江新安江水电站也开工建设。新安江水电站是我国自行设计、自制设备、自主建设的第一座大型水电站,也是我国第一座百米高的混凝土重力坝。

1958 年,甘肃刘家峡水电站开工建设,1969 年第一台机组发电,1974 年竣工,设计装机容量 122.5 万 kW,是我国自行设计和自主建设的第一座百万千瓦水电站。1958 年 9 月 1 日,丹江口水利枢纽工程举行开工仪式,1968 年,丹江口水库第一台 15 万 kW 机组投产发电。1974 年,丹江口水利枢纽初期工程全部完成。此时的丹江口大坝总长 2.5 km,坝顶高程 162 m,装机容量 90 万 kW。

1970 年 12 月 30 日,开工兴建长江干流上的第一座大型水利枢纽——葛洲坝水电站,其装机容量 270 万 kW 和年发电量 140 亿 kW·h,约占当时全国水电的 1/3。

1978 年年底,全国的水电装机容量为 1727.7 万 kW,年发电量 446 亿 kW·h。

(三)改革开放,加速发展(1978 年至今)

1982 年,云南鲁布革水电站开工建设。1988 年第一台机组发电,1992 年通过竣工验收。装机容量 60 万 kW,是我国首次利用世界银行贷款并实行国际招投标、业主负责制和项目监理制的工程。

1987 年,有“黄河第一坝”之称的龙羊峡水电站建成投产,大坝为 178 m 重力拱坝,装机容量 128 万 kW,单机容量 32 万 kW,总库容 247 亿 m^3。

1991 年,四川雅砻江二滩水电站主体工程开工建设。1998 年并网发电,2000 年通过竣工验收。装机容量 330 万 kW,是我国 20 世纪建成的最大水电站。

1992 年,第七届全国人民代表大会第五次会议通过《关于兴建长江三峡工程的决议》。1997 年 11 月顺利实现大江截流。2003 年 11 月,三峡工程首批机组投产发电。2008 年 10 月,左、右岸电站 26 台机组全部投入运行,以后又增加了 6 台单机 70 万 kW 的机组,最终总装机容量为2 250万kW。

2004年,以黄河公伯峡水电站1号机组(30万kW)投产发电为标志,我国水电装机突破1亿kW,超越美国成为世界第一。到2010年8月,随着华能小湾水电站4号机组投产发电,我国水电装机容量突破2亿kW。截至2014年年底,水电总装机容量突破3亿kW,约占全球水电装机总量的1/4,水电年发电量更是历史性突破1万亿kW·h。

2017年,白鹤滩水电站全面开工建设,总装机容量1 600万kW,仅次于三峡水电站,居世界第二,单机容量达100万kW,居世界第一。

截至2018年年底,全国水电装机容量达到35 226万kW,年发电量12 329亿kW·h,分别占全国电力装机容量和年发电量的18.5%和17.6%,分别是建国初期的978倍和1 027倍,分别占全球电力装机容量的27%和年发电量的28%,继续稳居世界第一。2019年年底,水电装机容量达3.56亿kW,2021年年底,水电装机容量达3.91亿kW,预计到2030年水电装机容量将达到约4.5亿kW,年发电量达到1.45万亿kW·h(《中国展望2030》)。

表1-3 我国已建、在建的10个特大型水电站(按装机容量大小排序)

序号	名称	坝高(m)	库容(亿m^3)	正常蓄水位(m)	装机容量(万kW)	年平均发电量(亿kW·h)	所在河流	备注
1	三峡	185.0	393.00	175	2 250	1 000	长江干流	(左14+右12+地下6)×70万kW+2×5万kW
2	白鹤滩	289.0	206.00	825	1 600	624.43	金沙江	16×100万kW
3	溪洛渡	278.0	126.70	600	1 260	571.20	金沙江	(左9+右9)×70万kW
4	乌东德	270.0	74.08	975	1 020	389.30	金沙江	12×85万kW
5	向家坝	161.0	51.63	380	640	307.47	金沙江	8×75万kW
6	龙滩	216.5	273.00	400	630	187.00	红水河	9×70万kW
7	糯扎渡	261.5	227.41	812	585	239.12	澜沧江	9×65万kW
8	锦屏Ⅱ	37.0	0.142 8	1 646	480	242.30	雅砻江	8×60万kW
9	小湾	294.5	151.32	1 240	420	190.60	澜沧江	6×70万kW
10	拉西瓦	250.0	10.79	2 452	420	102.23	黄河	6×70万kW

但是,中国水能资源开发利用程度还比较低,远低于美国、挪威等发达国家,发展潜力巨大。按照水能资源的总量和技术、经济可开发量及电力结构的合理需求,当我国人均用电量达到1 kW(中等发达国家水平)时,水电比重以30%为宜,即如果电力总装机容量达到14亿kW,水电开发应达到4亿kW左右(相当于我国水能资源经济可开发总量)。近期,我国经济进入了一个调整周期,为我国调整能源结构、加快开发水电资源提供了有利契机。如果说世界水电在中国,中国水电则在西南,仅川、藏、滇三省(区)的技术可开发量就约占全国的61%,并且未开发的资源也主要在西南地区。因此,不论从调整国家能源结构,推动能源基地(包括后续能源基地)建设看,还是从促进区域发展,改善当地居民生计看,重点应大力推动西南地区的水电建设,特别是云南、四川、贵州以及西藏等省(区)若干主要江河的有序开发。

三、中国水资源开发与利用

水资源利用程度的主要指标为水资源开发利用率。它是指流域或区域用水量占水资源可利用量的比例，通常从水资源规划利用的角度定义，即水资源开发利用率是指供水能力（或保证率）为75%时可供水量与多年平均水资源总量的比值，亦是表征水资源开发利用程度的一项指标。

水资源开发利用又可分为河川径流（简称地表水）水资源开发利用和地下水资源开发利用，一般以河流为单元，只统计地表水资源开发利用；流域为单元时综合统计，或分别统计，但不特别指出时（如综合利用率），也仅指地表水资源开发利用，比如一条河流的开发利用就是指该河流的地表水资源开发利用。

根据水利部、水利水电规划设计总院关于“水资源综合规划名词解释”，与水资源开发利用率相近的有：地表水资源开发率，是指地表水源供水量占地表水资源总量的百分比；水资源利用消耗率，是指用水消耗量占水资源总量的百分比。

从水资源利用统计分析计算的角度，水资源利用率的计算更多的是采用实际耗水量与总的水资源量之比，体现的是水资源量被耗用即消耗利用的程度，与上述水资源开发利用率的差异在于，一个是水量被利用程度；另一个是水量被消耗程度。

由于河流来水并不是一成不变的，有丰水年、枯水年和平水年之分，所以在计算当年实际河流水资源开发利用率时，随着水量的变化又有所不同。如黄河断流最严重的1997年，利津入海径流量只有18.6亿 m^3，当年地表水资源利用率高达80%，当然这里指的是消耗程度，也就是说80%的水被耗用掉，那么当年的利用程度可能就要高一些，因为利用量中有一部分并没有被消耗。

我国现状水资源开发利用率为20%，国际上一般认为对一条河流的开发利用不能超过其水资源量的40%的预警线，而黄河、海河、辽河、淮河的水资源利用率都超过了这一预警线这就可能会暴发严重的水资源和水环境危机。事实上，海河流域等已产生水资源和水环境危机，必须采取合理的积极措施，如南水北调及节水、污水再利用等。南方个别地区，如珠江三角洲的水资源开发利用率超过80%，2007年珠江流域水资源开发利用率为20.2%，开发利用程度较上年度提高3.4%。其中，经济发达的珠江三角洲的水资源开发利用率最高，达83.1%；而红水河水资源开发利用率最低，只有5.1%。

我国水资源利用呈现增幅不大的现象，主要是我国在水资源管理方面采用综合管理的方法，比如大力宣传节水惜水意识，从水是“取之不尽，用之不竭”的旧观念转换为“人无远虑必有近忧”的新观念；水资源节流开源，减少水的使用量的节水技术应用和污水的再利用等在我国已经广泛开展。我国有污水排放接近千亿 m^3，随着城市污水处理率的大幅提高，废污水经处理后是缺水地区宝贵的再生资源。雨水利用已成为当今世界缺水地区水资源开发的潮流之一，通过集水工程技术措施可开发雨水资源。在我国黄土高原地区和干旱缺水地区，通过修建水窖、水柜、旱井、蓄水池等小型及微型水资源工程，发展和建设集雨节灌的雨水集蓄利用工程。微咸水的合理利用、海水的利用包括海水的直接利用和海水淡化，以替代淡水资源，已成为我国沿海城市解决淡水资源紧缺的一条重要途径。不存在水能资源开发过度的问题，而是开发不足，任重道远。在电力系统中，水力发电出力仅占全国总出力的

21.6%,优化电网结构还须提高水电的比重,这对电网的节能和安全运行有重要意义。

水利部前部长陈雷在2009年5月11日召开的第五届“今日水电论坛”的主旨发言中指出,水电是目前第一大清洁能源,提供了全世界1/5的电力。与其他能源相比,水电具有循环可再生、长期成本低、综合效益大等优势,对改善能源结构、减排温室气体、保护生态环境、保障能源安全和促进经济社会可持续发展具有十分重要的战略意义。世界各国都把开发水电作为能源发展的优先领域,全球有55个国家50%以上的电力由水电提供,其中24个国家这一比重超过90%。目前,发达国家水能资源已基本开发完毕,美国、日本、英国等国家水电开发程度都超过80%。许多发展中国家大力开发水能资源,如巴西水电开发在电力建设中的比重一直保持在80%以上。中国政府正在大力推进节能减排,积极发展核电、水电、风电、太阳能发电等清洁能源。目前,中国水能资源开发程度仅为37%,稍高于全球平均水平,还有巨大的发展潜力。有关专家估计,我国水能2030年达60%,2050年达74%。

任务二 水库调度的意义和作用

一、中国的主要水灾害

(一)中国的洪水灾害

中国幅员辽阔,地形复杂,季风气候显著,是世界上水灾频发且影响范围较广泛的国家之一。全国约有35%的耕地、40%的人口和70%的工农业生产经常受到江河洪水的威胁,并且因洪水灾害所造成的财产损失居各种灾害之首。根据史料统计,从公元前206年至1949年的2 155年中,全国各地发生较大的洪涝灾害1 092次,平均约每两年发生1次。1954年是1949年以来长江全流域洪涝灾害最严重的一年,全国受灾农作物面积达2亿亩(1亩$=1/15\ hm^2$,下同),约3万人死亡。1998年长江、嫩江、松花江流域的特大洪水,受灾面积3.34亿亩,受灾1亿人、死亡4 150人,倒塌房屋685万间,直接经济损失2 551亿元。2017年全国因洪涝灾害受灾人口5 515万人,因灾死亡316人、失踪39人,洪涝灾害直接损失2 143亿元。

近15年来,中国年均洪涝灾害损失约占同期全国GDP的1%,发生流域性大洪水的年份,洪涝灾害损失占同期全国GDP的比例高达2%~3%。我国大江大河综合防洪体系还比较薄弱,尤其蓄滞洪区建设严重滞后,多数大江大河重要支流和中小河流尚未进行系统治理,主要易涝地区排涝能力严重不足,对山洪灾害缺乏有效的监测和防御措施;汛期山区中小河流、沿海风暴潮地区人员伤亡多,江河中下游尤其是蓄滞洪区和低洼涝区财产损失严重。山洪泥石流灾害也十分严重,如2010年8月8日凌晨,特大山洪泥石流袭击甘肃舟曲,造成1 765人死亡、失踪。

近年来,在党中央国务院的高度重视下,我国的防洪减灾工作取得了巨大成就,全国因洪涝灾害年均死亡人数已经从20世纪50年代的8 900多人下降至2001年的1 700多人。即使这样,频频发生的洪涝灾害造成的巨大危害依然向我们敲响警钟。

（二）中国的水旱灾害

2009年秋季至2010年春季，我国西南5省遭遇特大旱灾，6 000多万人受灾，2 000多万人面临饮水困难。2011年1～5月，长江中下游地区普遍遭遇罕见的春夏连旱，3 000多万人受灾，400多万人面临饮水困难，受50年一遇的干旱影响，我国几大淡水湖（如鄱阳湖、洞庭湖、洪湖等）水位创历史新低，甚至告急。据统计，2014年全国作物受旱面积3.4亿亩、受灾面积1.8亿亩、成灾面积8 516万亩、绝收面积2 227万亩，因旱造成粮食损失2 006万t、经济作物损失276亿元、直接经济总损失910亿元。

根据气象部门的监测，近十年来，在全球气候变暖的影响下，我国发生旱灾的频率呈上升趋势，并且持续时间和影响范围不断扩大。

（三）中国的水污染及其他灾害

据有关方面调查，中国水资源的天然污染严重，全国有24%的人在饮用水质不良的水。水利部曾对我国532条河流进行监测，发现有436条河流受到不同程度的污染；7大河流流经的15个主要城市河段中，有13个河段的水质污染严重，占87%。我国人口密集地区的湖泊、水库几乎全部受到污染，湖泊受污染达到高营养化水平的已占全部湖泊的63.6%。全国各大城市地下水也不同程度地受到污染。此外，有的地区地下水超采；牧区草原沙化严重，一些地区出现不同程度的退化、沙化；水土流失面积为356万km^2，占国土面积的37%，每年流失的土壤总量约50亿t；经过70多年的不断治理，我国水土流失面积持续减少，截至2018年，全国水土流失面积273.69万km^2，占全国国土面积（不含港、澳、台）的28.6%。在一些生态严重恶化的地区，河流断流、湖泊干涸、湿地萎缩，对流域的生产生活和生态环境造成了一系列影响。

作为应对自然灾害的重要手段，水利设施的建设状况直接影响到防灾减灾的效果。然而由于种种因素，水利设施作为重要的社会建设基础设施，它的建设却远远滞后于国民经济和社会发展的水平。近年来频发的自然灾害也直接暴露出我国水利设施建设落后的局面。

二、水库调度的意义

水库调度是指根据水库承担任务的主次及规定的调度规则，运用水库的调蓄能力，在保证大坝安全的前提下，有计划地对入库的天然径流进行蓄泄，达到除害兴利，综合利用水资源，最大限度地满足国民经济各部门需要的目的。

加强水库运行管理，搞好水库运行调度，是对水资源进行合理配置的重要手段之一。开展水库科学管理、合理调度可以实现"一库多用，一水多用"，更好地满足各部门对水库和水资源的综合利用要求。通过合理调度，可以协调防洪、兴利的矛盾；力求使同一库容能结合使用，既用于防洪，又用于为兴利蓄水、供水；可使水电站水库在承担电力负荷的同时，尽可能满足下游航运、灌溉用水的要求。

三、水库调度的作用

（一）防洪

水库是我国防洪广泛采取的工程措施之一。在防洪区上游河道适当位置兴建能调蓄洪水的综合利用水库,利用水库库容拦蓄洪水,削减进入下游河道的洪峰流量,达到减免洪水灾害的目的。水库对洪水的调节作用有两种不同方式:滞洪和蓄洪。

(1)滞洪作用。滞洪就是使洪水在水库中暂时停留。当水库的溢洪道上无闸门控制,水库蓄水位与溢洪道堰顶高程平齐时,则水库只能起到暂时滞留洪水的作用。

(2)蓄洪作用。在溢洪道未设闸门的情况下,在水库管理运用阶段,如果能在汛期前用水,将水库水位降到防洪限制水位,且防洪限制水位低于溢洪道堰顶高程,则防洪限制水位至溢洪道堰顶高程之间的库容就能起到蓄洪作用。蓄在水库的一部分洪水可在枯水期有计划地用于兴利需要。

当溢洪道设有闸门时,水库就能在更大程度上起到蓄洪的作用,水库可以通过改变闸门开启度来调节下泄流量的大小。由于有闸门控制,所以这类水库防洪限制水位可以高出溢洪道堰顶,并在泄洪过程中随时调节闸门开启度来控制下泄流量,具有滞洪和蓄洪双重作用。

(二)兴利

降落在流域地面上的降水有部分渗至地下,由地面及地下按不同途径泄入河槽后的水流,称为河川径流。由于河川径流具有多变性和不重复性,在年与年、季与季以及地区之间来水都不同,且变化很大。大多数用水部门(如灌溉、发电、供水、航运等)都要求比较固定的用水数量和时间,它们的要求经常不能与天然来水情况完全相适应。人们为了解决径流在时间上和空间上的重新分配问题,充分开发利用水资源,使之满足用水部门的要求,往往在江河上修建一些水库工程。水库调度的兴利作用就是进行径流调节,蓄洪补枯,使天然来水能在时间上和空间上较好地满足用水部门的要求。

四、水库调度的发展

水库调度的理论与方法是随着20世纪初水库和水电站的大量兴建而逐步发展起来的,并逐步实现了综合利用和水库群的水库调度。在调度方法上,1926年苏联A. A. 莫洛佐夫提出了水电站水库调配调节的概念,并逐步发展形成了水库调度图。这种图至今仍被广泛应用。20世纪50年代以来,由于现代应用数学、径流调节理论、电子计算机技术的迅速发展,使得以最大经济效益为目标的水库优化调度理论得到迅速发展与应用。随着各种水库调度自动化系统的建立,水库实时调度达到了较高的水平。我国自20世纪50年代以来,水库调度工作随着大规模水利建设而逐步发展。目前,大中型水库比较普遍地编制了年度调度计划,有的还编制了较完善的水库调度规程,研究和拟定了适合本水库的调度方式,逐步由单一目标的调度走向综合利用的调度,由单独水库调度开始向水库群调度方向发展,考虑水情预报进行的水库预报调度也有不少实践经验,使水库效益得到进一步发挥。对多沙河流上的水库,为使其能延长使用年限而采取的水沙调度方式已经取得了成果。由于水库的大量兴建,对于水库优化调度也在理论与实践上作了探讨。在我国,对丰满水电站、丹江口水利枢纽、三门峡水利枢纽等水库的调度工作都积累了不少经验。

我国的水库调度工作经历了从无到有、逐步发展的过程。中华人民共和国成立前,修建的水库既少又小,谈不上系统的水库调度工作。在20世纪50年代,一批重要的大型水库(如官厅水库、佛子岭水库、梅山水库、大伙房水库、狮子滩水库等)相继建成,国外的径流调节、水库调度方面的理论与实践经验也逐步被介绍引进，从而使水库调度工作逐步开展起来，一批水库工作者开始研究合理的调度方式，并每年制订当年的控制运用计划，在全国性的会议上进行交流。1959 年，一本专门介绍水库调度的书——《丰满水电站的水库调度》出版。进入 60 年代，对水库调度工作的研究逐步深入，有关科研单位及大专院校曾探讨过利用预报进行水库调度、综合利用水库调度、运用现代数学进行水库优化调度等。水利电力部也在总结全国经验的基础上，编制出了我国第一个包含水库调度运用内容的管理规范——《水库工程管理通则》。

但是，水库调度工作也和其他方面一样，20 世纪六七十年代受社会影响，不少水库原来已建立起来的一套工作方法与制度不能继续实施。同时，不顾客观条件，任意按主观意志盲目调度的情况也较普遍发生，其中最突出的问题就是盲目多发电，造成大部分水电站低水位运行，从而损失了大量电能。据 1975 年全国水电站水库调度座谈会估计，当时新安江等 12 座水电厂低水头发电的损失每年共达 13 亿 kW・h，占这些水电厂年发电量的 7.4%。在防洪方面，则表现为不严格控制汛限水位，盲目提前蓄水，致使发生洪水时防洪库容不足，从而造成上、下游不应有的损失。再就是对综合利用的其他方面照顾不够，往往挤掉了次要的需水部门。

20 世纪 80 年代以后，水库调度运用工作取得了显著成绩，主要表现在做了大量的基础工作，增加了经济效益，加强了技术培训，提高了调度技术水平，如湖北的丹江口、陆水，吉林的丰满、海龙，辽宁的大伙房，广东的合水、江谷，湖南的欧阳海，福建的汀溪，河北的岳城、安各庄，河南的三门峡等。它们在防洪、兴利及水沙调度以及水库调度管理等方面的成功经验，标志着我国水库调度工作达到了一个新水平。

任务三 水库调度与管理的内容和任务

一、水库调度的基本概念

(一) 水库调度的概念

水库调度是利用水库的调蓄能力，按一定规则有计划地对入库径流进行的蓄泄安排。水库调度是一种控制运用水库的技术管理方法，是根据各用水部门的合理需要，参照水库每年蓄水情况与预计的可能天然来水及含沙情况，有计划地合理控制水库在各个时期的蓄水和放水过程，亦即控制其水位升、降过程。一般在设计水库时，要提出预计的水库调度方案，而在以后实际运行中不断修订校正，以求符合客观实际。在制订水库调度方案时，要考虑与其他水库联合工作互相配合的可能性与必要性。

(二) 水库调度的特点

(1) 多目标性。水库工程多功能的特性，决定了水库调度时要综合考虑各部门、各地区、上下游、左右岸等方面的安全和利益。

(2) 风险性。河川径流、电力负荷、气候条件、其他用水信息等因素可视为随机变量，这些因素的随机性直接决定了水电站及其水库的运行调度方式具有一定的风险性。

(3) 经济性。通过水电站水库的合理调度，可以在保证工程安全的前提下，提高天然径流的利用效率,增加发电效益。

(4)灵活性。水电站可以针对河川径流来水、电力负荷变化,灵活机动地调节水库的蓄泄水量,同时,动力设备水轮机、闸门等具有启闭迅速、工作灵活的特点,保证了水库调度的灵活性。

(三)水库调度的运用指标

水库调度的运用指标是在水库调度中用作控制条件的一系列特征水位与数据。它们应当根据水库设计中规定的相应特征水位,考虑工程安全情况、国民经济各部门的现实要求,以及水文数据的变化等具体情况研究确定,并应获主管部门审查批准。水库控制运用指标主要有:

(1)允许最高水位,即水库遇校核洪水允许充蓄到的最高水位,是判断水库防洪安全的重要指标。

(2)防洪限制水位,即水库在汛期为预留防洪库容而限制蓄水的上限水位。

(3)汛末蓄水位,即水库在汛末计划充蓄到的正常高水位,它在很大程度上决定了水库在下一个汛期到来之前可能发挥的兴利效益。

(4)兴利下限水位,即水库在正常兴利运用情况下允许消落到的最低水位,它反映了兴利需要及各方面的控制条件。

(5)防洪运用标准,即为水库本身及为下游防洪安全制定的防洪标准,一般采用一定重现期的设计洪水或以可能最大洪水为标准。

(四)水库调度计划

水库调度计划由水库管理部门在每年年初根据本水库的控制运用指标、水库调度方式及当年各方面的要求制订。主要内容包括:当年的入库径流量及过程的预测,各运行期的运行方式及各种控制水位,遭遇各种洪水的调度规则,兴利计划供水过程和计划效益指标(如灌溉面积及计划供水过程、计划发电出力过程及年发电量、工业及城市供水计划与供水量等),以及在调度中应注意的事项等。还可以根据长期径流预报及其误差概率分布,并结合水库调度图拟订年内水库运行控制水位过程线及其可能的变幅,作为指导执行年度调度计划的重要依据。必要时,还应拟订各运行期的调度计划。

二、水库调度与管理的任务和内容

水库调度运用水库的调蓄能力,按来水蓄水实况和水文预报,有计划地对入库径流进行蓄泄。在保证工程安全的前提下,根据水库承担任务的主次,按照综合利用水资源的原则进行调度,以达到防洪、兴利的目的,最大限度地满足国民经济各部门的需要。

水库调度是水库工程管理的主要环节之一,其内容包括:拟定水库调度方式、编制水库调度计划及确定各项控制运用指标、进行面临时段的实时调度等。水库调度与管理的具体内容如下。

(一)水库调度与管理的基本任务

(1)在确保水电站水工建筑物安全的前提下,按设计确定的任务、调度原则,合理安排水库的蓄、泄、供水方式,充分发挥水库防洪、发电、灌溉、供水、航运等综合利用的效益,发挥水电厂在电力系统中的调频、调峰和事故备用作用。

(2)合理调度水库,提高水电厂经济运行水平。

(二)水库调度运行

(1)水电站水库设计的开发任务、水文特性和功能经济指标(如正常高水位、死水位、防洪限制水位等)是指导水电厂运行调度的依据,运行时必须遵照执行,未经批准不得任意改变。

(2)水库调度应与水文气象部门保持密切的联系,做好水文预报工作,随时掌握雨情、水情,合理安排水电厂机组的开机方式。

(3)依据系统实际情况和各水库综合利用部门的要求,编制水库调度计划,发挥水电站水库的最大经济效益。

(4)水库调度计划的编制,应采用保证率和水文气象预报相结合的方法,所采用的保证率一般为70% ~75%,结合电力系统实际情况进行编制。计划要留有余地,根据实际的来水和水位情况及时调整。

(5)水库调度人员应根据雨情、水情及水库下游的情况,对水库运用方式和发电安排提出建议和修改意见,及时调整水库运行方式。

(三)水库控制运用基本原则

(1)在保证安全的前提下,充分发挥水库综合利用最大效益,当安全与兴利二者发生矛盾时,必须服从安全。

(2)水库运行应以水库调度图为依据,水库调度应充分利用水头和水量,提高水量利用率。丰水期要尽量安排多发电,减少弃水;枯水期水电一般作为电力系统调峰和事故备用,有计划地消落水位,防止多用超发,除特殊情况外,水库水位不得低于死水位。

(3)在汛期应严格执行规定的防洪限制水位,当超过防洪限制水位时,水库的蓄、泄由水库所在地区的防汛指挥部(地区三防)调度。水库拦截洪水尾巴必须经防汛管理部门批准,并备案。

(4)水库防洪限制水位以下,由二级调度机构[省(自治区)级调度机构,简称中调]调度。

(5)水库运行中,如发现水工建筑物有险情,或遇重大水情有可能超过防洪限制水位,或泄流超过下游允许的安全泄流量等重大问题,应及时报告上级主管部门。当超过容许时间尚未得到上级批复时,为了保护水电工程和设备及上下游的安全,水电厂有权先行处理,但应立即报告上级及中调值班调度员。

(四)水库调度工作制度

(1)各水电厂每年10月底前,应根据水文气象预报和历史资料分析,编制下一年度水库调度计划(包括主设备检修计划),并报中调。中调应根据各水电厂的发电计划及系统电力电量平衡的要求制订水库调度计划。

(2)各水电厂应在每年汛前和汛末,根据当时水文气象预报情况,重新提出本水库调度计划的修改意见报中调,中调应相应修改水库调度计划。

(3)各水电厂每日10时前,应将本日8时的水库上下游水位、平均入库流量、发电用水量、单位耗水率、溢(泄)流水量、水量损失值及降雨量等报中调,必要时应按中调要求内容增报。

(4)各水电厂每月22日前,应提出下月水库调度计划(含水量预报修正值及水库运行方式)。每月5日前按规定表格内容填好上月水库管理统计表及水电厂生产情况表报中调。

(5)各水电厂每年1月10日前,应按规定表格填写本厂水库上年度运行资料及对本厂年度运行情况进行的总结报中调,10月15日前中调依据系统水库调度情况参照各厂水库运行情况进行总结。

(6)各水电厂均应建立水库调度技术档案,不断积累水库运行资料,并对水库运行资料进行分析和总结。

三、水库调度与管理的任务

(一)水库调度的主要工作

(1)加强水库调度的基础工作,逐步建立健全水文、雨量报汛站网,改善水库通信报汛手段。

(2)努力掌握完整的基本资料。

(3)研究采取合理的水库调度方式。

(4)建立完整的调度工作制度。

(5)加强水库调度的科研工作。

(二)水库调度的任务

(1)水库调度的基本任务:确保水库大坝安全,并承担水库上下游的防洪任务;保证满足电力系统的正常用电和其他有关部门的正常用水要求;在保证各用水部门正常用水的基础上力争尽可能充分利用河流水能多发电,使电力系统供电更经济。

(2)防洪调度的任务:在发生设计洪水或校核洪水时确保水利水电枢纽的安全,在发生下游防洪标准洪水时确保下游防洪安全,合理解决防洪与兴利的矛盾。

(3)兴利调度的任务:依据规划设计的开发目标、运用参数和兴利间的主次关系及要求,合理调配水量、水能或水质,充分发挥水库的综合利用效益。

(三)水库调度员日常应做的工作(以南平市水库调度管理为例)

(1)科学地进行水库调度,保证水库的安全运行,充分发挥水库的综合效益。

(2)服从市、区、乡防汛抗旱主管部门调度,按水库防洪调度原则,妥善处理防洪与兴利的矛盾,充分发挥水库调节能力,进行洪水调蓄。

(3)按南政综〔2007〕213号水库调度管理规定第八条:综合利用水库兴利调度原则,在确保大坝安全的前提下,首先根据“先生活、后生产,先灌溉、后发电”的原则,按照供水、灌溉、发电的先后顺序分配水量,最大限度地综合利用水资源;其次贯彻“一水多用”的原则,提高水资源重复利用率,充分发挥水库的社会效益、经济效益和生态效益。

(4)汛期严禁水库超汛限水位运行。

(5)非主汛期,水库不得低于兴利下限水位运行。

(6)汛期(4月1日~8月30日)实行24 h值班制度,非主汛期实行阶段性住库管理。

(7)水库水位上报,按区水库主管部门规定,实行日记周报制度,主汛期按防汛主管部门要求及时上报。

(8)做好其他工作。①大坝迎水坡与背水坡两侧进行清除杂草;②溢洪道自进水口至泄水口保持三面光,并服从区、乡防汛办规定要求及时清除溢洪道内行洪障碍;③清除启备房四周杂草,启备设备保养好,保持启动灵活;④做好水库站房安全防火及环境卫生等工作。

任务四 水库调度的分类及水库调度图

一、水库调度的分类

水库调度主要包括防洪调度和兴利调度。防洪调度是为减免下游防洪区的洪灾损失,并保证水库本身的防洪安全所进行的水库调度。兴利调度是根据灌溉、发电、工业、生活、航运等用水要求所进行的水库调度。

(一)根据调度对象划分

根据调度对象不同,水库调度可划分为发电调度、防洪调度、灌溉调度、供水调度、航运调度、改善环境调度、泥沙调度、防凌调度等。

发电调度是根据系统负荷或水情信息,合理安排水电站的运行方式,争取获得最大发电效益或耗用最少发电用水量;防洪调度是运用防洪工程或防洪系统中的设施,有计划地实时安排洪水的蓄泄以达到尽量减免洪水灾害的防洪效果,同时还要适当兼顾其他综合利用要求,对多沙或冰凌河流的防洪调度,还要考虑排沙、防凌要求;灌溉调度是根据水库设计要求,按一定保证率约束,在灌溉季节综合考虑水库蓄水量和农作物灌溉定额(需水量)与来水过程等,确定灌溉供水过程;供水调度一般是指工业或城镇生活等用水的供给计划,这种需水一般量小,长期较稳定,但可靠率要求很高;航运调度主要通过给定水库上下游最低水位、水位过程的1 h或日最大变幅等限制来实现;改善环境调度主要通过给定水库上游最低水位或最小下泄流量等限制来实现;泥沙调度是通过对水库水位和泄量的运用控制,达到排沙、减淤的目的进行的水库调度;防凌调度是合理控制凌汛期水库的蓄泄过程,以避免或减轻凌汛灾害,并争取最大兴利效益。

在不同类型水库的兴利调度中,发电调度、灌溉调度及供水调度一般是主要的兴利调度对象,汛期防洪调度则是各种水库的主要调度对象;而灌溉调度(以发电为主的水库)、供水调度(以发电或灌溉为主的水库)、航运调度、改善环境调度、泥沙调度、防凌调度等主要是在兴利调度中通过给定限制条件来实现的。

(二)根据运行时间范围划分

根据运行时间范围,水库调度可划分为中长期、短期和实时(小时)经济运行。中长期经济运行的主要任务是将一定时期(季、年及多年)范围内的有限输入合理(最优)分配到其中较短时段(月、旬、周及日),制定出各电站的中长期(最优)运行方式。短期经济运行的主要任务是指长期经济运行所分配给本时段(周、日)的输入能在其中更短时段(日、小时)内合理分配,以确定水电站逐日或逐小时负荷和运行状态,制定出各电站短期(最优)运行方式。实时经济运行(操作控制)的主要任务是将短期经济运行分配到水电站的负荷合理分配到各台机组,并根据负荷等因素的变化调整各机组负荷,尽可能实现各电站及整个电力系统的(最优)经济运行。

当水电站具有一定调节性能的水库时,制定和实现水电站经济运行方式的中心问题是制定和实现其水库的最优合理调度方式。实时经济运行适用于所有水电站,短期经济运行适用于日、周及其以上调节性能水库的短期调度,中长期经济运行则主要适用于季、年及多年调节性能水库的中长期调度。

(三)根据运行空间范围划分

对应于短期或实时时间范围,水库调度又可划分为水电站厂内经济运行和厂间或电力系统经济运行。人们常说的厂内经济运行的主要任务有两点:一是优化确定水电厂实时(时段)负荷应投入工作机组的最优台数、组合及机组间负荷的最优分配;二是水电厂一周内最优运行方式(时段之间应该考虑机组启停次序问题)的制定和实现等有关问题。厂内经济运行实际上包括了实时经济运行和短期经济运行。厂间或电力系统经济运行的主要任务是研究系统中各电站(水、火等电站)之间的负荷最优分配,制定和实现各电站在不同历时运行时期的最优运行方式等。

对应于短期或中长期时间范围,可划分为单一水库调度和水库群或水、火电站群联合调度,后者是合理利用库容补偿或径流补偿等措施,确定各水库短期或中长期调度任务。

二、水库运行调度方案的研制与实施

水电站厂内(实时)经济运行与厂间(短期)经济运行、短期经济运行与长期经济运行之间有着密切联系。如图1-1所示,当研制运行方案时,首先研究厂内经济运行方案,获得全厂瞬时最优运行特性,为研制厂间(短期)最优运行方案和平均最优运行特性提供依据;然后以此为依据研制中长期最优运行方案。实施调度与运行方案研制过程相反,先考虑水文和负荷中长期预报,按中长期最优运行方案制订出中长期最优运行方式和计划,得到面临短期(日、周、旬、月)运行决策量(时段电量或平均出力、供水量或平均供水流量);再由此决策量制定厂内机组的运行方式并进行实时操作控制。

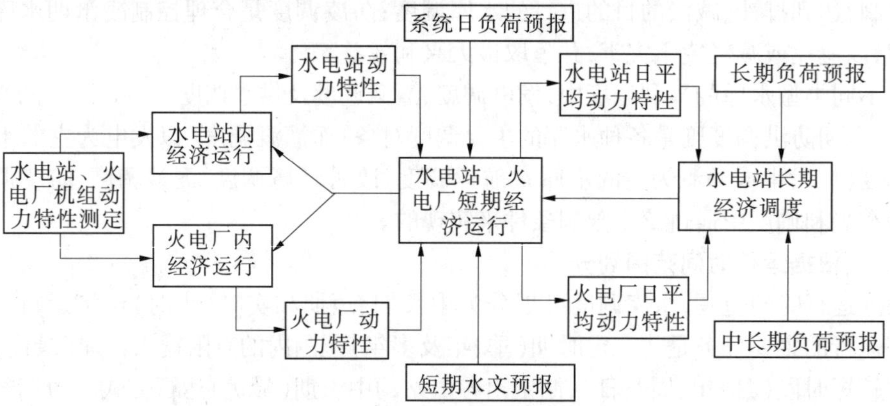

图1-1 电力系统中水电站、火电厂经济运行方式的研制与实施关系结构图

为了充分发挥水电站及其水库作用,最大限度地利用水能资源和水资源,获得尽可能大的综合运行效益,应当深入开展水电站水库中长期优化调度、短期优化调度及厂内最优经济运行方案研究。

三、水库调度图简介

水库调度图是根据实测径流的时历特性资料和枢纽的综合利用任务编制而成的,由若干具有控制性意义的水库蓄水量(或水位)变化过程线(称为调度线)组成。水库调度图是指导水库运行的控制曲线图。它以时间(月、旬)为横坐标,以水库水位或蓄水量为纵坐标,由一些控制水库蓄水量和供水量(或电站发电出力)的指示线,划分出不同的供水区(或供电区),是指导长期调节水库控制运用的主要工具,如图1-2所示。

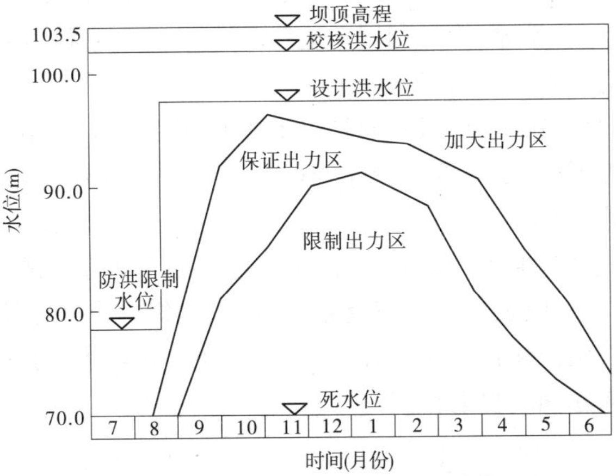

图1-2 水库调度示意图 (单位:m)

编制水库调度图要考虑水库运行的安全性、电力系统运行的可靠性与经济性。因此,根据径流的时历特性资料或统计特性资料,按水电站供电保证率高、发电量最大等水库运行调度的最优准则,预先编制出一组控制水电站水库工作的水库蓄水指示线即调度线(包括限制出力线、防破坏线、防弃水线、防洪调度线),由此调度线组成五个区:限制出力区、保证出力区、加大出力区、满发出力区和防洪调度区。为保证电力系统运行的可靠性,当水库水位落在保证出力区时,水电站应保证出力运行,尽可能抬高水库运行水位;当水库水位落在限制出力线时,水电站应降低出力运行;当水库水位落于防破坏线与防弃水线之间时,应加大水电站出力运行,减少弃水,提高水量利用率,以达到水电站经济运行的目的;当水库水位在汛限水位以上时,在电网安全许可的前提下,水电站的发电出力不应低于额定出力运行。在汛期,水库水位达到防洪调度线,为保证水库安全运行,水库要泄洪。

四、水库调度方式

水库调度方式是为满足既定的防洪、兴利任务和要求而拟定的具体蓄泄规划。它是使水库能安全、经济运行的关键。

(一)防洪调度方式

防洪调度方式可分为水库对下游无防洪任务和有防洪任务两类。前者只需解决大坝安全度汛问题,一般采取库水位达到一定高程后即敞泄的调度方式;后者应统一考虑大坝安全度汛及下游防洪安全,在调度中严格按照所用的判别条件(如防洪特征库水位、入库洪峰流量等)决定水库的蓄泄量,在水库防洪标准以内按下游防洪要求调度,来水超过水库防洪标准,则以保证大坝安全为主进行调度。下游防洪调度方式一般有固定下泄量方式及补偿调节方式。

(二)兴利调度方式

兴利调度方式包括灌溉、发电、供水、航运等方面,一般要求尽量提高需水期的供水量,常采用以实测入库径流资料为依据绘制的水库调度图进行调度,以具体控制水库的供水量。调度图由调度线划分为若干个运行区,主要包括:①以保证正常供水为目标的保证运行区;②以充分利用多余水量扩大效益为目标的加大供水区;③遇枯水年则降低供水量幅度以尽量减少损失的降低供水区。在运行中由库水位所在运行区决定水库的运行方式及供水量。对于发电方面,除尽可能减少弃水,充分利用水量外,还要十分注意利用水头的问题。

(三)综合利用调度方式

综合利用调度方式是承担防洪、兴利两种以上水利任务的水库调度方式,除考虑以上所述防洪、兴利的调度方式外,还要着重研究处理防洪与兴利的结合及兴利各任务之间结合的问题(见综合利用水库调度)。

我国水库调度进步较快,但还有许多水库调节径流的潜力尚未充分发挥,调度技术、调度手段还不够先进。今后的发展方向主要是:①继续向综合利用水资源和水库群联合调度方向发展;②推广使用优化技术,提高调度技术水平;③采用电子计算机等先进技术手段,尽快实现和完善水库调度自动化。

复习思考题

1. 水能资源的特点有哪些?
2. 简述我国前5个最大水电站基本情况。
3. 请思考提高我国水资源开发利用率的途径。
4. 简述中国面临的主要水灾害。
5. 简述水库调度的意义。
6. 水库在防洪和兴利中发挥什么作用?
7. 水库调度与管理的基本任务有哪些?
8. 简述水库调度的分类。
9. 水库调度中控制运用指标有哪些?

项目二　水库调度的基本资料

水库调度所需要的基本资料主要包括:水库运用调度的政策法规及标准,如水利水电工程设计及运行管理方面的现行规程、规范等技术标准,《中华人民共和国水法》《中华人民共和国电力法》《中华人民共和国防洪法》等有关法律规定及有关政策文件;水库调度运用的主要参数及水利动能指标,如设计洪水位、校核洪水位、防洪高水位、防洪限制水位、正常蓄水位、综合利用部门要求的运用下限水位和死水位等参数,市政及工业供水量、农业供水量,水电站保证出力及相应的保证率等指标及保证出力图,其他综合利用要求;其他基本资料,如流域及河川径流特性、水库特性资料和下游水位—流量关系资料、水电站水轮机运行综合特性曲线和有压引水系统水头损失特性资料等。

任务一　流域特性资料

流域特性资料主要包括流域的几何特征和自然地理特征。

河流某一断面以上的集水区域称为河流在该断面的流域。当不指明断面时,流域是对河口断面而言的。流域的边界为分水线,即实际分水岭山脊的连线。流域是河流的供水源地,因此河川径流的情势取决于流域特征。流域特征包括几何特征和自然地理特征。

一、流域的几何特征

(1)流域面积(F)。流域面积的确定,一般可在1∶50 000的地形图上勾绘出分水线所包围的面积,然后用求积仪或数方格的办法量出,单位为km^2。流域面积是衡量河流大小的重要指标。在其他条件相同的情况下,流域面积的大小决定了河川径流的多少,所以一般河流的水量总是从河源到河口越往下游水量越丰富。

(2)流域长度(L)。一般是指流域轴线长度,单位为km。从河口到河源画若干条大致垂直于干流的直线与分水线相割,连接各割线的中点就得到流域长度。常用干流长度代替。

(3)流域平均宽度(B)。它是流域面积F与流域长度L的比值,即$B=\frac{F}{L}$,单位为km。

(4)流域形状系数(K)。它是流域平均宽度与流域长度的比值,即$K=\frac{B}{L}$,K值愈小,流域愈狭长。

二、流域的自然地理特征

流域的自然地理特征包括流域的地理位置、气候条件、地形特征、地质构造、土壤特性、植被覆盖、湖泊、沼泽、塘库等。

(1)地理位置。主要指流域所处的经纬度及距离海洋的远近。一般是低纬度和近海地区雨水多,高纬度地区和内陆地区降水少。如我国的东南沿海一带雨水就多,而华北、西北地区降水就少,尤其是新疆的沙漠地区更少。

(2)气候条件。主要包括降水、蒸发、温度、风等,其中对径流作用最大的是降水和蒸发。

(3)地形特征。流域的地形可分为高山、高原、丘陵、盆地和平原等,其特征可用流域平均高度和流域平均坡度来反映。同一地理区域,不同的地形特征将对降雨径流产生不同的影响。

(4)地质构造与土壤特性。流域地质构造、岩石和土壤的类型及水理性质等都将对降水形成的河川径流产生影响,同时也影响流域的水土流失和河流泥沙。

(5)植被覆盖。流域内植被可以增大地面糙率,延长地面径流的汇流时间,同时加大下渗量,从而使地下径流增多,洪水过程变得平缓。另外,植被还能减少水土流失,降低河流泥沙含量,涵养水源;大面积的植被还可以调节流域小气候,改善生态环境等。植被的覆盖程度一般用植被面积与流域面积之比的植被覆盖率表示。

(6)湖泊、沼泽、塘库。流域内的大面积水体对河川径流起调节作用,使其在时间上的变化趋于均匀;还能增大水面蒸发量,增强局部小循环,改善流域小气候。通常用湖泊、沼泽、塘库的水面面积与流域面积之比来表示湖沼率。

任务二　河川径流特性资料

为了编制合理的水库运行调度方案,必须掌握水库所在河流以往和未来的径流变化规律,即河川径流特性。

一、水库的防洪设计标准

在河流上修建水库,通过其对洪水的拦洪削峰,可防止或减轻甚至消除水库下游地区的洪水灾害。但是,若遇特大洪水或调度运用不当,大坝失事也会形成远远超过天然洪水的溃坝洪水,如板桥水库1975年8月入库洪峰流量13 100 m^3/s,溃坝流量竟达79 000 m^3/s,造成了下游极大的损失。因此,防洪设计中除考虑下游防护对象的防洪要求外,更应确保大坝安全。下游防洪要求和大坝等水工建筑物本身防洪安全要求一般通过防洪设计标准(常用洪水发生频率或重现期表示)来体现。关于水利水电工程本身的防洪标准,是先根据工程规模、效益和在国民经济中的重要性,参照中华人民共和国水利部2017年颁发的《水利水电工程等级划分及洪水标准》(SL 252—2017)的规定,将水利水电枢纽工程分为5个等别,见表2-1。而枢纽工程中的各种水工建筑物,如工程运行期间使用的永久性水工建筑物(主要建筑物、次要建筑物)又按照其所属的枢纽工程的等别、该水工建筑物本身的作用和重要性分为5个级别,见表2-2。

永久性水工建筑物所采用的洪水标准,分为正常运用(设计标准)和非常运用(校核标准)两种。通常用正常运用的洪水来确定水利水电枢纽工程的设计洪水位、设计泄洪

表 2-1　水利水电工程分等指标

工程等别	工程规模	水库总库容（亿 m³）	防洪			治涝	灌溉	供水		发电
			保护人口（万人）	保护农田面积（万亩）	保护区当量经济规模（万人）	治涝面积（万亩）	灌溉面积（万亩）	供水对象重要性	年引水量（亿 m³）	发电装机容量（MW）
Ⅰ	大（1）型	≥10	≥150	≥500	≥300	≥200	≥150	特别重要	≥10	≥1 200
Ⅱ	大（2）型	<10，≥1.0	<150，≥50	<500，≥100	<300，≥100	<200，≥60	<150，≥50	重要	<10，≥3	<1 200，≥300
Ⅲ	中型	<1.0，≥0.10	<50，≥20	<100，≥30	<100，≥40	<60，≥15	<50，≥5	比较重要	<3，≥1	<300，≥50
Ⅳ	小（1）型	<0.10，≥0.01	<20，≥5	<30，≥5	<40，≥10	<15，≥3	<5，≥0.5	一般	<1，≥0.3	<50，≥10
Ⅴ	小（2）型	<0.01，≥0.001	<5	<5	<10	<3	<0.5		<0.3	<10

注：1. 水库总库容指水库最高水位以下的静库容；治涝面积指设计治涝面积；灌溉面积指设计灌溉面积；年引水量指供水工程渠首设计年均引（取）水量。

2. 保护区当量经济规模指标仅限于城市保护区；防洪、供水中的多项指标满足 1 项即可。

3. 按供水对象的重要性确定工程等别时，该工程应为供水对象的主要水源。

表 2-2　永久性水工建筑物级别

工程等别	主要建筑物级别	次要建筑物级别
Ⅰ	1	3
Ⅱ	2	3
Ⅲ	3	4
Ⅳ	4	5
Ⅴ	5	5

流量等水工建筑物设计参数，该正常运用的洪水称为设计洪水。设计洪水发生时，工程应保证能正常运用，一旦出现超过设计标准的洪水，则水利工程一般就不能保证正常运用了。由于水利工程的主要建筑物一旦破坏，即将造成灾难性的严重损失，因此规范规定洪水在短时期内超过设计标准时，主要水利工程建筑仍不允许破坏，仅允许一些次要建筑物损毁或失效，这种情况就称为非常运用条件或标准，按照非常运用标准确定的洪水称为校核洪水。按照满足在设计标准的洪水条件下，进行正常运用要求而设计的水工结构，有时也是可以满足在校核洪水条件下进行非常运用的要求，不过也有时不能满足。因此，一般都要求同时提供两种标准的洪水情况，分别进行设计与校核，保证在两种运用条件下，主要建筑物都不破坏。山区、丘陵区水利水电工程永久性水工建筑物的洪水标准见表 2-3。

防洪保护对象的防洪标准，应根据防护对象的重要性、历次洪水灾害及其对政治经济的影响，按照国家《防洪标准》（GB 50201—2014）的规定分析确定，如防洪保护对象是城市或乡村，其防洪标准分别按表 2-4、表 2-5 确定。

表 2-3　山区、丘陵区水库工程永久性水工建筑物洪水标准

项目		永久性水工建筑物级别				
		1	2	3	4	5
设计[重现期(年)]		1 000 ~ 500	500 ~ 100	100 ~ 50	50 ~ 30	30 ~ 20
校核洪水标准[重现期(年)]	土石坝	可能最大洪水(PMF)或10 000 ~ 5 000	5 000 ~ 2 000	2 000 ~ 1 000	1 000 ~ 300	300 ~ 200
	混凝土坝、浆砌石坝	5 000 ~ 2 000	2 000 ~ 1 000	1 000 ~ 500	500 ~ 200	200 ~ 100

表 2-4　城市防护区的防护等级和防洪标准

防护等级	重要性	常住人口(万人)	当前经济规模(万人)	防洪标准[重现期(年)]
Ⅰ	特别重要	≥150	≥300	≥200
Ⅱ	重要	<150,≥50	<300,≥100	200 ~ 100
Ⅲ	比较重要	<50,≥20	<100,≥40	100 ~ 50
Ⅳ	一般	<20	<40	50 ~ 20

表 2-5　乡村防护区的防护等级和防洪标准

工程等级	人口(万人)	耕地面积(万亩)	防洪标准[重现期(年)]
Ⅰ	≥150	≥300	100 ~ 50
Ⅱ	<150,≥50	<300,≥100	50 ~ 30
Ⅲ	<50,≥20	<100,≥30	30 ~ 20
Ⅳ	<20	<30	20 ~ 10

二、水库的设计保证率

由于河川径流具有多变性,年际、年内水量均不相同,如果在稀遇的特殊枯水年份也要保证各兴利部门的正常用水需要,势必要加大水库的调节库容和其他水利设施。这样做在技术上可能有困难,在经济上需要消耗更多的人力、物力和财力,显然不经济也不合理。为此,一般不要求在将来水库使用期间能绝对保证正常供水,而允许水库可适当减少供水量。因此,必须研究各用水部门允许减少供水的可能性和合理范围,定出多年工作期间用水部门正常工作得到保证的程度,即正常供水保证率,或简称设计保证率。由此可见,设计保证率是指工程投入运用后的多年期间用水部门的正常用水得到保证的程度,常以百分数表示。

设计保证率通常有年保证率和历时保证率两种形式。

(1)年保证率 $P_{设}$。

年保证率是指多年期间正常工作年数(即运行总年数与允许破坏年数之差)占运行总年数的百分比,即

$$P_{设} = \frac{正常工作年数}{运行总年数} \times 100\% = \frac{运行总年数 - 允许破坏年数}{运行总年数} \times 100\% \tag{2-1}$$

所谓允许破坏年数,是指包括不能维持正常工作的任何年份,不论该年内缺水时间的长短和缺水数量的多少。

(2)历时保证率 $P'_{设}$。

历时保证率是指多年期间正常工作的历时(日、旬或月)占运行总时间的百分比,即

$$P'_{设} = \frac{正常工作时间(日、旬或月)}{运行总时间(日、旬或月)} \times 100\% \tag{2-2}$$

年保证率 $P_{设}$ 和历时保证率 $P'_{设}$之间的换算式为

$$P_{设} = \left(1 - \frac{1 - P'_{设}}{m}\right) \times 100\% \tag{2-3}$$

式中　m——破坏年份的破坏历时与总历时之比,可近似按枯水年份供水期持续时间与全年时间的比值来确定。

采用什么形式的保证率,可视用水特性、水库调节性能及设计要求等因素而定。如灌溉水库的供水保证率常采用年保证率;航运和径流式水电站,由于它们的正常工作是以日数表示的,故一般采用历时保证率。

设计保证率是水利水电工程设计的重要依据,其选择是一个复杂的技术经济问题。若选得过低,则正常工作遭破坏的概率将会增加,破坏所引起的国民经济损失及其不良影响也就会加重;相反,如选得过高,用水部门的破坏损失虽可减轻,但工程的效能指标就会减小(如库容一定时,保证流量就减小),或工程投资和其他费用就要增加(如用水要求一定时,库容要加大)。所以,应通过技术经济比较分析,并考虑其他影响,合理选定设计保证率。由于破坏损失及其他后果涉及许多因素,情况复杂,难以确定,目前在设计中主要根据生产实践积累的经验,并参照规范选用设计保证率。

选择水电站设计保证率时,要分析水电站所在电力系统的用户组成和负荷特性、系统中水电容量比重、水电站的规模及其在系统中的作用、河川径流特性及水库调节性能,以及保证系统用电可能采取的其他备用措施等。一般来说,水电站的装机容量越大,系统中水电所占比重越大,系统重要用户越多,河川径流变化越剧烈,水库调节性能越高,水电站的设计保证率就应该取大一些,可参照表 2-6 提供的范围,经分析选定水电站的设计保证率。

表 2-6　水电站设计保证率　(%)

电力系统中水电容量比重(%)	<25	25~50	>50
水电站发电设计保证率(%)	80~90	90~95	95~98

注:1. 当系统内有多座水电站时,应按水电站群统一选择设计保证率。

2. 表中数据引自水利部颁布的《水利工程水利计算规范》(SL 104—2015)。

选择灌溉设计保证率应根据该灌区土地和水利资源情况、农作物种类、气象和水文条件、水库调节性能、国家对该灌区农业生产的要求以及工程建设和经济条件等因素进行综

合分析。一般来说,灌溉设计保证率在南方水源较丰富地区比北方地区高,大型灌区比中小型灌区高,自流灌溉比提水灌溉高,远景规划工程比近期工程高,可参照表2-7,适当选定灌溉设计保证率。

表2-7 灌溉设计保证率

灌水方法	地区	作物种类	灌溉设计保证率(%)
地面灌溉	干旱地区或水资源紧缺地区	以旱作为主	50~75
		以水稻为主	70~80
	半干旱、半湿润地区或水资源不稳定地区	以旱作为主	70~80
		以水稻为主	75~85
	湿润地区或水资源丰富地区	以旱作为主	75~85
		以水稻为主	80~95
	各类地区	牧草和林地	50~75
喷灌、微灌	各类地区	各类作物	85~95

注:1. 作物经济价值较高的地区,宜选用表中较大值;作物经济价值不高的地区,可选用表中较小值。
2. 引洪淤灌系统的灌溉设计保证率可取30%~50%。
3. 表中数据引自《灌溉与排水工程设计标准》(GB 50288—2018)。

由于工业及城市居民给水遭到破坏时,将会直接造成生产上的严重损失,并对人民生活有极大影响,因此给水保证率要求较高,一般在95%~99%(年保证率),其中大城市及重要的工矿区可选取较高值。即使在正常给水遭受破坏的情况下,也必须满足消防用水、生产紧急用水及一定数量的生活用水。

航运设计保证率是指最低通航水位的保证程度,用历时(日)保证率表示。航运设计保证率一般按航道等级结合其他因素由航运部门提供。一般,一、二级航道保证率为97%~99%,三、四级航道保证率为95%~97%,五、六级航道保证率为90%~95%。

任务三 水库特性资料

一、水库地形特性

水库是指在河道、山谷等处修建水坝等挡水建筑物形成的蓄集水的人工湖泊。水库的作用是拦蓄洪水,调节河川天然径流和集中落差。水库特征是指水库地形特征。如库区地形开阔,河道纵坡缓,水库的蓄水容量大;反之,若库区地形狭窄,河道纵坡陡,即使坝高,其蓄水量也不一定大。一般把用来反映水库地形特征的曲线称为水库特性曲线。它包括水库水位—面积关系曲线和水库水位—容积关系曲线,简称为水库面积曲线和水库容积曲线,是最主要的水库特性资料。

(一)静库容曲线

静库容曲线是假设水库内水流流速为零,水面呈静止的水平状态而绘制的不同坝前水位下的水位—面积关系曲线、水位—容积关系曲线。

1. 水位—面积关系曲线

水库面积曲线是指水库蓄水位与相应水面面积的关系曲线。水库的水面面积随水位的变化而变化。库区形状与河道坡度不同,水库水位与水面面积的关系也不尽相同。水库面积曲线反映了水库地形的特性。

绘制水库面积曲线时,一般可根据1∶10 000～1∶5 000比例尺的库区地形图,用求积仪(或按比例尺数方格)计算不同等高线与坝轴线所围成的水库的面积(高程的间隔可用1～2 m或5 m),然后以水位为纵坐标、水面面积为横坐标,点绘出水位—面积关系曲线,如图2-1所示。

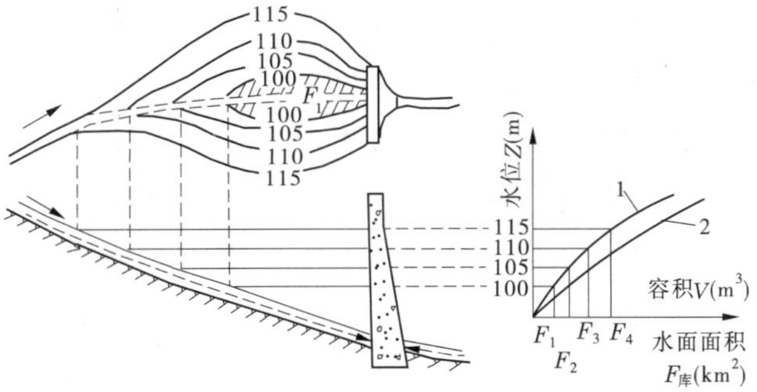

1—水库面积曲线;2—水库容积曲线

图2-1　水库特性曲线示意图

2. 水位—容积关系曲线

水库容积曲线也称为水库库容曲线。它是水库面积曲线的积分曲线,即库水位 Z 与累积容积 V 的关系曲线。其绘制方法是:首先将水库面积曲线中的水位分层,其次自河底向上逐层计算各相邻高程之间的容积 ΔV。

假设水库形状为梯形台,则各分层间容积计算公式为

$$\Delta V = (F_i + F_{i+1})\Delta Z/2 \tag{2-4}$$

式中　ΔV——相邻高程间库容,m^3;

F_i、F_{i+1}——相邻两高程的水库水面面积,m^2;

ΔZ——高程间距,m。

或用较精确公式表示为

$$\Delta V = (F_i + \sqrt{F_i F_{i+1}} + F_{i+1})\Delta Z/3 \tag{2-5}$$

然后自下而上按

$$V = \sum_{i=1}^{n} \Delta V_i \tag{2-6}$$

依次叠加,即可求出各水库水位对应的库容,从而绘出水库库容曲线。

【例2-1】　某水库库区地形图上分别量得50.5～65 m高程的逐层水面面积列于表2-8第①、②栏。用式(2-5)计算分层容积列于表2-8第④栏,将分层累积值列于表2-8第⑤栏。以第①栏为纵坐标、第⑤栏为横坐标点绘曲线即为库容曲线,如图2-2所示。

表2-8　某水库库容曲线计算

水位 Z(m)	水面面积 F(万 m^2)	水位差 ΔZ(m)	分层容积 ΔV(万 m^3)	库容 V(万 m^3)
①	②	③	④	⑤
50.5	0			0
51.0	8	0.5	1.33	1.33
52.0	32	1.0	18.7	20.03
53.0	60	1.0	45.3	65.33
54.0	91	1.0	74.9	140.23
55.0	123	1.0	106.5	246.73
56.0	157	1.0	139.7	386.43
57.0	192	1.0	174.3	560.73
58.0	228	1.0	209.7	770.43
59.0	265	1.0	246.3	1 016.73
60.0	302	1.0	283.3	1 300.03
61.0	340	1.0	320.7	1 620.73
62.0	379	1.0	359.3	1 980.03
63.0	418	1.0	398.3	2 378.33
64.0	460	1.0	438.7	2 817.03
65.0	500	1.0	480.0	3 297.03

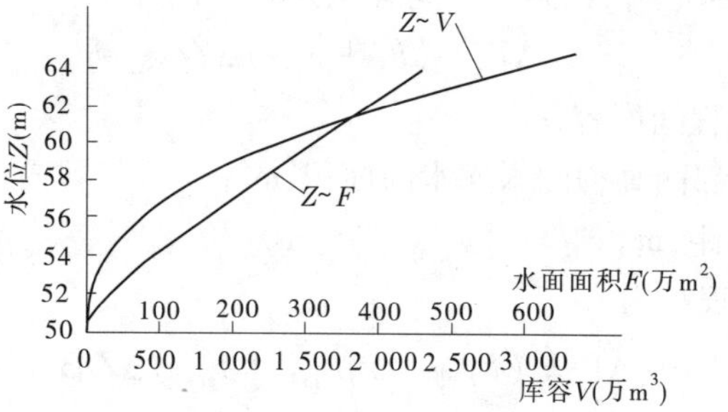

图2-2　水库库容曲线

(二)动库容曲线

由于水库随时都有流量汇入(汛期尤为如此),因此水库沿程各过水断面都具有一定的流速,即有一定的水力坡向上的壅水曲线,直至与库尾的天然水面相切,此即回水曲线。当入库流量为零时,静止的自由水面以下的库容称为静库容。当入库流量不为零时,静库容相应的坝前水位水平线以上与回水曲线之间包含的部分称为楔形库容。回水曲线下的楔形库容与坝前水位水平面以下的静库容之和,总称为动库容。以入库流量为参数的坝前水位与计入动库容的水库容积之间的关系曲线，称为动库容曲线，如图 2-3、图 2-4 所示。

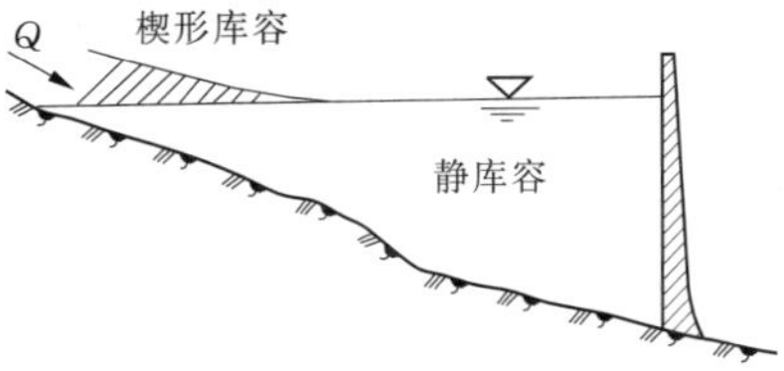

图 2-3　动库容示意图

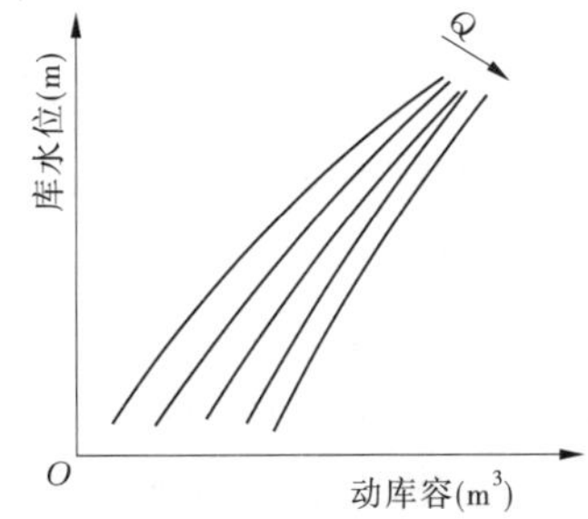

图 2-4　动库容曲线

实践证明，在调洪计算中采用动库容比采用静库容更接近实际，尤其库区尾部比较开阔，楔形库容所占比重较大的水库更应采用动库容进行调洪计算。楔形库容的大小与坝前水位、库区地形、入库流量和出库流量有关。坝前水位高，入库流量大，库区地形开阔，楔形库容就大。一般出库流量对楔形库容影响较小，故在动库容曲线绘制中可以忽略不计。

二、水库的特征水位及其相应库容

表示水库工程规模及运用要求的各种库水位，称为水库特征水位。它们是根据河流的水文条件、坝址的地形地质条件和各用水部门的需水要求，通过调节计算，并从政治、技术、经济等因素进行全面综合分析论证来确定。这些特征水位和库容各有其特定的任务和作用，体现着水库运用和正常工作的各种特定要求。它们也是规划设计阶段确定主要水工建筑物尺寸（如坝高和溢洪道大小），估算工程投资、效益的基本依据。这些特征水位和相应的库容通常有下列几种，如图 2-5 所示。

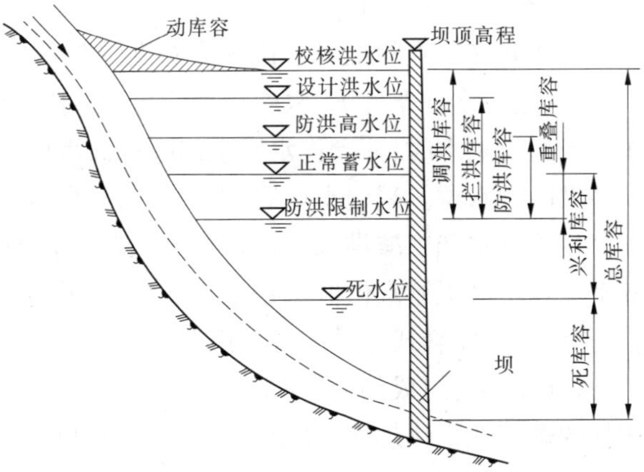

图 2-5　水库特征水位及其相应库容示意图

（一）死水位（$Z_{死}$）和死库容（$V_{死}$）

水库在正常运用情况下，允许消落的最低水位，称为死水位。死水位以下的水库容积称为死库容。水库正常运行时蓄水位一般不能低于死水位,除非特殊干旱年份,为保证紧要用水,或其他特殊情况,如战备、地震等要求,经慎重研究,才允许临时泄放或动用死库容中的部分存水。

确定死水位应考虑的主要因素包括:

(1)保证水库有足够的能发挥正常效用的使用年限(俗称水库寿命),特别应考虑部分库容供泥沙淤积。

(2)保证水电站所需要的最低水头和自流灌溉必要的引水高程。

(3)库区航运和渔业的要求。

(二)正常蓄水位($Z_{蓄}$)和兴利库容($V_{兴}$)

在正常运用条件下,水库为了满足设计的兴利要求,在开始供水时应蓄到的水位,称为正常蓄水位,又称正常高水位。正常蓄水位与死水位之间的库容,是水库可用于兴利径流调节的库容,称为兴利库容,又称调节库容或有效库容。正常蓄水位与死水位之间的深度,称为消落深度或工作深度。当溢洪道无闸门时,正常蓄水位就是溢洪道堰顶的高程;当溢洪道有闸门时,多数情况下正常蓄水位是闸门关闭时的门顶高程。

正常蓄水位是水库最重要的特征水位之一,它是一个重要的设计数据。因为它直接关系到一些主要水工建筑物的尺寸、投资、淹没、综合利用效益及其他工作指标,大坝的结构设计、强度和稳定性计算,也主要以它为依据。因此,大中型水库正常蓄水位的选择是一个重要问题,往往牵涉到技术、经济、政治、社会、环境等方面的影响,需要全面考虑,综合分析确定。

(三)防洪特征水位及相应库容

兴建水库后,为了汛期安全泄洪,要求有一部分库容作为削减洪峰之用,称为调洪库容。这部分库容在汛期应该经常留空,以备洪水到来时能及时拦蓄洪量和削减洪峰,洪水过后再放空,以便迎接下一次洪水。

1. 防洪限制水位($Z_{限}$)和结合库容($V_{结}$)

水库在汛期为兴利蓄水允许达到的上限水位称为防洪限制水位,又称为汛期限制水位,或简称为汛限水位。它是在设计条件下,水库防洪的起调水位。该水位以上的库容可作为滞蓄洪水的容积。当出现洪水时,才允许水库水位超过该水位。一旦洪水消退,应尽快使水库水位回落到防洪限制水位。兴建水库后,为了汛期安全泄洪和减少泄洪设备,常要求有一部分库容作为拦蓄洪水和削减洪峰之用。防洪限制水位或是低于正常蓄水位,或是与正常蓄水位齐平。若防洪限制水位低于正常蓄水位,则将这两个水位之间的水库容积称为结合库容,也称为共用库容或重叠库容。汛期它是防洪库容的一部分,汛后它又可用来兴利蓄水,成为兴利库容的组成部分。

若汛期洪水有明显的季节性变化规律,经论证,对主汛期和非主汛期可分别采用不同的防洪限制水位。

2. 防洪高水位($Z_{防}$)和防洪库容($V_{防}$)

水库遇到下游防护对象的设计标准洪水时,经水库调节后坝前达到的最高水位称为防洪高水位。该水位至防洪限制水位间的水库容积称为防洪库容。

3. 设计洪水位($Z_{设}$)和拦洪库容($V_{拦}$)

当遇到大坝设计标准洪水时,水库坝前达到的最高水位,称为设计洪水位。它至防洪限制水位间的水库容积称为拦洪库容或设计调洪库容。

设计洪水位是水库设计的重要参数之一,它决定了设计洪水情况下的上游洪水淹没范围,同时又与泄洪建筑物尺寸、类型有关;而泄洪设备类型(包括溢流堰、泄洪孔、泄洪隧洞)则应根据地形、地质条件和坝型、枢纽布置等特点拟定。

4. 校核洪水位($Z_{校}$)和调洪库容($V_{调}$)

当遇到大坝校核标准洪水时,水库坝前达到的最高水位,称为校核洪水位,也称非常洪水位。它至防洪限制水位间的水库容积称为调洪库容或校核调洪库容。

(四)总库容和坝顶高程

校核洪水位以下的全部水库容积就是水库的总库容。设计洪水位或校核洪水位加上一定数量的风浪超高值和安全超高值,就得到坝顶高程,即

$$Z_{坝} = Z_{校} + a + \delta \tag{2-7}$$

式中 $Z_{坝}$——坝顶高程,m;

a——波浪爬高,m,一般用经验公式计算;

δ——安全超高,m,一般取0.2~0.7。

三、水库的水量损失

水库建成蓄水后,因改变河流天然状况及库内外水力条件而引起额外的水量损失,主要包括蒸发损失和渗漏损失,在寒冷地区还可能有结冰损失。

(一)蒸发损失

水库蓄水后,库区形成广阔水面,原有的陆面蒸发变为水面蒸发。由于流入水库的径流资料是根据建库前坝址附近观测资料整编得出的,其中已计入陆面蒸发部分。因此,计算时段Δt(年、月)水库的蒸发损失是指由陆面面积变为水面面积所增加的额外蒸发量$\Delta W_{蒸}$(以m^3计),即

$$\Delta W_{蒸} = 1\,000(E_{水} - E_{陆})(F_{库} - f) \tag{2-8}$$

式中 $E_{水}$——计算时段Δt内库区水面蒸发强度,以水层深度计,mm;

$E_{陆}$——计算时段Δt内库区陆面蒸发强度,以水层深度计,mm;

$F_{库}$——计算时段Δt内水库平均水面面积,km^2;

f——建库以前库区原有天然河道水面及湖泊水面面积,km^2;

1 000——单位换算系数,$1\ mm \cdot km^2 = 1 \times 10^{-3} \times (1 \times 10^3)^2\ m^3 = 1 \times 10^3\ m^3$。

水库水面蒸发可根据水库附近蒸发站或气象站蒸发资料折算成自然水面蒸发,即

$$E_{水} = \alpha E_{器} \tag{2-9}$$

式中 $E_{器}$——水面蒸发皿实测水面蒸发量,mm;

α——水面蒸发皿折算系数,一般为0.65~0.80。

对于陆面蒸发,目前尚无较成熟的计算方法。在水库设计中常采用多年平均降水量P_0和多年平均径流深R_0之差,作为陆面蒸发量的估算值。

$$E_{陆} = P_0 - R_0 \tag{2-10}$$

【例2-2】 某水库实测年水面蒸发量为1 506 mm,从当地的水文手册中查得水面蒸发皿折算系数为0.8,流域多年平均降水量为1 310 mm,多年平均径流深为787 mm,蒸发量的多年平均年内分配系数列于表2-9中。试计算水库的年蒸发损失量及相应的年内分配。

解:(1)计算陆面蒸发量:

$$E_{陆} = P_0 - R_0 = 1\,310 - 787 = 523(\mathrm{mm})$$

(2)计算水面蒸发量:

$$E_{水} = \alpha E_{器} = 0.8 \times 1\,506 \approx 1\,205(\mathrm{mm})$$

(3)水库年蒸发损失量:

$$E_{水} - E_{陆} = 1\,205 - 523 = 682(\mathrm{mm})$$

(4)计算各月蒸发损失量。将求得的年蒸发损失量分别乘以各月的蒸发损失系数(百分比),计算结果列于表2-9中。

表2-9 某水库蒸发损失计算

月份	1	2	3	4	5	6	7	8	9	10	11	12	全年
月损失系数(%)	3.09	3.82	6.88	8.52	11.80	14.21	13.05	13.30	9.81	7.61	4.69	3.22	100
月蒸发损失量(mm)	21	26	47	58	80	97	89	91	67	52	32	22	682

(二)渗漏损失

建库之后,由于水库蓄水,水位抬高,水压力的增大改变了库区周围地下水的流动状态,因而产生了水库的渗漏损失。水库的渗漏损失主要包括以下几个方面:

(1)通过能透水坝身(如土坝、堆石坝等)的渗漏,以及闸门、水轮机等的漏水。

(2)通过坝基及绕坝两翼的渗漏。

(3)通过库底、库周流向较低的透水层的渗漏。

一般可按渗漏理论的达西公式估算渗漏损失量。计算时所需的数据(如渗透系数、渗径长度等)必须根据库区及坝址的水文地质、地形、水工建筑物的型式等条件来决定,而这些地质条件及渗流运动均较复杂,往往难以用理论计算的方法获得较好的成果。因此,在生产实际中,常根据水文地质情况,定出一些经验性的数据,作为初步估算渗漏损失的依据。

若以一年或一个月的渗漏损失相当于水库蓄水容积的一定百分数来估算,则采用如下数值:

(1)水文地质条件优良(指库床为不渗水层,地下水面与库面接近),0 ~ 10%/年或0 ~1%/月。

(2)透水性条件中等,(10% ~20%)/年或(1% ~1.5%)/月。

(3)水文地质条件较差,(20% ~40%)/年或(1.5% ~3%)/月。

在水库运行的最初几年,渗漏损失往往较大(大于上述经验数据),因为初蓄时,为了湿润土壤及抬高地下水位需要额外损失水量。水库运行多年之后,因为库床泥沙颗粒间的空隙逐渐被水内细泥或黏土淤塞，渗透系数变小，同时库岸四周地下水位逐渐抬高，渗漏量减少。

（三）结冰损失

结冰损失是指严寒地区冬季水库水面形成冰盖，随着供水期水库水位的消落，一部分库周的冰层将暂时滞留于库周边岸，而引起水库蓄水量的临时损失。这项损失一般不大，可根据结冰期库水位变动范围的面积及冰层厚度估算。

四、库区淹没、浸没和水库淤积

（一）库区淹没、浸没

在河流上建造水库将带来库区的淹没和库区附近土地的浸没，使库区原有耕地及建筑物被废弃，居民、工厂和交通线路被迫迁移改建，造成一定的损失。在规划设计水库时，要十分重视水库淹没问题。我国地少人多，筑坝建库所引起的淹没问题往往比较突出，对淹没问题的考虑和处理就更需周密慎重。

淹没通常分为经常性淹没和临时性淹没两类。经常性淹没区域，一般指正常蓄水位以下的库区，由于经常被淹，且持续时间长，因此在此范围内的居民、城镇、工矿企业、通信及输电线路、交通设施等大多需搬迁、改线，土地也很少能被利用；临时性淹没区域，一般指正常蓄水位以上至校核洪水位之间的区域，被淹没机会较小，受淹时间也短暂，可根据具体情况确定哪些需要迁移，哪些需要进行防护，区内的土地资源大多可以合理利用。所有迁移对象或防护措施都将按规定标准给予补偿。此补偿费用和水库淹没范围内的各种资源的损失统称为水库淹没损失，计入水库总投资内。水库淹没范围的确定，应根据淹没对象的重要性，按不同频率的入库洪水求得不同的库水位，并由回水计算结果从库区地形图上查得相应的淹没范围。淹没范围内淹没对象的种类和数量，应通过细致的实地调查取得。在多沙河流上，水库淹没范围还应计及水库尾部因泥沙淤积水位壅高及回水曲线向上游延伸等的影响。

浸没是指库水位抬高后引起库区周围地区地下水位上升所带来的危害，如可能使农田发生次生盐碱化，不利于农作物生长；可能形成局部的沼泽地，使环境卫生条件恶化；还可能使土壤失去稳定，引起建筑物地基的不均匀沉陷，以致发生裂缝或倒塌。水库周围的浸没范围一般可采用正常蓄水位或一年内持续两个月以上的运行水位为测算依据。

淹没和浸没损失不仅是经济问题，而且是具有一定社会影响和政治影响的问题，是规划工作中的一个重要课题。

（二）水库淤积

在天然河流上筑坝建库后，随着库区水位的抬高，水面加宽，水深增大，过水断面扩大，水力坡降变缓，水流速度减小。原河道水力特性的这种变化，降低了水流的挟沙能力，也改变了原河道的泥沙运动规律，导致大量泥沙在库区逐渐沉淀淤积。泥沙淤积对水库运用和上下游河流产生的不良影响是多方面的。淤积使水库调节库容减小，降低水库调节水量的能力和综合利用的效益。坝前淤积使水电站进水口水流含沙浓度增大，泥沙粒径变粗，引起对过水建筑物和水轮机的磨损，影响建筑物与设备的安全和寿命。库尾淤积体向库区推进的同时，也向上游延伸，即所谓的“翘尾巴”，因而抬高库尾水位，扩大库区的淹没损失和浸没损失。水库下游则由于泄放清水,水流的挟沙能力增大,引起对下游河床的冲刷,使水位降低,甚至河槽变形。

影响水库淤积的因素很多,主要有水库入库水流的含沙量及其年内分配、库区地形、地质特性以及水库的运用方式等。从已建水库的大量观测资料分析,我国水库泥沙淤积的纵向形态可分为三种基本类型(详见项目五任务四)。

水库淤积年限或淤积库容的计算,严格地说应根据水库泥沙运动规律及淤积过程进行。但目前由于水库泥沙资料不全,计算方法欠完善,故难以得出精确的计算结果,一般情况下多采用简算法来初步确定。

简算法假定水库泥沙淤积呈水平增长,把水库开始运行到泥沙全部淤满死库容 $V_{死}$,并开始影响有效库容时为止的这段时间,称为水库的使用年限,或称淤积年限 T_n。一般中小型水库采用30~50年,大型水库采用50~100年。设水库年淤积量为 ρwm,其中 ρ 为年平均含沙量,kg/m^3;w 为年径流总量,m^3;m 为入库泥沙留在水库中的相对值,视库容相对大小或水库调节程度而定。由此,水库年淤积体积为

$$V_{年淤} = \frac{\rho wm}{(1-p)\gamma} \tag{2-11}$$

式中 p——淤积泥沙的孔隙度,为0.3~0.4;

γ——泥沙的密度,2 000~2 800 kg/m^3。

当水库的死库容已定时,可求得水库的使用年限 T_n 为

$$T_n = V_{死}/V_{年淤} \tag{2-12}$$

或当水库的使用年限 T_n 已定时,可求得水库所需的淤积库容 $V_{总淤}$ 为

$$V_{总淤} = V_{年淤}T_n \tag{2-13}$$

上述简算法仅适用于悬移质泥沙,对于推移质泥沙,因观测资料不足,尚难确切估算。对于推移质多的河流,应有专门的观测资料作为估算的基础。但是,这种方法无法反映水库的淤积过程。

在多沙河流上规划设计水库时,除对淤积库容需作慎重考虑外,还必须针对设计水库的具体情况,提出减轻水库淤积的措施。首先是做好流域的水土保持工作,但是不能把远景治理效果作为近期规划的依据;其次在坝底或坝身的不同高程上设置泄水孔,以便把较细的沙粒,在未来得及沉淀于库底前,就随水流排往下游。此外,结合水库运行调度,可采取蓄清排浑的运行方式,即在汛期主要来沙季节,选择一段时间作为排沙期,排沙期后蓄水兴利;或抓住洪峰前后出现高含沙量的特点,采取洪峰前后排沙,洪峰过后蓄水,以避开拦截沙峰入库,减轻淤积数量。这些都是多沙河流水库调度的专门问题。

任务四 各用水部门的用水特性资料

一个综合利用水库的供水范围是很广泛的,如城市给水、灌溉、发电、航运、渔业、环境卫生等。但是每一个用水部门的要求都不一样,有的是需要消耗一定的水量,如农业灌溉、城市生活用水;有的是利用落差,如水力发电;有的是要求提供一定的深度、面积,如航运、渔业等。同时,各部门在用水时间上的要求也各不相同,都有各自的周期变化。因此,

在统计各部门用水数量的同时,还需了解各部门的用水特性,研究它们之间的联系,分清主次,以便最充分地发挥水资源的综合效益。下面分别介绍一下各部门的用水情况。

一、城市给水

在满足市民生活用水的前提下城市给水主要是工业用水。工业用水需按产品生产的用水定额来统计,如生产1 t钢用水定额为100~165 m^3,生产1 t纺织物需水100~600 m^3等,具体可查阅有关资料确定,但统计中要考虑到循环水的利用。生活用水标准常用每一居民每天的用水量表示。我国城市居民平均的日用水量为90~200 L/(人·d)。

居民用水与工业用水的主要特点是:

(1)对水质的要求高。居民用水和以水为原料的工业用水,对水的气味、溶解质的组成和含量,以及微生物的数量,均有一定的要求,不能超过规定的数值。

(2)对供水的保证率要求较高。因为任何供水中断,都会引起生产上的很大损失和生活上的很大困难。

(3)给水有日与年的周期变化。民用供水及工业用水有日周期变化,一般是白天用水多,晚上用水少。它是靠水厂的蓄水池调节来适应的;而年际变化较小,年内一般夏天较多,冬天较少。

(4)生活用水是耗水部门。工业用水中,作为生产原料的用水,其比重通常不大,多数是作为工艺用水,这些用水的特点是它并不消耗水量。因此,应考虑工业排放水的循环利用。

二、环境用水

环境用水是指为维持生态与环境功能和进行生态环境建设所需要的最小需水量。随着工业的发展,河流沿岸排入的废污水量也相应增加,使水质污染加重。因此,在设计水库时必须考虑到为了维护河流水质、环境生态的平衡,水库要为下游河道提供一个稳定的流量,提高水体的稀释自净能力。

三、灌溉用水

农业要求水利部门能够按照农作物的需水情况,适时适量地进行供水以保证农业的丰收。因此,要科学地确定农业在不同时期所需供给的水量,就应了解灌区作物的种类、种植面积、土壤气候条件、耕作技术等,以确定各种作物的灌水次数、灌水定额(每亩每次灌溉所需的水量)、灌溉定额(每亩作物全部生长期灌溉需水量),统计计算全灌区的用水量,如图2-6(c)所示。

灌溉用水的特点是:

(1)具有明显的季节性。作物生长的季节性要求灌溉供水有季节性的变化,一般是夏季多、冬季少。

(2)灌溉用水量具有多变性。由于降水量年内、年际变化不同,所需浇灌用水量亦随之而变化。

(3)灌溉对缺水的适应性比其他用水部门大。作物的收获量不仅与水量充足与否有

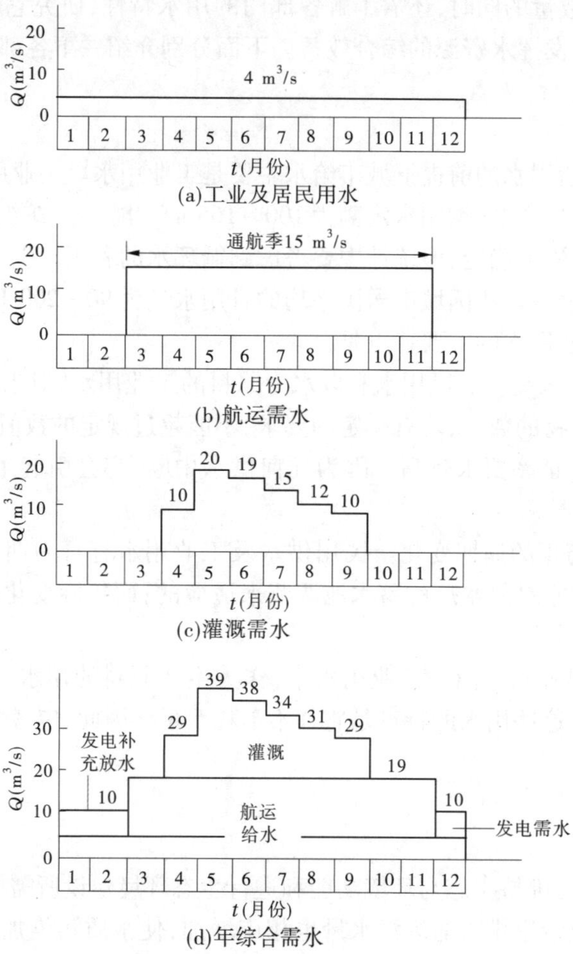

图 2-6　各用水部门需水及综合需水

关,还与其他农业措施有关。当水量不足时,可采取其他耕作措施以补不足,减少产量损失。因此,灌溉用水的保证率可较其他用水部门为低。

四、发电用水

水力发电是利用水库集中河道的天然落差(也可根据地形利用渠道隧洞等引水形成落差),使水的位能通过水轮发电机转化为电能。水库供水量的变化取决于用电户对电量的要求。当水电站参加电力系统运转与其他电源配合供电时,水电站可根据河川径流的丰枯情况决定发电量的多少,即供水量的多少。水力发电用水基本不耗水,通常水力发电的尾水,可用于下游的给水、灌溉及航运。

五、航运

一般情况下,内河航运成本低、运输量大。在大河航道上,水运成本仅是铁路运输成本的1/2~1/3,是公路运输成本的1/20~1/25。在有条件的地方,开发航运事业具有重要的经济意义。由于天然径流具有年内分配不均匀的特性,往往在枯水季节河道的水深不足,满足不了通航的要求,利用水库调节水量,保证河道具有一定的水深以改善航运条件。由于通航只是利用水深而不消耗水量,因此航运的用水量可与灌溉、发电同时考虑,不足部分另由水库补充。

除上述用水部门外,其他尚有渔业和旅游用水等,但一般对水量的要求不多。对于渔业,除确定水库死水位时要考虑养鱼水深外,有时也要考虑操作鱼道和鱼塘灌水等时的用水情况。为了发展旅游事业和文体活动,一般要求夏季及其前后几个月,水库水位应尽量蓄高,但并不要求有过大的水位变动。

确定了各种用水部门的年和逐月的用水要求后,就可绘制综合需水图。它就是水库进行综合利用所应满足的总需水图。综合需水图的编制,并不是简单地把各部门需水量同步累加,而是要考虑到一水多用的可能性。例如,水力发电的尾水,通常可以用于下游工业给水、民用给水、航运和灌溉等。但是某些用水则是无法结合的,如从水库上游引走的灌溉用水,就不可能再用于本水库电站的发电。因此,编制综合需水图时,主要考虑下列几点:

(1)取水地点和回泄地点。

(2)需要的水质。

(3)需水的年内各月分配和日内各小时的分配。

(4)需水保证率的不同。

【例 2-3】 某一综合利用水库服务于 4 个用水部门:给水、航运、灌溉及水力发电。水力发电要求全年最小流量不小于 10 m^3/s,下游其他部门要求如图 2-6(a)~(c)所示。编制需水图时,主要是各时刻按各用水部门所需流量求总和,但要扣去可以共用的部分。例如 3 月,发电用水 10 m^3/s,工业及民用给水 4 m^3/s,航运需水 15 m^3/s,直接相加为 29 m^3/s。但发电用水可供下游给水也可航运,因此仅需下泄 19 m^3/s 即可满足三者的要求。同理求出各月用水量,如图 2-6(d)所示。

任务五 电力系统及水电厂特征

一、电力系统与负荷图

(一)电力系统及其用户特点

所有大中型电站一般都不单独向用户供电,而是把若干电站(包括水电站、火电站及其他类型的电站)用高压输电线路连接起来,共同满足各类用户的需电要求。具体地说,从发电机的出线开始,经过升压变压器、输电线和降压变压器直到用户的用电设备的接线端,称电力网。电力网加上两头的电气设备,则称电力系统。各种不同特性的电站联在一起,可以互相取长补短,改善各电站的工作条件,提高供电的可靠性。规划设计水电站时,首先应了解电力系统中各类用户的需电要求以及其他电站组成等情况。

电力系统中有各种用户,它们有着不同的用电要求,通常按其特点,可分为工业用电、农业用电、交通运输用电及市政公用事业用电四种类型。

1. 工业用电

工业用电在一年之内负荷变化不大,而年际之间则由于工业的发展而增长。在一天之内,三班制生产的工矿企业用电也比较均匀。从产品种类来看,化学及冶金工业的负荷比较平稳,而机械制造工业及炼钢中的轧钢车间的负荷则是间歇性的,需电状况在短时间内有着剧烈的变动。

2. 农业用电

农业用电主要指农业排灌用电、农业耕作用电及农副产品加工用电,其次为农村生活、照明用电。它们都具有明显的季节性变化,特别在排灌季节用电较多,其余时间用电较少。

3. 交通运输用电

交通运输用电目前主要指电气火车用电,随着铁路运输电气化的发展,其用电量不断增长,这种负荷在一年之内和一天之内都很均匀,仅在电气火车起动时,负荷突然增加,才会出现瞬时的高峰负荷。

4. 市政公用事业用电

市政公用事业用电包括市内电车、给水排水用电和生活、照明用电等。其中,照明负荷在一天之内和一年之内均有较大变化,如冬季气温低、夜长,则用电较夏季多;一天内晚间又比白天用电多。

(二)负荷图

如上所述,电力系统的负荷在一日、一月及一年之内都是变化的,其变化程度与系统中的用户组成情况有关。将系统内所有用户的负荷变化过程叠加起来,再加上线路损失和本厂用电,即得系统负荷变化过程线。

一日的负荷变化过程线称日负荷图,一年的负荷变化过程线称年负荷图。

1. 日负荷图

图2-7为一般大中型电力系统的日负荷图。在一天中,一般是2时至4时负荷最低;清晨照明负荷增加,随后工厂陆续投入生产,在8时左右形成第一用电高峰;12时左右午休,负荷下降;傍晚到入夜时出现第二用电高峰;深夜以后,某些工厂企业结束生产,负荷再次下降。一日内峰谷大小和出现时间与系统内的生产特性及系统所处的纬度有关,通常用电的第二高峰大于用电的第一高峰。至于各地区的小型电力系统,其日负荷的变化则可能是各式各样的。

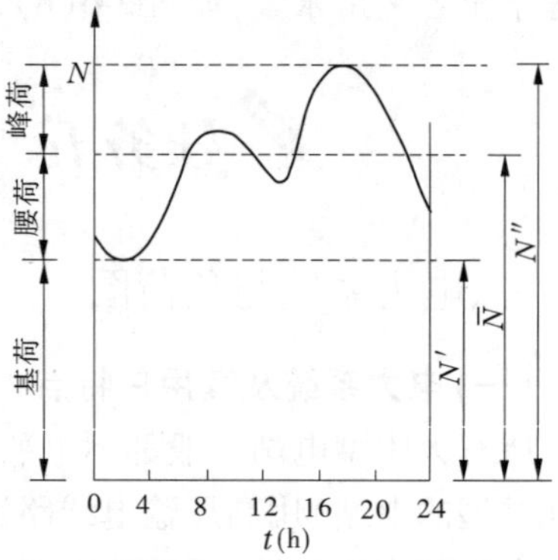

图2-7 日负荷图

1)日负荷图的特征值及分区

日负荷图的三个特征值为日最大负荷 N''、日平均负荷 $\overline{N}$ 及日最小负荷 N'。日平均负荷图所包围的面积就是日用电量,即

$$E = 24 \times \overline{N} \tag{2-14}$$

式中　E——日用电量，kW·h；

　　$\overline{N}$——日平均负荷，kW。

日负荷的三个特征值（N''、$\overline{N}$ 及 N'）将日负荷图划分成三个区，即：

（1）基荷。日最小负荷 N' 以下的部分称为基荷。这部分负荷全日 24 h 都是均匀的。

（2）腰荷。日最小负荷 N' 与日平均负荷 $\overline{N}$ 之间的部分称为腰荷。此区一部分负荷随时间变化，一部分负荷恒定。

（3）峰荷。日平均负荷 $\overline{N}$ 以上至日最大负荷 N'' 部分称为峰荷。这部分负荷全日 24 h 内是不断变化的。

2）日负荷特征系数

为了表明日负荷图的变化情况以及便于各日负荷图之间的比较，一般用以下三个特征系数来表示日负荷特性：

基荷指数　　$\alpha = N'/\overline{N}$

日最小负荷率　　$\beta = N'/N''$

日平均负荷率　　$\gamma = \overline{N}/N''$

α 值越大，表示基荷所占比重越大，说明用电户的用电情况比较稳定；β、γ 值越大，表示日负荷变化越小，系统负荷比较均匀。大耗电工业占比重较大的系统，一般日负荷变化较均匀，γ 值往往较大；照明负荷占比重较大的系统，γ 值较小。

3）日电能累积曲线

电力系统日负荷曲线下面所包含的面积代表系统全日所需要的电量 $E_{日}$。如将日负荷曲线下的面积自下而上分段叠加，如图 2-8 中 $\Delta E_1, \Delta E_2, \cdots, \Delta E_n$ 等。如果图 2-8 中右图纵坐标与左图相同，右图横坐标为电能，取 $\overline{oa} = \Delta E_1, \overline{ab} = \Delta E_2, \cdots, \overline{cd} = \Delta E_n$，则右图中 ofg 线称为日电能累积曲线，显然 f 点以下为基荷产生的日电能，因而 of 为直线。基荷以上，随着负荷的增长，相应供电时间越短，电能增量逐渐减小，所以日电能累积曲线，越向上越陡，是一段反曲线。

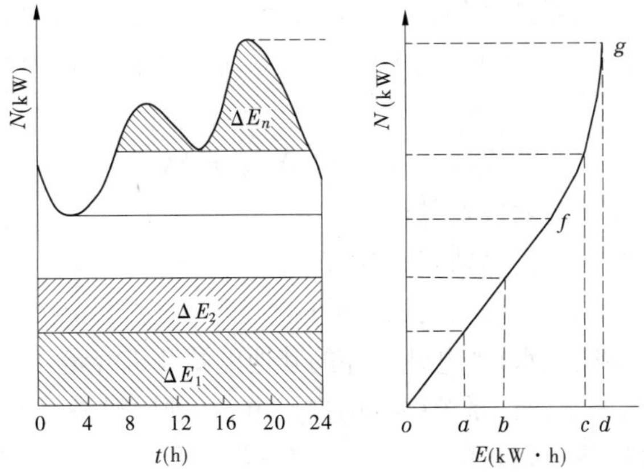

图 2-8　日电能累积曲线示意图

2. 年负荷图

年负荷图表示一年内负荷的变化过程,通常以日负荷特征值的年内变化来表示。日最大负荷 N''的年变化曲线称为年最大负荷图,如图2-9(a)所示。年最大负荷反映系统负荷对各电站最大出力或发电设备容量的要求。显然,系统内各电站装机容量的总和至少应等于电力系统的最大负荷 N'',否则就不能满足系统负荷的要求,即要求电力平衡。日平均负荷[见图2-9(b)中虚线]或各月平均负荷[见图2-9(b)中实线]年过程称为年平均负荷,它反映系统负荷对各电站平均出力的要求。显然,年平均负荷图所包含的面积相当于系统用户的年需电量,也是系统内各电站年发电量的总和。

需要指出的是,图2-9只是年负荷图的一种典型形式,夏季处于一年的用电低谷,实际上由于经济的发展和人民生活水平的提高,近年来夏季用电大幅增长,一些电力系统呈现夏季为负荷高峰的特征。

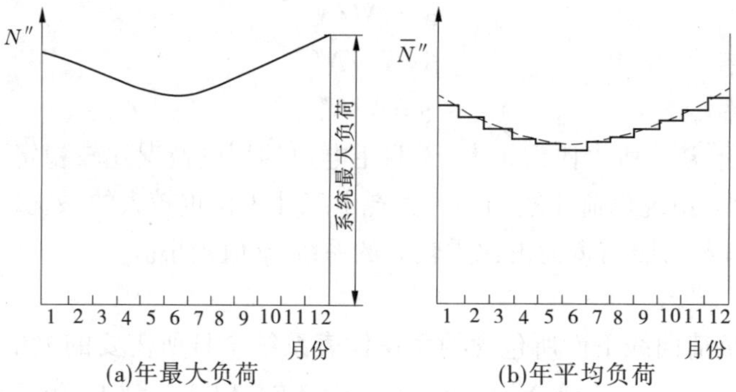

(a)年最大负荷　　(b)年平均负荷

图2-9　年负荷图

二、电力系统容量组成

电站每台机组都有一个额定的发电机铭牌出力,电站的装机容量就是该电站全部机组铭牌出力的总和。电力系统中如果包含若干个水电站、火电站和其他电站(如核电站、地热电站、抽水蓄能电站、潮汐电站等),则电力系统的装机容量为系统中所有各电站装机容量的总和,即

$$N_{系统} = N_{火装} + N_{水装} + N_{他装} \tag{2-15}$$

式中　$N_{系统}$——电力系统的装机容量;

$N_{火装}$——电力系统中火电站装机容量;

$N_{水装}$——电力系统中水电站装机容量;

$N_{他装}$——电力系统中水、火电站之外的其他电站装机容量。

以任意一天为例,为了保证系统中各用户用电,必须同时满足两个条件:①电力系统中各电站当天能够随时投入运行的机电设备容量不小于该天最大的日负荷(见图2-7中N'');②电力系统中各电站每天储备的水量以及燃料所能发出的电能,必须不小于日负荷图所要求的电量。

同样,在一年内各时刻,也必须满足年负荷图中年内各时刻容量和电量要求,这两个条件分别称为容量平衡和电量平衡。年负荷图是确定电力系统中各电站装机容量的主要依据之一。根据机电设备容量的目的和作用，可将整个电力系统的装机容量划分为以下几个部分：

(1)最大工作容量($N_{工}$)。为了满足电力系统最大负荷要求而设置的容量称为最大工作容量。因为这部分容量是维持电力系统正常工作、按最大负荷而设置的，故用最大工作容量这个名称。

(2)负荷备用容量($N_{负备}$)。由于用电户负荷的突然投入和切除(如冶金工厂中大型轧钢机的启动和停机)，都会使负荷突然跳动，因此系统的实际负荷是时刻波动而呈锯齿状变化的。所以，除工作容量外，还要增设一定数量的容量来应付突然的负荷跳动，此部分容量称为负荷备用容量，一般为系统最大负荷的5%。

(3)事故备用容量($N_{事备}$)。任何一个电站工作过程中，都可能有一个甚至几个机组发生故障而停机。就全系统而言，也可能在某一时刻有几个电站若干个机组同时发生事故。为了避免因机组发生故障而影响系统正常供电，必须在电力系统中设置一定数量的事故备用容量，一般为系统最大负荷的10%，且不得小于系统内最大一台机组的容量。

(4)检修备用容量($N_{检备}$)。为了保证电站机组的正常运行，减少事故及延长设备的使用期，必须有计划地对所有机组进行定期检修。在停机检修时，为了代替检修机组工作而专门设置的容量叫作检修备用容量。

在电力系统中，各电站的工作容量和备用容量都是保证系统正常供电所必需的。因而，这两部分容量之和，称为系统的必需容量($N_{必}$)。

(5)重复容量($N_{重}$)。水电站的必需容量是保证系统正常供电所必需的，它是以设计枯水年的水量作为设计依据的。水电站在丰水年和平水年的全年或汛期若仅以必需容量工作会产生大量弃水。为了利用此部分弃水量来发电，只需要增加一部分机电容量，而可不增加大坝等水工建筑物的规模。显然，此部分容量在枯水期或枯水年组是得不到保证的，其作用完全在于利用部分弃水量来替代和减少火电站煤耗。由于这部分容量并非保证电力系统正常供电所必需的，故称为重复容量。重复容量为水电站所特有。

在设置有重复容量的电力系统中，系统的总装机容量用公式表示为

$$N_{装} = N_{必} + N_{重} = N_{工} + N_{备} + N_{重} = N_{工} + N_{负备} + N_{事备} + N_{检备} + N_{重} \quad (2\text{-}16)$$

就是必需容量与重复容量之和，如图2-10(a)所示。

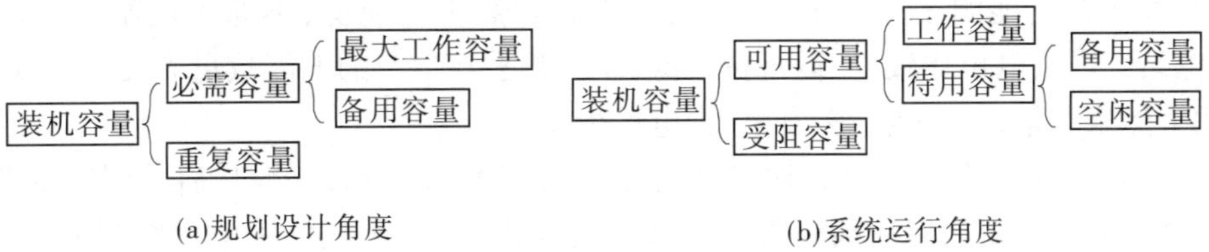

图2-10　装机容量的组成

从运行的观点看，整个系统并不是所有机组任何时候都能投入运行的，由于某种因素(如火电站缺乏燃料或水电站的水量、水头不足)不能投入工作的容量，称为受阻容量。除受阻容量外，其余容量称为可用容量。可用容量一般并非都投入工作，对于某一时刻来

讲,实际运行的只是当时的工作容量,其余的容量称为待用容量,待用容量中一部分是计划中的备用容量,另一部分称为空闲容量。系统总装机容量从运行角度划分,如图2-10(b)所示。

在实际运行时,这些容量的状态和数值是随时间和条件而变化的,它们可在不同电站和机组间互相转换,不一定固定在某些机组上。

水、火电站组成的电力系统中上述各种容量的组成示意图如图2-11所示。

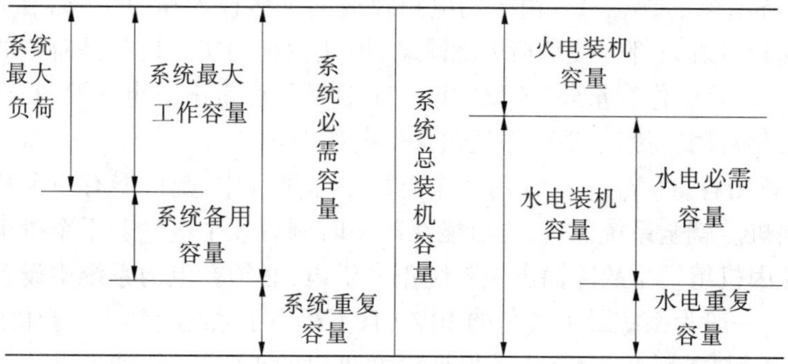

图2-11 电力系统容量组成示意图

三、水电站的工作特点

由于各类电站均有各自特点,电力系统中的不同电站可以相互取长补短,提高供电的可靠性。鉴于目前我国电力系统大多以水、火电站为主要电源,因此现以火电站为比较对象,将水电站的工作特点介绍如下:

(1)水电站出力和发电量受天然径流的影响,变化较大,丰水年(或丰水期)电能有余,枯水年(或枯水期)电能不足,影响正常工作甚至遭到破坏。火电站只要有充足的燃料即可,供电可靠性较高。

(2)水电站由于受地形、地质、水文等自然条件的限制,站址和规模常受到制约。火电站可直接兴建在负荷中心,从而可减少输电线路投资。

(3)水电站除修建电厂外,尚需修建一系列水工建筑物,同时还要解决水库区的淹没移民问题,一般工程投资较大,施工期较长。火电站投资较少,收效较快。

(4)水电站的能源是取之不尽、用之不竭的天然再生能源,不像火电站那样需要燃料,水电站厂内用电也比较少,运行费较低,而且几乎与生产的电能数量无关。所以,应尽量利用天然来水量,使水电厂多发电,火电厂少发电。

(5)水电站水轮发电机组启动和停机迅速,增减负荷灵活,一般从启动到满负工作只需几分钟。而火电站从启动到满负荷运行一般要2~3 h,火电站发电机组"惯性"很大,不易适应负荷的急速变化,而且当它担任变动负荷时,会增加每度电的燃料消耗,因此水电站在电力系统中比较适应担任峰荷、负荷备用和调频任务。

(6)水电站水库一般能综合利用水资源,对环境几乎没有污染。火电站对环境的污染较严重。

复习思考题

1. 流域的主要特性资料有哪些?
2. 简述水库的防洪设计标准和兴利设计标准。
3. 水库的特性曲线是什么?
4. 简述水库的特征水位及相应库容。
5. 水库的水量损失包括哪些内容?
6. 什么叫电力系统?其容量组成如何?
7. 一个综合利用水库的主要用水部门有哪些?各有什么特点?
8. 什么叫重复容量?水、火电站都可设置重复容量吗?
9. 简述水库的淹没和浸没现象。

项目三　水库的兴利调度

任务一　水库年供水计划的编制

水库兴利调度的任务是,依据规划设计的开发目标,合理调配水量,充分发挥水库的综合利用效益。水库兴利调度的原则是:①在制订兴利调度计划时,要首先满足城乡居民生活用水,既要保重点任务又要尽可能兼顾其他方面的要求,最大限度地综合利用水资源;②要在计划用水、节约用水的基础上核定各用水部门供水量,要贯彻“一水多用”的原则,提高水的重复利用率;③兴利调度方式,要根据水库调节性能和兴利各部门用水特点拟定;④库内引水,要纳入水库水量的统一分配和统一调度。编制水库兴利调度计划,应包括对当年(期、月)来水的预测;协调有关各部门对水库供水的要求;拟定各时段的水库兴利调度指标;根据上述条件,制订年(期、月)的具体供水计划。

编制年度供水计划要算好来水、蓄水和用水三笔账,通过水量平衡计算,拟订好水库供水方案,以达到兴利的目的。由于各水库预报条件不同,现对编制年度供水计划的方法作一介绍。

一、水库来水量估算

(一)由预报的月降水量计算月径流量

此法是根据长期气象预报所给出的逐月降水量数据计算各月的径流量。

(1)降雨径流相关法。根据预报的各月降水量 P,由月降雨径流相关图查得月径流深,即可求得各月来水量 W。

(2)月径流系数法。此法是由各月径流系数 α 计算各月来水量的。

(3)年、月降水量相似法。按长期预报的当年年降水量和各月降水量,与过去历年的年、月降水量相比较,选择年降水量和逐月降水量都接近的一年,即以该年实测径流过程作为本年预报的径流过程。

(二)直接预报各月径流量

具有长期预报资料的水库,可直接采用各月径流量的预报值。

二、水库供水量估算

对于以灌溉为主的水库来说,主要是确定灌溉用水量。灌溉用水量加上渠系输水损失量,即得水库供水量。灌溉用水量一般用确定农作物灌溉制度的办法推求。在编制年度供水计划时,其特点是要根据当年预报的气象资料确定当年各月的降水量,不能预报逐旬、逐日的降水量,这样,根据田间水量平衡逐旬、逐日地推算当年的灌溉用水就有困难了。因此,逐月灌溉用水量的推求只能根据具体条件采用其他方法。

(一)年、月降雨相似法

以降雨相似年份的灌溉用水过程,考虑灌区当年的灌溉面积等情况,作一定的修正,即作为预报的本年灌溉用水过程,并根据当年灌区渠系的防渗条件确定预报的水库供水过程。

(二)逐月耗水定额法

根据灌区试验结果及多年实践,推得本灌区逐月总耗水定额(m^3/亩),并认为此耗水应由田间有效降水量及水库供水量两方面供给。利用本年的逐月降雨预报,考虑降雨的田间有效利用系数及渠系输水损失后,便可推得本年度的水库供水过程。

三、水库兴利水位过程线的计算和绘制

根据当年预报的水库逐月来水量和供水量,考虑水量损失,按水量平衡原理逐月顺时序进行调节计算,即可推算出当年的兴利水位过程线,也就是当年的兴利调度线,也称当年计划调度线或当年预报调度线。调节计算方法与规划设计时水库兴利调节计算的方法基本相同,但必须注意两点:

(1)遇到供水不足月时,要尽量设法减少因供水不足而造成的损失。

(2)因预报常按日历年作出,故调节计算也可采用日历年,即以 1 月 1 日的实际库水位作为水库兴利调节计算的起始水位。

四、水库兴利水位过程线的应用

根据预报资料所推求的兴利水位过程线,实质上就是当年各月库水位的预报值,如预报较准,可作全年指导水库的水库调度运行;如预报不准,再根据中、短期预报及当年的库水位,随时调整年初所作的库水位预报值。在兴利水位过程线的计算中,已可做到预先估计当年可能出现的缺水或弃水情况,以便及早研究对策。缺水时,应尽量减少损失,节约用水;弃水时,应尽量设法利用。在运用过程中,应根据实际库水位落在兴利水位过程线以上或以下,来决定是正常供水、加大供水还是减小供水。

例如,某水库集水面积 $F=13.4\ km^2$,灌溉面积为 10 km^2,正常蓄水位为 67.3 m,相应库容为 1 220 万 m^3;死水位为 55 m,相应库容为 331 万 m^3。根据气象预报的逐月降水量求得各月来水量、供水量,见表 3-1 中的第(2)、(5)栏。年初蓄水位为 58.8 m,根据预报的当年来水量、供水量及由简算法求得的各月水量损失[见第(3)栏],逐月进行水量平衡计算,求得当年各月月末水库水位,列于表 3-1 中第(9)栏,由此绘出兴利水位过程线,如图 3-1 所示。

表 3-1　某水库某年预报的兴利水位过程线计算

月份	来水量(万 m^3)	损失量(万 m^3)	净来水量(万 m^3)	供水量(万 m^3)	净来水量 - 供水量(万 m^3)		月末蓄水量(万 m^3)	月末水位(m)	弃水量(万 m^3)	缺水量(万 m^3)
					+	-				
(1)	(2)	(3)	(4)	(5)	(6)	(7)	(8)	(9)	(10)	(11)
							503	58.8		
1	69	5	64	0	64		567	59.4		
2	171	8	163	0	163		730	61.4		

续表 3-1

月份	来水量(万 m^3)	损失量(万 m^3)	净来水量(万 m^3)	供水量(万 m^3)	净来水量-供水量(万 m^3)		月末蓄水量(万 m^3)	月末水位(m)	弃水量(万 m^3)	缺水量(万 m^3)
					+	−				
(1)	(2)	(3)	(4)	(5)	(6)	(7)	(8)	(9)	(10)	(11)
3	111	10	101	0	101		831	62.9		
4	153	14	139	293		154	677	60.8		
5	119	15	104	519		415	331	55.0		69
6	723	7	716	323	393		724	61.3		
7	630	8	622	481	141		865	63.1		
8	208	16	192	160	32		897	63.2		
9	353	10	343	98	245		1 142	66.5		
10	148	10	138	83	55		1 197	67		
11	81	7	74	0	74		1 220	67.3	51	
12	112	4	108	0	108		1 220	67.3	108	
合计	2 878	114	2 764	1 957						

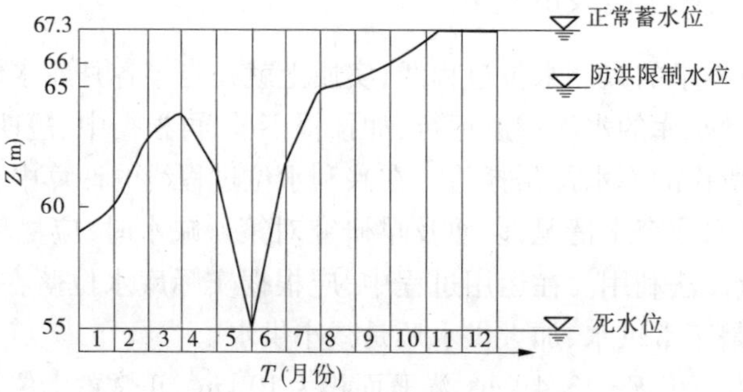

图 3-1　某水库某年预报的水位过程线

任务二　年调节水库灌溉调度图的绘制

为满足农作物生长的需要,合理安排水库灌溉供水过程,称为水库灌溉调度。每年河流的天然来水有丰有枯,农作物的缺水量也不一样,灌溉期开始时水库的蓄水量有多有少。所以,需要在保证水库工程安全的前提下,通过水库灌溉调度,适当地处理来水、用水和蓄水三者之间的关系,以达到合理、充分、科学地利用水资源的目的。

灌溉用水涉及面广,如天然来水、农作物种类及其耕作方式、水库可能提供的水量以及管理水平等。因此,要结合水库灌区的具体情况,认真调查研究,于灌溉用水前,根据长期气象预报,估算当年来水量,拟订用水方案,在水库已蓄水量的情况下,通过调节计算编制水库预报调度线，作为水库当年灌溉调度的依据之一。

水库灌溉调度，就是为了合理解决河流天然来水与灌溉用水之间的矛盾。同时，也只有在水库安全的条件下，才能发挥其兴利效益，解决这些问题是通过编制调度图来具体实施的。

在水库灌溉调度过程中，调度图起着重要的指导作用。现将绘制调度图的方法叙述如下。

一、选择代表年

绘制年调节水库的灌溉调度图，采用实际代表年法或设计代表年法。

（一）实际代表年法

从实测的年来水量和年用水量系列中，选择年来水量和年用水量都接近灌溉设计保证率的年份 3 ~ 5 年。其中，应包括不同年内分配的来水量和用水量典型，如灌溉期来水量较少、偏前、偏后等各种情况。

兴利调节计算，原设计用长系列法求得的兴利库容 $V_{兴设}$ 与现在求得的 $V_{兴}$ 可能不同，编制调度图时，如果调度线的最高蓄水位低于正常蓄水位，可选取所需最大蓄水量略高于 $V_{兴设}$ 的某一个年份，作为代表年之一。

（二）设计代表年法

将上述所选择的实际代表年来水量、用水量都分别缩放，转换为与设计保证率相应的设计年来水量、用水量。所求得的各种设计代表年的来水量、用水量都是相等的，只是其年内分布各不相同。

二、计算与绘制兴利调度图

按上述两种方法选出代表年后，对所选择的代表年来水量、用水量，作年调节计算，方法与兴利计算相同。从死水位开始，逆时序逐月进行水量平衡计算，遇亏水相加，遇余水相减。一直计算到水库开始蓄水位的时刻，即可得出各月末应蓄水量及其相应的库水位。之所以从死水位开始逆时序调节，是因为年调节水库每年供水期末都可降至死水位，只要求供水期开始时水库所蓄水量能满足用水就可以了。

分别对每个代表年都以同样的方法进行调节计算，得到若干条水库水位与时间的关系线（即调度线），绘于同一图上（见图 3-2）。连接各月水位的最高点得外（上）包线；连接各月水位的最低点得内（下）包线。外包线与内包线之间为正常供水区。外包线以上为加大供水区，因为按保证率供水，水库蓄水量不必再多于外包线。如果外包线以上再有多余的水，就可加大供水，故外包线称加大供水线；否则，在外包线以下加大供水，就可能引起正常灌溉供水的破坏，故外包线又称防破坏线。内包线以下为减少供水区，因为水库蓄水若低于内包线水位，按保证率供水就没有保证，故应限制供水，尽可能使库水位保持在正常供水区内，故内包线称限制供水线。

【例 3-1】 已知某水库工程以灌溉为主，兼有防洪、发电、养殖、航运等综合利用效益。灌溉设计保证率 $P = 80\%$，若采用年调节，试编制水库调度图。

解：（1）整理有关水库设计资料。

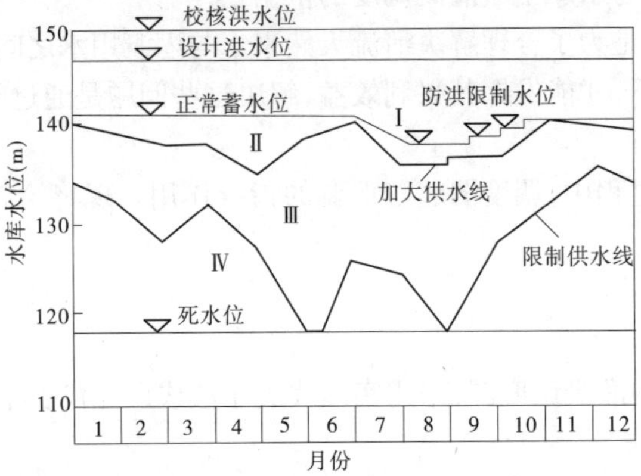

Ⅰ—调洪区;Ⅱ—加大供水区;Ⅲ—正常供水区;Ⅳ—减少供水区

图 3-2 某水库年调节调度图

①设计年径流特征值:多年平均年径流量 $\overline{W}=3.59$ 亿 m^3,$C_v=0.38$,$C_s=2C_v$,$W_{80\%}=2.41$ 亿 m^3。

②水库正常蓄水位为 141.2 m。

③设计洪水位、校核洪水位、防洪限制水位如图 3-2 所示。

④死库容为 155 万 m^3,死水位为 118.0 m。

(2)选择代表年。

在水库实测年来水量、供水量系列中,分别选择几个接近设计保证率的代表年,其逐月来水量、供水量统计见表 3-2。

表 3-2 代表年逐月来水量、供水量统计 (单位:万 m^3)

分类	实测代表年	经验频率(%)	月份												全年
			1	2	3	4	5	6	7	8	9	10	11	12	
来水量	1977	72	354	34	771	4 728	5 933	443	8 965	2 014	1 536	2 481	1 495	597	29 351
	1978	78	474	423	1 360	1 074	2 516	5 369	5 950	1 603	619	787	972	456	21 603
	1972	83	540	480	2 815	1 788	3 950	3 016	1 008	302	2 061	2 153	2 818	549	21 480
	1976	89	859	940	1 446	1 050	3 651	1 881	2 798	1 054	1 169	2 116	1 163	653	18 780
供水量	1977	72	208	185	515	954	2 731	3 747	2 558	3 445	1 938	1 980	1 580	337	20 178
	1972	78	1 177	1 138	1 340	3 216	3 486	4 238	3 540	1 638	621	520	111	305	21 330
	1989	83	1 276	1 457	1 670	1 328	2 184	2 270	3 190	3 136	1 368	999	1 440	1 432	21 750
	1976	89	1 330	1 347	1 591	2 076	3 301	4 117	2 947	1 785	1 008	519	1 385	712	22 118

注:来水量为水库净水量,已扣除蒸发、渗漏及上游用水;供水量为水库灌溉毛供水量,按年调节估算。

(3)各代表年分别作逆时序调节计算。

表 3-3 为 $P=78\%$ 的实测代表年逆时序调节计算,由供水期末死水位开始起调,作逆时序计算,遇亏水量相加,余水量相减,一直计算到上年 6 月,6 月只需蓄水 858 万 m^3 即

可，而余水量为1 130万 m^3，则可按来水量与供水量的比例，求出6月蓄水的天数为858 ÷ 1 130 × 30 = 23(d)，故从6月8日开始蓄水即可。

表3-3 $P = 78\%$的实测代表年逆时序调节计算过程

月份	来水量(万 m^3)	供水量(万 m^3)	来水量－供水量(万 m^3)		月末蓄水量(万 m^3)	月末库容(万 m^3)	月末水位(m)	弃水量(万 m^3)	缺水量(万 m^3)
			+	－					
①	②	③	④	⑤	⑥	⑦	⑧	⑨	
6	5 369	4 239	1 130		858	1 013	126.6	272	
7	5 950	3 540	2 410		3 268	3 423	136.4		
8	1 603	1 638		35	3 233	3 388	136.3		
9	619	621		2	3 231	3 386	136.2		
10	787	520	267		3 498	3 653	136.8		
11	972	111	861		4 359	4 514	139.3		
12	456	305	151		4 510	4 665	139.6		
1	474	1 177		703	3 807	3 962	137.6		
2	423	1 138		715	3 092	3 247	135.4		
3	1 360	1 340	20		3 112	3 267	135.6		
4	1 074	3 216		2 142	970	1 125	127.3		
5	2 516	3 486		970	0	155	118.0		
Σ	21 603	21 331	4 839	4 567					

以Σ② － Σ③ = Σ④ － Σ⑤ = 272 m^3(弃水量)作校核。

各种频率实测代表年逆时序调节计算成果汇总于表3-4中。

表3-4 各种频率实测代表年逆时序调节计算成果汇总

频率(%)	各月末蓄水位(m) 1	2	3	4	5	6	7	8	9	10	11	12	弃水量(万 m^3)	缺水量(万 m^3)
72	118.0	118.0	118.0	119.6	136.4	118.0	131.2	123.6	118.0	119.4	118.0	118.0	9 173	
78	137.6	135.4	135.6	127.3	118.0	126.6	136.4	136.3	136.2	136.8	139.3	139.6	272	
83	131.4	127.1	132.1	133.8	139.0	140.8	134.8	118.0	127.4	132.4	136.8	134.2		270
89	139.2	138.1	137.9	134.6	135.4	126.9	125.8	118.0	137.0	141.1	140.6	140.1		3 338
上包线	139.2	138.1	137.9	134.6	139.0	140.8	136.4	136.3	137.0	141.1	140.6	140.1		
下包线	131.4	127.1	132.1	127.3	118.0	126.6	125.8	118.0	127.4	132.4	136.8	134.2		

注：为了灌溉洪水的安全，以频率78%、83%、89%三个代表年的月末蓄水位绘制上、下包线。

(4)绘制年调节水库调度图。

根据表3-4中频率78%、83%、89%三个代表年中各月蓄水位最大值为上包线(加大供水线)的月末水位,各月蓄水位最小值为下包线(限制供水线)的月末水位。点绘在图中,见图3-2,并在图中绘出死水位、正常蓄水位、防洪限制水位、设计洪水位和校核洪水位,即得年调节水库调度图。

还需说明的是,当水库水位超过灌溉调度图中的加大供水线时,并不是加大单位面积上的灌溉水量,而是指可以扩大灌溉面积或增加发电、工业、航运等部门的供水量。

任务三　年调节水库发电调度图的绘制

一、发电调度的意义

电力系统对运行水电站提出了两个基本要求:系统工作的可靠性和经济性。这两个要求之间是有矛盾的。水电站在运行过程中如何解决这一矛盾呢?对无调节和日调节水电站来说,可通过可靠的短期水文预报获得未来一日的来水量,合理安排水电站在系统负荷图上的工作位置,即可较好地解决两者之间的矛盾。但对于长期调节的水电站而言,情况就较复杂,由于目前水文和气象预报还不能对未来较长时期内的天然来水作出准确的预报,这就给水电站的运行管理带来不少困难。例如,年调节水电站,在供水期为了多发电,既不顾及水库现存水量的多少,又不考虑未来天然来水的情况如何而盲目加大出力,结果可能在供水期结束之前水库就提前放空,这样就使水电站汛前一段时间在天然来水很枯的情况下运行,不能满足保证出力的要求,造成正常供电的破坏。相反,如果为避免发生上述情况,在供水期不敢放水,结果后期来水较丰,以致在洪水到来时水库还未放空,而很快被蓄满,被迫造成大量弃水,使水利资源未能充分利用,同样的问题也可发生在蓄水期。

为了避免或减少上述问题的发生,在水库入流无长期预报的情况下,可利用历史的径流统计资料,拟定出年内各时刻的库水位(或蓄水量)来决策水库的蓄泄过程,以确保设计范围内的正常供电(水)和减少丰水期的无益弃水。同时,拟定出不同情况下的调度规则,使其较好地满足各方面的要求,以获得较大的综合效益。

如果水库调度同时结合预报进行,则称为水库预报调度,这样会获得更大的综合效益。

水电站水库调度图的绘制一般要研究下列几个方面的问题,并达到相应的要求:

(1)水电站的保证运行方式,应保证遇到设计枯水年份能按照保证出力工作,不使正常工作遭受破坏。

(2)利用多余水量的运行方式,合理利用丰、平水年多余水量,争取多发电,少弃水,节约火电的煤耗。

(3)特枯水年的运行方式,当遇到设计保证率以外的特殊枯水年时,尽量减轻正常工作的破坏程度。

(4)其他方面的要求,要兼顾防洪、供水、灌溉、养殖、排沙放淤、环保等方面的要求,以获得最大的综合利用效益。

二、水库调度图的绘制

(一)调度图的组成

水力发电调度图是由基本调度线和附加调度线组成的。

基本调度线包括上基本调度线(又称防破坏线)和下基本调度线(又称限制出力线),它体现了水电站保证运行方式。

附加调度线包括一组加大出力线、降低出力线和防弃水线,体现了水电站在丰水年对多余水量的利用方式及其在枯水年的利用方式。

上述调度线将全图划分为保证出力区、降低出力区、防洪区,如图3-3所示。

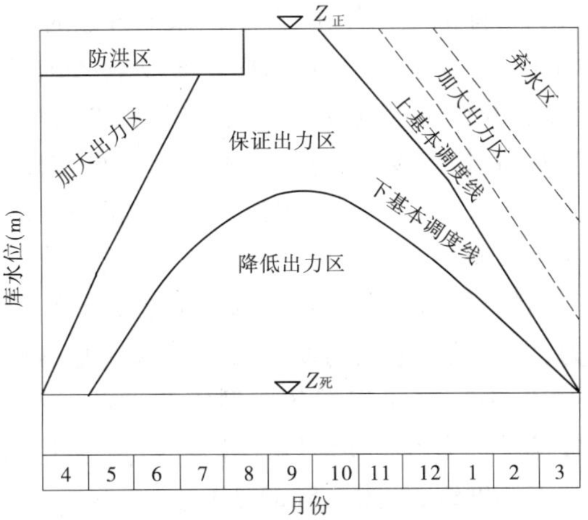

图3-3 年调节水电站调度图

(二)年调节水电站基本调度线的绘制

基本调度线的作用是在设计保证率范围内,能保证正常供水而不遭受破坏,也就是来水量大于或等于设计枯水年情况下能够保证正常供水,直到供水期末水量正好用完。因此,基本调度线的绘制,只须选择年水量大于、等于设计枯水年的那些年份,自供水期末,根据保证出力的要求,由死水位开始进行逆时序进行水能计算,求出各时刻的水库蓄水量,便可绘出库水位过程线。

在研究基本调度线绘制时,要先将供水期与蓄水期分开,分别绘制供水期与蓄水期的基本调度线。

1. 供水期基本调度线的绘制

(1)选择符合设计保证率的若干典型年,并修正其流量过程,选择典型年的条件是:供水期的平均出力应等于设计保证出力,供水期的终止月份与大多数年份的终止月份相同。

(2)对修正后的各年供水期的来水过程,按保证出力,自供水期末死水位开始逐时段(月)进行逆时序计算,至供水期初,求得各典型年份保证出力时的水库蓄水指示线。

(3)将各年的水库蓄水指示线点绘在同一张图上,取各年蓄水指示线的上、下包线,如图3-4(a)所示即得上、下基本调度线。

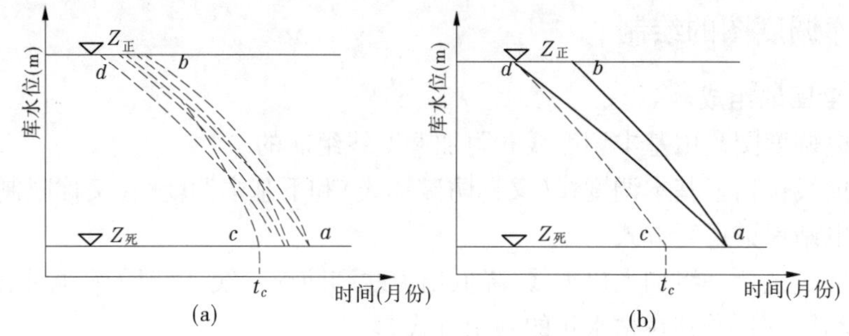

图 3-4　供水期基本调度线的绘制

考虑到运行中可能遇到这样的枯水年份,即从供水期开始时,水库就不得不沿着下基本调度线 dc 按保证出力工作,结果至 t_c 时刻,水库就被放空,如图 3-4(a)所示。若该年 t_c 以后来水仍较少,水库就无法补充供水,那样就只能以很枯的天然来水工作,致使正常供水遭受较大的破坏,为避免这种情况发生,对下基本调度线可作以下修正,即令供水期的结束点与上基本调度线重合于 a 点,以 da 线作为下基本调度线,如图 3-4(b)所示。

2. 蓄水期基本调度线的绘制

蓄水期水库发电调度图的任务是:在保证水电站正常工作和水库蓄满的前提下,应尽量利用多余水量加大出力,以增加水电站的发电量。蓄水期基本调度线的绘制方法与供水期基本调度线的绘制方法一样,也是根据各典型年的设计来水过程,从各年的蓄水期末,自正常蓄水位开始,按保证出力进行逆时序计算,求得各年相应的水库蓄水指示线,同样取上、下包线为上、下基本调度线,如图 3-5(a)所示。

关于下基本调度线的起点 h,为了防止由于汛期来得较迟,而过早地降低出力可能引起正常工作的破坏,常将 h 点向后移至汛期出现最迟的时刻 h' 点,如图 3-5(b)所示。

将供、蓄水期基本调度线合并绘于一张图上,便得到水电站水库的基本调度线图,如图 3-6所示。

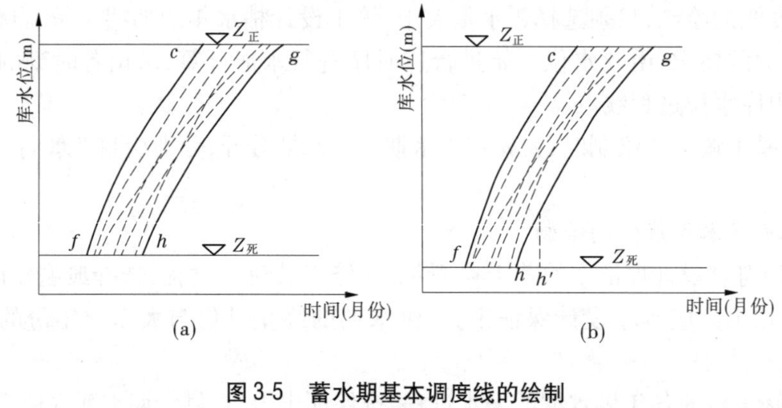

图 3-5　蓄水期基本调度线的绘制

以上是基本调度线按供、蓄水期分别绘制方法,有时也可按整个调节期(年)连续绘制,其做法是从供水期末死水位开始,逆时序计算至供水期初,又接着推算至蓄水期初。库水位回落到死水位为止,然后取上、下包线,并进行修正得出上、下基本调度线。两种绘

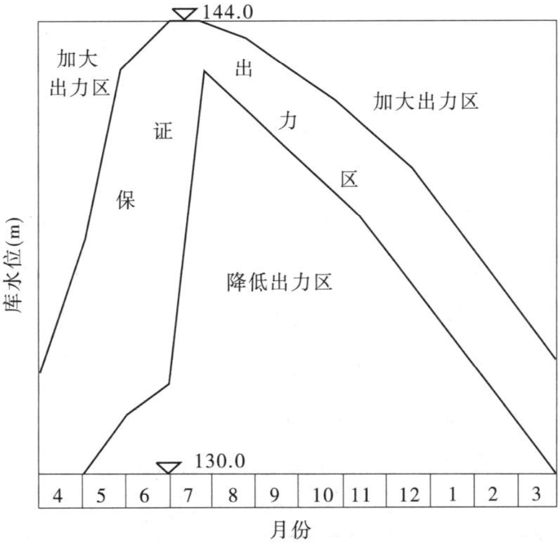

图 3-6　某水库基本调度线图

制方法的成果基本是一致的。

对于基本调度线的绘制，在径流年内分配特性不太稳定的河流上，可多选几个径流年内分配不利的典型年进行计算，以提高防破坏线的可靠性。

当采用电算时，可将全部已有的实测入库径流系列按上述方法逐年推算，取历年水库蓄水指示线的上包线，则更为妥当。

【例 3-2】　某年调节水电站水库，其正常蓄水位为 144 m，死水位为 130 m，水库总库容 23.46 亿 m^3，水电站设计保证率为 85%，最大水头为 44 m，装置 4 台 2 000 kW 的机组。现要求绘制水电站水库的基本调度线。

(1) 水库基本资料。

①坝址径流资料 28 年(1954 ~ 1981 年)(略)。

②坝址下游水位—流量关系曲线资料(略)。

③水位—库容曲线资料(略)。

(2) 绘制基本调度线。

①根据径流资料按等流量调度计算法，推求各年供水期的平均出力，如表 3-5 所示(以 1971 年为例)。

②推算各年供水期平均出力的保证率，见表 3-6，并选取与设计保证率相近似的 1971 年为保证出力代表年。其保证出力 N_P = 2 553 kW，调节流量 Q_P = 7.92 m^3/s。

③选择与设计保证率 P = 85% 供水期调节流量相近，而供水起讫日期不同的若干年为典型(如 1978 年，Q_d = 7.64 m^3/s)，并以 1978 年供水期入库流量为准进行修正，得出修正后典型年各月入库流量，如表 3-7 所示。

修正系数 $\alpha = \dfrac{\overline{Q}_P}{Q_d} = \dfrac{7.92}{7.64} \approx 1.037$。

表 3-5 1971 年供水期出力计算

月份	入库流量 $Q_{入}$ (m^3/s)	调节流量 $Q_{调}$ (m^3/s)	水库存放水量 ΔV (m^3/s·月)	月末库蓄水量 (m^3/s·月)	月末库水位 $Z_{上}$ (m)	平均库水位 $\overline{Z}_{上}$ (m)	平均下游水位 $\overline{Z}_{下}$ (m)	平均水头 $\overline{H}$ (m)	出力 (kW)
8	6.42	7.92	-1.50	68.26	144.0	143.8	100.2	43.6	2 935
9	3.18	7.92	-4.74	66.76	143.6	142.9	100.2	42.7	2 875
10	2.94	7.92	-4.98	62.02	142.1	141.4	100.2	41.2	2 774
11	2.92	7.92	-5.00	57.04	140.5	139.7	100.2	39.5	2 659
12	2.52	7.92	-5.40	52.04	138.8	137.7	100.2	37.5	2 525
1	2.12	7.92	-5.80	46.64	136.6	135.3	100.2	35.1	2 363
2	4.53	7.92	-3.39	40.84	134.0	133.1	100.2	32.7	2 215
3	4.38	7.92	-3.54	37.45	132.2	131.1	100.2	30.0	2 080

表 3-6 供水期平均出力的保证率计算

序号	年份	出力 (kW)	$P=\frac{m}{n+1}$(%)	序号	年份	出力 (kW)	$P=\frac{m}{n+1}$(%)
1	1975	4 020	3.4	15	1955	3 062	51.7
2	1970	3 952	6.9	16	1965	3 049	55.2
3	1972	3 617	10.3	17	1962	3 014	58.6
4	1961	3 552	13.8	18	1974	4 014	62.1
5	1981	3 462	17.2	19	1966	2 911	65.5
6	1958	3 410	20.7	20	1976	2 850	69.0
7	1969	3 362	24.1	21	1967	2 808	72.4
8	1980	3 362	27.6	22	1963	2 734	75.9
9	1977	3 275	31.0	23	1968	2 650	79.3
10	1954	3 214	34.5	24	1959	2 627	82.8
11	1979	3 198	37.9	25	1971	2 553	86.2
12	1973	3 149	41.4	26	1964	2 482	89.7
13	1959	3 120	44.8	27	1978	2 462	93.1
14	1960	3 101	48.3	28	1956	2 453	96.9

表 3-7 1978 年供水期流量修正计算($\alpha \approx 1.037$)

月份	7	8	9	10	11	12	1	2	3
流量 (m^3/s)	5.37	5.95	2.95	2.71	2.71	2.33	1.95	4.19	4.07
修正后流量 (m^3/s)	5.57	6.17	3.06	2.81	2.81	2.42	2.02	4.35	4.22

④按月出力等于保证出力要求，分别对各典型年供水期修正后的入库流量，自死水位130 m 开始逆时序进行调节计算，如表 3-8 所示。

表 3-8　1978 年供水期出力计算

月份	入库流量 $Q_{入}$ (m^3/s)	调节流量 $Q_{调}$ (m^3/s)	水库蓄放水量 ΔV (m^3/s·月)	月末库蓄水量 (m^3/s·月)	月末库水位 $Z_{上}$ (m)	平均库水位 $\overline{Z}_{上}$ (m)	平均下游水位 $\overline{Z}_{下}$ (m)	平均水头 $\overline{H}$ (m)	出力 (kW)
3	4.22	9.7	5.48	33.90	130.00	131.06	100.2	30.86	2 553
2	4.35	9.1	4.75	39.38	132.12	133.32	100.2	33.12	2 553
1	2.02	8.5	6.48	44.13	134.52	135.79	100.2	35.59	2 553
12	2.42	7.9	5.48	50.61	137.06	138.11	100.2	37.91	2 553
11	2.81	7.6	4.79	56.09	139.15	139.83	100.2	39.63	2 553
10	2.81	7.3	4.49	60.88	140.50	141.20	100.2	41.00	2 553
9	3.06	7.1	4.04	65.37	141.90	142.46	100.2	42.26	2 553
8	6.17	7.0	0.83	69.41	143.02	143.31	100.2	43.11	2 553
7	5.57	6.9	1.33	70.24	143.60	143.80	100.2	93.60	2 553

⑤以同样方法计算各年蓄水期入库水量的保证率，并选取与设计保证率相近的 1982 年为计算代表年，同样选若干与 1982 年蓄水期水量相近但起讫日期不同的年份为典型年，经修正后，按保证出力要求，自正常蓄水位开始进行逆时序计算，得出各典型年逐月水库水位(计算从略)。

⑥将以上计算所得各典型年供、蓄水期各时刻的水位，点绘于坐标图上，作出上、下包线，加以修正，得出水电站水库基本调度线，如图 3-6 所示。

任务四　多年调节水库兴利调度图的绘制简介

一、概述

多年调节水库兴利调度图的绘制与年调节水库兴利调度图的绘制大体相同，也包括防破坏线、限制供水线、防洪调度线，正常供水区、缩减供水区和加大供水区。但由于多年调节工作的特点，调节期并非一年，而是长达几年，故在计算方法上与年调节水库略有不同。其防破坏线计算的起讫，年末、年初都是死库容。因此，多年调节水库兴利调度图上的正常供水区较年调节水库为大，扩大的范围正好为调节来水、用水年际变化所需要的多年库容 $V_{多年}$。

二、多年库容$V_{多年}$和年库容$V_{年}$的确定

(1)规划设计阶段用数理统计法进行多年调节计算求$V_{兴}$时,$V_{多年}$和$V_{年}$是分开计算的,$V_{多年}$用数理统计法求得,$V_{年}$用实际代表年法求得。在编制水库兴利调度图时,这些都是已知值。

(2)规划设计阶段用长系列时历法进行多年调节计算求$V_{兴}$时,不划分$V_{多年}$与$V_{年}$,在编制调度图时,需自行确定。其方法是,先确定$V_{年}$,则$V_{多年}=V_{兴}-V_{年}$。选择几个年来水量等于用水量的年份,分别计算出$V_{年}$,这样的年份不需动用多年库容。但实际资料中,很少遇到年来水量恰好等于年用水量的年份,这时就应选择年来水量稍大于年用水量的年份。由于来水、用水年内分配的差异,致使不同年份所求的$V_{年}$变化幅度可以很大,造成$V_{年}$的选定遇到一定的困难。例如,当$V_{年}$定得较小时,出现需要较大$V_{年}$的年份,虽然其年来水量不小于年用水量,但却要动用多年库容的现象,这是不够合理的。为使所选年份中不致有过多年份需要动用库容,初选$V_{年}$时可取较大值。根据初步选定的$V_{年}$,计算$V_{多年}$。因多年调节$V_{兴}$已在规划设计时求出,若$V_{年}$选较大值,$V_{多年}$就相对较小,防破坏线偏低,即加大供水区的范围偏大。这样划分的$V_{多年}$与$V_{年}$是否合理,还需要通过长系列操作进行检验。

三、调度线的绘制

(一)防破坏线

防破坏线的作用是判断水库何时可以加大供水,防止不适当的加大供水而引起正常供水被破坏。当多年调节水库符合以下两个条件时,才可以允许加大供水:①多年库容已经蓄满;②当年来水量大于年供水量,有余水。因此,绘制多年调节水库防破坏线,应选择这样的年份,即在这一年中,水库按正常供水除用本年度的来水量外,不需动用多年库容中的蓄水量,且年初、年末多年库容是蓄满的。以这样的代表年计算求出的水库蓄水量(或库水位)过程线,可作为正常供水区的上限和加大供水区的下限,即防破坏线。其绘制方法可分为以下三种:

(1)根据上述理由,绘制多年调节水库防破坏线所需的年份,其年来水量应等于或稍大于年供水量。按此条件初选一些代表年,再在这些年份中选择年内分配差别较大的几年。

必须注意,所选代表年中包括原来确定$V_{年}$的那一天,其他代表年所需库容一般都小于此值。例如,规划设计时,多年调节计算采用数理统计法,但当时确定$V_{年}$所用的资料已发生变化,现在没有哪一年的库容等于原计算的$V_{年}$。这时,则可选择一个年库容稍大于原计算的代表年,但逆时序调节计算时,库水位仍以达到正常蓄水位为限。

(2)有的水库管理单位认为很难找到年来水量等于年供水量的代表年,则采用"虚拟代表年法"确定代表年的来水、用水过程。

先根据历年净水量$W_{净}$和毛供水量$M_{毛}$资料,分别进行频率计算,求得两条经验频率曲线$W_{净}\sim P$与$M_{毛}\sim P$,如图3-7所示。取两频率曲线交点的纵坐标值,有$W_{净}=M_{毛}$。再按此值将所选各年的来水、供水过程进行缩放,按年内分配最不利情况,即需要年库容最

大的条件，选定某一“虚拟代表年”，则与此年相应的年库容 $V_{年}$ 即为所确定的值。

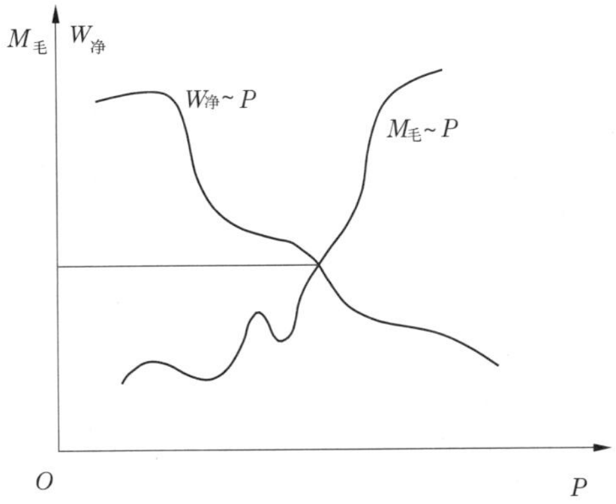

图 3-7　$W_{净}$、$M_{毛}$ 经验频率曲线

根据允许加大供水的第一个条件，从供水期末多年库容蓄满开始，逆时序进行调节计算，将各年各月末的蓄水量（或库水位）绘在同一图上，取外包线即为防破坏线。在绘制防破坏线时，若所取年初外包值不等于 $V_{多年}$，为使年初、年末蓄水量衔接，年初应取为 $V_{多年}$。

（二）限制供水线

多年调节水库在年末水库已经放空的条件下，必须限制供水。限制供水线的绘制方法有以下两种：

（1）选择几个代表年，从供水期末库空开始，进行顺时序调节计算，求得各月末蓄水量（或库水位），将各年逐月蓄水量过程绘在一起，取下包线，即得限制供水线。

必须注意，应更多地选择年来水量与年供水量相等的代表年。实际工作中应尽可能选取年来水量稍大于或稍小于毛供水量的年份。如所选年份来水偏枯，则顺时序计算所求得的蓄水量过程线偏低，这将不恰当地扩大正常供水的范围，使应当减小供水的月份更容易遭到破坏，供水保证率降低。此时，所选的代表年中应包括原来确定 $V_{年}$ 的那一年。

（2）将用设计枯水年法求得的防破坏线的蓄水量纵坐标，在调度图上从上向下移，使其最低点的蓄水量值与死库容相重合，作为限制供水线。

任务五　发电调度图的应用

一、辅助调度线的绘制

水电站基本调度图上只是原则性地分了三个工作区域，即保证出力区、加大出力区和降低出力区。至于加大出力加大多少，降低出力降低多少，还没有一个具体的规定。这样，当水库水位落在加大出力区时，如果放水过多，就会使余水在很短时间内用完。如果放水太少，可能会出现弃水，造成电能损失。同样，当遇到特别枯水年时，降低出力过大，又会引起系统用电过分紧张；如果出力降低太小，又可能加剧后一段时间内出力和综合用水的破坏程度。因此,为了缓和出力突变和破坏程度,避免由此引起的不利影响,在加大出力区及降低出力区,划分出一些过渡区域,以更加经济合理地运用水库。

(一)防弃水线的绘制

在水库发电调度图上加大出力区中,最主要的划分线是防弃水线。防弃水线将加大出力区划分为两部分,即加大出力区和全部装机区,如图3-8所示。当水库水位落在防弃水线以上时,意味着该年来水极丰,水电站若不以全部装机容量工作,将会引起弃水,从而造成电能损失。

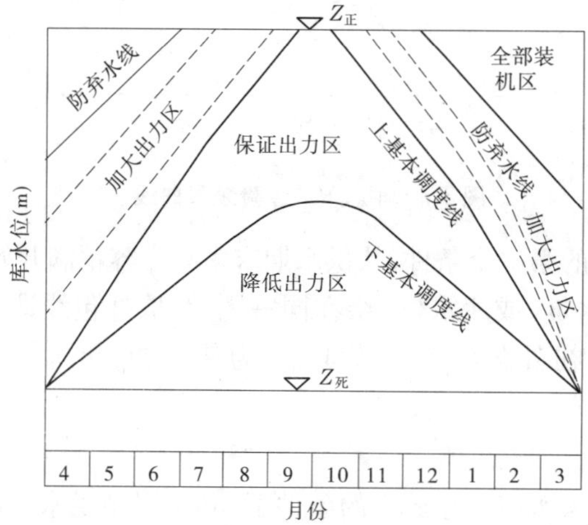

图3-8 防弃水线图

防弃水线的绘制方法与基本调度线绘制方法大致相同,不同之处只有两点:一是所选典型年不同,二是绘制包线不同。防弃水线是以各丰水代表年水库水位的下包线为基础的。

绘制防弃水线时,计算采用的年份一般有以下三种:

(1)实测资料中最丰水的年份。

(2)选年水量的保证率为 $1-P$ 的典型年为入库流量过程,其中 P 为设计保证率。

(3)选调节水量等于或接近于全部装机过水量的年份。

采用的年份选好之后,要选出若干年内分配不同的丰水年作为典型年(必要时也要进行修正)分别对各年供水期和蓄水期进行逆时序水能计算,求得各年水电站按最大过水能力放水时水库的蓄水指示线,取各年指示线的下包线即得防弃水线。

(二)加大出力线的绘制

水电站在运行过程中,如不考虑水文预报,面临时期的天然来水的变化情况是未知的,为满足电力系统的供电要求,往往供水期总是先按保证出力图工作,当遇到多水年份,因天然来水量较大,实际蓄水经常会超出上基本调度线,如图3-9中的 ΔZ_1,即水库产生了多余蓄水量,如何利用这部分多余蓄水量加大出力,使水电站获得的效益最大,这是值得研究的,一般加大出力的方式有以下三种。

1. 立即加大

当发现有多余水量,立即加大出力,尽快用掉,使水库蓄水很快落回到上基本调度线,

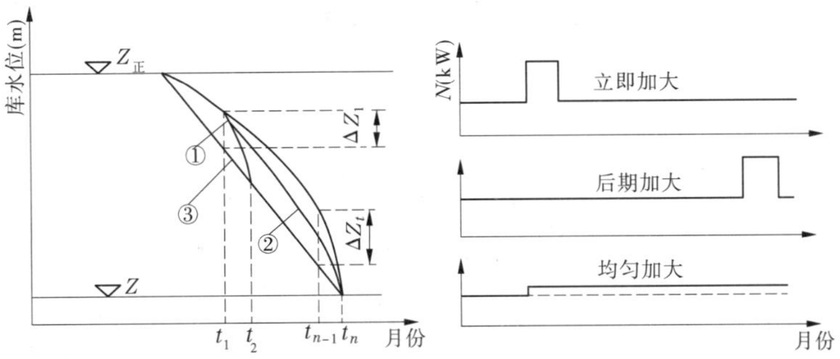

图 3-9　水库多余水量加大出力方式示意图

如图 3-9 中的①线。这种方式多利用在水电站水库的调节性能差、相对库容较小的情况下,争取利用多余水量发电,尽量减少弃水。

2. 后期加大

将多余水量蓄存到供水期的后期再加大出力,如图 3-9 中的②线。这种方式多利用在水库调节性能较好,多余的水量维持到供水期的后期,可使水电站维持较长时间的高水头,可增加发电量。

3. 均匀加大

将多余水量从出现时刻起到供水期末均匀用完,如图 3-9 中的③线。这种方式介于上述两者之间。

水电站在实际运行中利用多余水量加大出力的方式,在采用时历分析法进行水库调度时,要预先绘制一组加大出力调度线来指导水电站的加大出力,加大出力调度线的绘制方法有很多,下面介绍一种图解分析法。

对于蓄水期,一般情况下来水量较丰,为充分利用水能减少弃水,对该时期上基本调度线以上余水量的利用,取立即加大出力的方式,蓄水期相应的加大出力为

$$N_{蓄} = N_{保} + \Delta N \tag{3-1}$$

对于供水期,一般来水较枯,为充分利用水头增加发电量,使出力均匀,采用均匀加大出力的方式,加大出力为

$$N_{供} = N_{保} + \Delta N/n \tag{3-2}$$

式中　$N_{蓄}$、$N_{供}$——蓄水期、供水期各月大于保证出力的加大出力;

$N_{保}$——各月相应的保证出力;

ΔN——各月多余水量的附加出力;

n——自供水期出现余水的月份至供水期末的月数。

附加出力 ΔN 由两部分组成:一部分是由多余水量增加的水头,使原发电保证出力引用的流量 Q_P 增加的出力 ΔN_H,称水头附加出力;另一部分是由调度余水量 $\Delta W(\Delta Q)$ 本身引起的附加出力 ΔN_Q,称水量附加出力,其关系式为

$$\Delta N = \Delta N_H + \Delta N_Q \tag{3-3}$$

$$\Delta N_H = AQ_P\Delta H \tag{3-4}$$

$$\Delta N_Q = A\Delta\overline{Q}H \tag{3-5}$$

$$Q_P = \frac{N_{保}}{AH_P} \tag{3-6}$$

$$\Delta H = \overline{H} - H_P \tag{3-7}$$

$$H_P = Z_{上基} - Z_{下P} \tag{3-8}$$

$$\overline{H} = \overline{Z}_{上} - Z_{下} \tag{3-9}$$

$$\overline{Z}_{上} = \frac{Z_{上} + Z_{上基}}{2} \tag{3-10}$$

式中 $\overline{Z}_{上}$——利用多余水量时的水库平均水位；

$Z_{上}$——出现多余水量时的水库水位；

$Z_{上基}$——与 $Z_{上}$ 相应时刻的上基本调度线指示水位；

$Z_{下P}$——与 Q_P 相应的下游水位；

$Z_{下}$——与加大出力的全部流量($Q_P+\Delta Q$)相应的下游水位，其中，ΔQ 为与增加余水量 ΔW 相应的月平均流量 $\Delta Q=\frac{\Delta W}{1\text{月秒数}}$，$m^3/s$；

A——出力系数。

综合以上各式得

$$N_{加} = N_{保} + \frac{1}{n}(\Delta N_H + \Delta N_Q) = N_{保} + \frac{1}{n}(AQ_P\Delta H + A\Delta\overline{Q}H) \tag{3-11}$$

利用式(3-11)，当水库实际蓄水位比该时刻水库上基本调度线所相应的水位高时，就可以计算其加大出力 $N_{加}$。但方便的做法是，利用式(3-11)先绘制出各时段的加大出力辅助线，如图3-10(b)所示，而后绘制加大出力调度线。

具体方法是：在各时段初上基本调度线以上，设不同的水位 Z_i，如3月1日，上基本调度线水位为130 m，设 Z_i = 132，135，137，…，按式(3-11)计算(以表3-9的格式计算)各水位 Z_i 下相应的加大出力 $N_{加i}$；如3月1日，当库水位为135 m时，$N_{加}$ = 7.36万kW。以库水位 Z_i 为纵坐标，$N_{加i}$ 为横坐标绘图，即得各时加大出力辅助线如图3-10(b)所示。将各时段相应于同一加大出力(如 N = 7万kW)的水库蓄水位在调度图中标出，并予以连接，见图3-10(a)中的虚线，即得出相应的加大出力线。

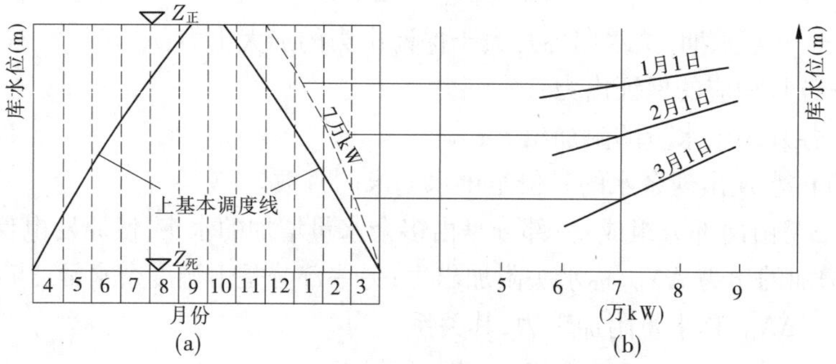

图3-10 加大出力辅助线绘制示意图

表 3-9　加大出力辅助调度线计算

Δ/t 月	(1)	Z_1	Z_2	Z_3	计算说明
$Z_上$(m)	(2)	132.0	135.0	137.0	假设水位
		130.0	130.0	130.0	3 月 1 日上基本调度线上的水位
W(m^3/s·月)	(3)	…	295.0	…	据(2)栏水位由库容曲线查得
		…	243.0	…	
ΔQ(m^3/s)	(4)	…	52.0	…	(3)栏中的两项之差
$\overline{W}$(m^3/s·月)	(5)	…	269.0	…	(3)栏中的两项平均值
$\overline{Z}_上$(m)	(6)	…	132.5	…	据(5)栏查库容曲线得出
Q_P(m^3/s)	(7)	…	94.0	…	按式(3-6)计算得出
H_P(m)	(8)	…	50.0	…	与 Q_P 同时计算得出
($Q_P+\Delta Q$)(m^3/s)	(9)	…	146.0	…	(4)+(7)
$Z_下$(m)	(10)	…	70.0	…	据(9)栏查下游水位—流量曲线得出
$\overline{H}$(m)	(11)	…	62.5	…	(6)-(10)
ΔH(m)	(12)	…	12.5	…	(11)-(8)
ΔN_H(万 kW)	(13)	…	1.0	…	按式(3-4)计算得出
ΔN_Q(万 kW)	(14)	…	2.76	…	按式(3-5)计算得出
ΔN(万 kW)	(15)	…	3.76	…	(13)+(14)
n(月)	(16)	…	1	…	
$\Delta N/n$(万 kW)	(17)	…	3.76	…	
$N_{加}$(万 kW)	(18)	…	7.36	…	$N_{保}$+(17)

(三)降低出力线的绘制

如果水电站按保证出力图工作,遇到特别枯水年,由于实际天然来水量小,经过一定的时段 t_i 后,库水位落在下基本调度线以下,出现不足水量,这时电力系统的正常工作遭受破坏是不可避免的,在这种情况下,水库调度有以下几种方式:

(1)当发现不足水量时,立即降低出力,使水库蓄水尽快回蓄到下基本调度线 a 上,如图 3-11 所示。这种调度方式破坏时间短。当水电站在电力系统中的容量不大时,可以考虑采用。

(2)当发现不足水量时,不立即回蓄到下基本调度线上,仍以保证出力工作,直到水库放空至死水位,如图 3-11 中的①线,以后水电站按天然来水工作,如果此时蓄水量很小,将会引起出力的剧烈降低。当水电站容量占系统总容量的比重较小时,可以采用此法。

(3)当发现不足水量时,逐步减小出力如图3-11中的②线,使系统正常工作均匀破坏,这种调度方式破坏时间长,破坏强度小,当水电站容量占系统总容量比重较大时,可考虑使用。

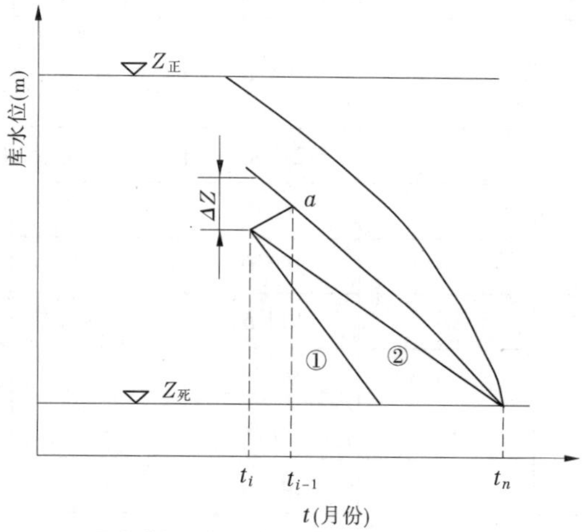

图3-11　降低出力调度方式示意图

二、发电调度图的应用

(一)发电调度图全图

将前述上、下基本调度线,防弃水线,加大出力线,降低出力线,防洪限制水位,死水位,正常蓄水位,防洪高水位,以及设计、校核洪水位绘于同一张图上,以便得到发电调度全图,如图3-12所示。这些调度线和水库的各种特征水位,将整个图划分为A、B、C、D、E、F、G 7个区,这些调度区表明不同水文条件下水库的调度运用规则,如图3-12中的注释。水电站可按预定的操作规则进行运用。

(二)绘制年计划调度线

要充分发挥水电站的动能效益和水库的综合效益,有了发电调度图,还必须制订合理的年度运用计划。

年度运用计划的编制,先应了解国家有关的方针政策、上级指示文件、原设计意图、掌握工程设施运用的现状及有关技术鉴定文件,各部门的用水要求,以及水文气象、水库特性、库区情况等资料,制订出年计划调度线及实际操作调度线。

年计划调度线是根据面临年份预估或预报的全年天然来水过程,按调度图操作计算得出的。它体现了水电站年计划运用方式。

实际操作调度线是根据当年面临时刻水库的蓄水情况,考虑长、中、短期预报,按调度图操作运行,而且是对年计划调度线不断修正的实际操作调度线。

具体的计算是以调度图的一般操作规则为基础的,并根据实际情况,拟定若干操作计算规则,然后按已知出力的水能方法进行运算。

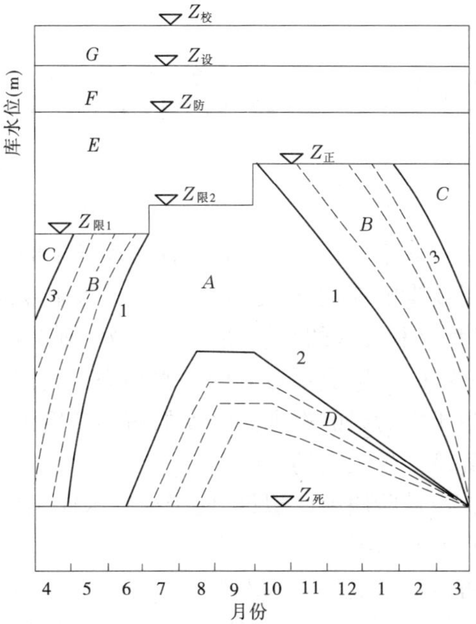

1—上基本调度线；2—下基本调度线；3—防弃水线；*A*—保证出力区；*B*—加大出力区；*C*—装机出力区；*D*—降低出力区；*E*—调洪区；*F*—正常泄洪区；*G*—非常泄洪区

图 3-12　水库发电调度全图

复习思考题

1. 水库兴利调度的任务是什么？水库兴利调度的原则是什么？
2. 在绘制水库基本调度线时，为什么必须采用逆时序调节计算方式？
3. 何为水库灌溉调度？
4. 水库灌溉调度图与发电调度图有何不同？其绘制方法有何异同？
5. 多年调节水库基本调度线的绘制与年调节水库相比有哪些特点？

项目四　水库的防洪调度

水库的防洪调度也称为水库汛期控制运用,是指水库度汛过程中,有计划地对洪水进行的控制、调节的蓄泄安排。其主要任务一是在确保水库安全的前提下,避免或减轻下游洪水灾害;二是在满足防洪要求的前提下,尽量多蓄水,最大限度地发挥水库的综合效益。由于洪水的随机性及防洪和兴利要求的矛盾性,调度不好,则会出现只顾防洪,而蓄不上水;或者只顾多蓄水,而忽视防洪,造成不应有的洪水损失。我国有水库防洪调度成功的实例,也有调度不科学导致不良后果的教训。水库的防洪调度涉及水库上下游的安全和综合效益的发挥,对国民经济产生很大的影响。

水库防洪调度方案,在设计阶段就已拟订,便于检验水库主要参数的合理性,估算防洪效益。由于资料相对较少,对水库实际调度中的影响因素考虑不够,所以在设计阶段拟订的防洪调度方案,一般难以完全实施。水库投入运行以后,水库的规模及设备的主要参数已定,随着运行年限的增长,各种资料的增加,水库特性及下游防洪要求的变化,每年都要结合现时的具体要求和来水情况,制订防洪调度的方案和措施,满足国民经济建设的要求。

任务一　水库的防洪调度图

水库的防洪调度是一种确保水库安全,实现水库防洪任务,使水库充分发挥综合效益而采用的控制运用方式。当发生洪水时,利用水库的防洪库容,根据水库及下游防洪的设计标准,合理解决入库洪水、水库拦洪与水库泄洪的关系,进行水库防洪调度,其基本依据是水库防洪调度图。

水库防洪调度图是由分期防洪限制水位、防洪调度线、防洪高水位、设计洪水位、校核洪水位与当年允许最高洪水位等蓄水指示线,以及这些指示线划分的调度区所组成的水库汛期运行图。它是用来指示水库在汛期为了防洪安全,各个时刻应该预留多少防洪库容及调洪库容的,如图4-1所示。

一、水库防洪调度线的绘制

水库防洪调度线是由后汛期的洪水最迟发生时刻 t_k 起,从防洪限制水位开始,用下游防洪标准的设计洪水进行顺时序调洪计算,所得的不同时刻的水库蓄水位过程线。绘制防洪调度线的调洪计算依据是:各种标准的设计洪水过程线和规定的下游河道安全泄量 $q_{安}$;起调水位是防洪限制水位;起调时刻采用汛期最后一次洪水来临的时刻,即汛末。

现以下游防洪设计洪水为例讲解防洪调度线的绘制过程。图4-2(a)表示设计洪水过程线 $Q \sim t$,在已定的 $q_{安}$ 条件下,从水库防洪限制水位及设计洪水来临的最迟时刻 t_k 开始,经调节计算得出各时刻相应的水库蓄水量,并把各时刻蓄水量相应点连成曲线,即为防洪调度线，如图 4-2(b)所示。

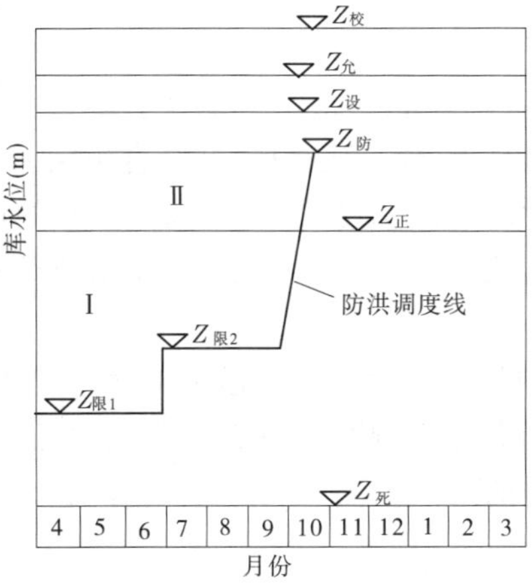

图 4-1 水库防洪调度图

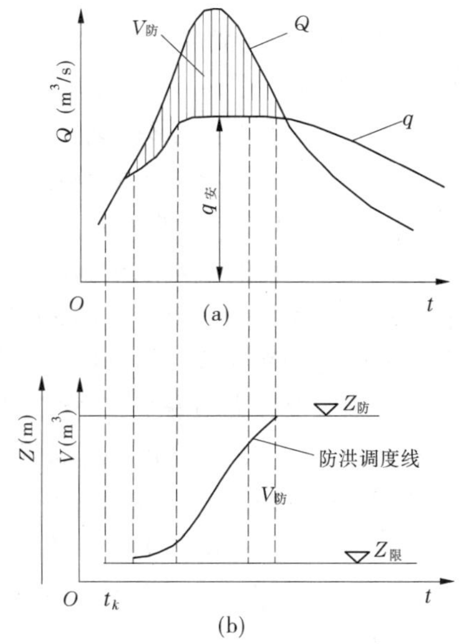

图 4-2 防洪调度线的绘制

防洪调度线至防洪高水位的纵距表示水库在汛期各时刻所应预留的拦洪库容。t_k为设计洪水可能出现的最迟时刻，在 t_k之前的主汛期随时都可能出现设计洪水，因此在 t_k之前，水库必须同样预留足够的拦洪库容。

上述防洪调度线只是根据下游防洪设计洪水过程线的一个典型绘制出来的，而设计洪水可能有不同的分配过程，为确保防洪安全，必须同时考虑各种可能的分配典型，以便最后合理地确定防洪调度线。为此，下游防洪标准的设计洪水应选择几个不同分配典型缩放而得多个过程设计洪水过程线，分别绘出经调洪计算求得的蓄洪过程线，最后取其下包线作为防洪调度线，如图 4-3所示。这样不论何种分配典型的设计洪水过程，其拦洪库容都可以满足，从而可以保证防洪的安全。

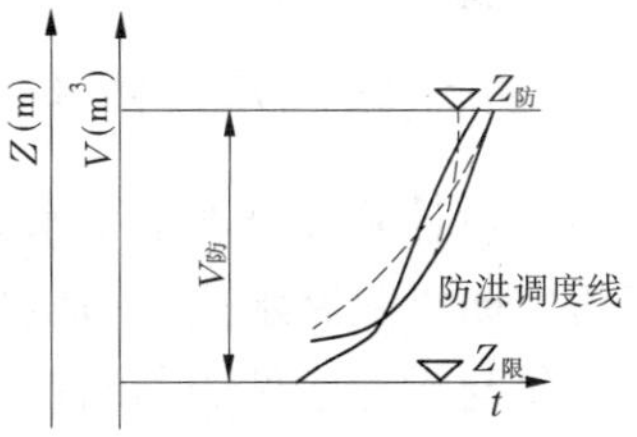

图 4-3 下包线法绘制防洪调度线

由于水库设计洪水过程的历时相对于调度图横坐标的月份来说，历时很短，因而调度图上 t_k 以后的防洪调度线一般比较陡，有时甚至是垂直线。各分期防洪限制水位的连接过渡，可根据具体情况，采用如图 4-3 中虚线所示的两种方式。

二、水库防洪调度图的分区与应用

水库防洪调度区是指汛期为防洪调度预留的水库蓄水区域，该区的下边界是防洪限制水位 $Z_{限}$，右边界是防洪调度线，上边界对应各种标准设计洪水的防洪特征水位($Z_{防}$、$Z_{设}$、$Z_{校}$)，如图 4-1 所示。防洪限制水位 $Z_{限}$、防洪调度线以及防洪高水位 $Z_{防}$ 之间的区域称为正常防洪区,该区是为防范下游设计洪水而预留的防洪库容,在这种情况下为了使下游免遭洪灾,水库最大泄洪流量 $q_m = q_安$;防洪高水位 $Z_防$、防洪调度线以及设计洪水位 $Z_设$ 之间的区域称为加大泄洪区,该区是针对大坝设计洪水而额外预留的调度库容。在发生大坝设计洪水的情况下,为确保大坝安全,下游不可避免遭受洪灾,水库最大泄洪流量 $q_m = q_{m设} > q_安$;设计洪水位 $Z_设$、防洪调度线以及校核洪水位 $Z_校$ 之间的区域称为非常泄洪区,该区是针对大坝校核洪水而额外预留的调洪库容,在这种情况下为了确保大坝安全,下游肯定会遭受非常严重的洪灾,此时水库最大泄洪流量 $q_m = q_{m校} > q_{m设} > q_安$。

有了防洪调度图,就可以根据汛期各时刻库水位落在哪一运行区,并结合短期天气预报情况,决定水库如何泄流。例如,按照图 4-1 所示的防洪调度图,在对入库洪水的调节过程中,若某时刻库水位在防洪区Ⅰ,则水库泄流应满足下游防洪要求;若库水位升到了调洪区Ⅱ,则应保证大坝安全,正常泄洪设施敞泄。

必须强调指出,防洪调度图是按照一定的条件制定的,而实际在运用年度内,实际来水情况千变万化,防洪调度方案不可能包罗万象,有很多情况难以预料。因此,在汛期调度运用中,不能把调度图作为唯一依据,而应视当时的雨情、水情、工程具体情况和天气预报等因素,遵循具体的调度规则灵活运用。

任务二　水库的防洪限制水位

水库在汛期除防洪外,还要蓄水抗旱。防洪要求水库的水位要降得低一些,以便腾出库容来拦洪,而抗旱又希望抬高水库的水位,多蓄一些水。为了解决这个矛盾,就要定一个恰当的蓄水位,既可保证防洪的安全,又可以蓄到一定水量用来灌溉,这个水位就称为防洪限制水位。防洪限制水位是水库在汛期洪水来临前允许兴利蓄水时的上限水位,是一个协调兴利与防洪矛盾的特征水位。从防洪安全角度出发,这一水位定得越低越有利;而从蓄水兴利角度出发,这一水位定得高一些更利于汛后能蓄满兴利库容。

一、防洪限制水位的推求

规划设计阶段已确定了水库的防洪限制水位。而在运行阶段,由于以下因素都需要重新确定防洪限制水位:一是水库当年的防洪标准或当年允许的最高水位,或下游允许的安全泄量与设计条件的不同;二是进行分期洪水调度,需要确定分期的防洪限制水位。

对某一水库而言,只要泄流方式已定,便可推算出各种不同允许最高洪水位条件下,遇到各种频率洪水时的防洪限制水位。防洪限制水位一般取决于设计洪水与校核洪水的调洪需要,根据技术设计阶段选定的设计洪水与校核洪水过程线和防洪运用方式,分别以设计洪水位和校核洪水位为起始水位,由入库流量等于最大下泄流量的时刻开始,逆时序进行调洪计算得出的最低时刻水位即为防洪限制水位。

关于防洪限制水位的确定,一般可考虑以下几个方面:

(1)工程质量。根据工程检查,如发现工程质量差或工程防洪标准不够,防洪限制水位就要比原规划的结果定得低一些。

(2)枯季径流情况。如库容小但上游河道枯季径流相对较大,在汛后短期内可以充满的水库，则防洪限制水位可以定得低一些，使工程可以更安全一些，而又不妨碍汛后蓄水。

(3)洪水发生规律。这也是规定水库防洪限制水位要考虑的一个主要因素。由于汛期不同时期洪水的大小不同，因而可以将汛期分为前、中、后期(或初汛、主汛、尾汛)，分别计算不同时期的设计洪水，按不同时期的不同洪水计算各时期的防洪限制水位。

下面分别对溢洪道有、无闸门控制时的两种情况进行讨论。

(一)无闸门控制时开敞式溢洪道防洪限制水位的推求

若水库经过几年运用已达到设计标准(溢洪道有足够的宣泄能力，水工建筑物质量良好，最高洪水位允许达到设计洪水位及校核洪水位)，且下游无防洪要求，此时防洪限制水位与溢洪道堰顶齐平，即汛期水库可蓄水到溢洪道堰顶高程，洪水来临则由溢洪道自由溢出。堰顶高程以上至允许最高洪水位之间的库容即为水库的滞洪库容 $V_{\text{滞}}$。但目前很多水库因种种因素还难以达到这一水平，一般在汛期都限制蓄水，其蓄水位在溢洪道堰顶高程之下。这个限制的蓄水位，即防洪限制水位，应通过调洪演算来决定。

由于防洪限制水位在溢洪道堰顶之下，洪水来临时一部分洪水就首先拦蓄在防洪限制水位至溢洪道堰顶之间的库容中(称蓄洪库容，以 V_1 表示，如图 4-4 所示)。这样，溢洪道堰顶之上的滞洪库容($V_{\text{滞}}$)，只需对剩余洪量($W-V_1$)进行调节。在这种情况下，由于 $Z_{\text{限}}$ 未知，V_1 亦不能定，故须通过试算来确定 $Z_{\text{限}}$。具体方法是，假定一个防洪限制水位 $Z'_{\text{限}}$，即调洪计算的起调水位，针对与当年允许最高水位 $Z_{\text{允}}$ 相应的设计洪水过程线，求得其相应的 V_1，从入库洪水线 $Q\sim t$ 上扣除 V_1，并对线 $Q\sim t$ 的其余部分按拟定的防洪调度方式进行调洪演算，得 $V_{\text{滞}}$，由库容曲线上便可以查得相应的最高洪水位 Z_m，与当年允许最高洪水位 $Z_{\text{允}}$ 进行比较，若 $Z_m=Z_{\text{允}}$，则假定的 $Z'_{\text{限}}$ 即为所求的防洪限制水位；若 $Z_m\neq Z_{\text{允}}$，可重新假定 $Z'_{\text{限}}$，再进行调洪计算，直至两者相等。两者相等的 $Z_{\text{限}}$ 即为所求的防洪限制水位。在一般情况下，可作图内插当年的 $Z_{\text{限}}$，当得到 3～5 个关系值($Z'_{\text{限}}$，Z_m)后，则可绘制 $Z'_{\text{限}}\sim Z_m$ 关系曲线，如图 4-5 所示，在图上由当年的允许最高洪水位 $Z_{\text{允}}$ 查得所求的防洪限制水位 $Z_{\text{限}}$。如将水库入流过程线概化为三角形，则可用近似公式进行计算。

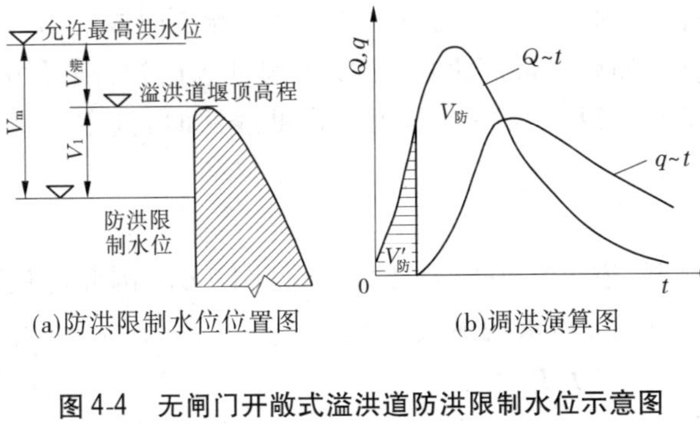

(a)防洪限制水位位置图　(b)调洪演算图

图 4-4　无闸门开敞式溢洪道防洪限制水位示意图

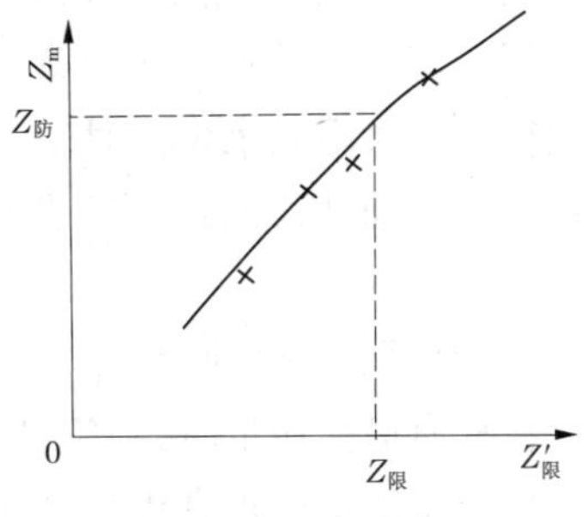

图 4-5　内插法求防洪限制水位

蓄存在 V_1 中的水量，应在汛前或汛期的某一阶段之前由泄流底孔泄出，当水库无泄流底孔或底孔的泄流能力很小时，就要靠输水涵管放水来腾空库容。因输水涵管的预泄能力一般也较小，所以常常需要较长时间才能腾出 V_1，这就需要提早预泄。如果汛期相邻洪水的间隙时间短，库水位就有可能来不及降至防洪限制水位，从而造成防汛紧张。因此,为了防洪安全,确定 $Z_{限}$ 时,要对水库的泄水能力进行具体分析,必要时应留有余地,并安排好应急措施。

(二)溢洪道有闸门控制时防洪限制水位的推求

溢洪道有闸门控制时,防洪限制水位一般在溢洪道堰顶高程与允许最高洪水位之间,如图4-6所示。

1. 下游无防洪要求时

此时因水库下游无防洪要求,水库的最大下泄量不受限制,防洪计算主要为大坝安全而进行。闸门控制运用方式如下:在洪水来临前,闸门关闭,蓄水至防洪限制水位 $Z_{限}$。洪水来临,逐渐开启闸门,控制下泄流量等于入库流量,如图4-7中 ab 段。在此期间,库水位维持在 $Z_{限}$ 不变。b 点以后,入库流量开始大于闸门全部开启的泄洪能力,将闸门全部打开,形成自由溢流,下泄流量随库水位的升高而增大。至 c 点,下泄流量达到最大,此时入库流量等于下泄流量,即 $Q=q_m$。c 点以后,随着库水位的逐渐消落,下泄流量逐渐减小。

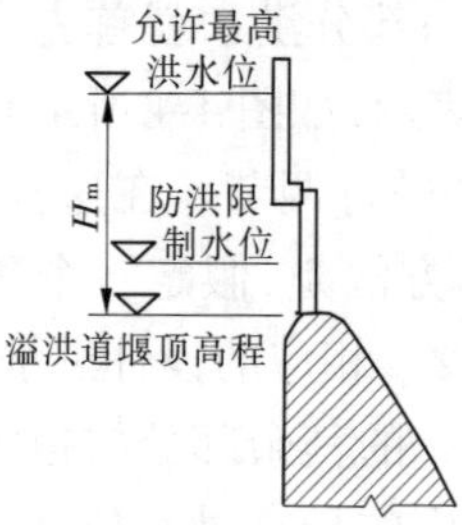

图4-6 溢洪道有闸门控制时防洪限制水位示意图

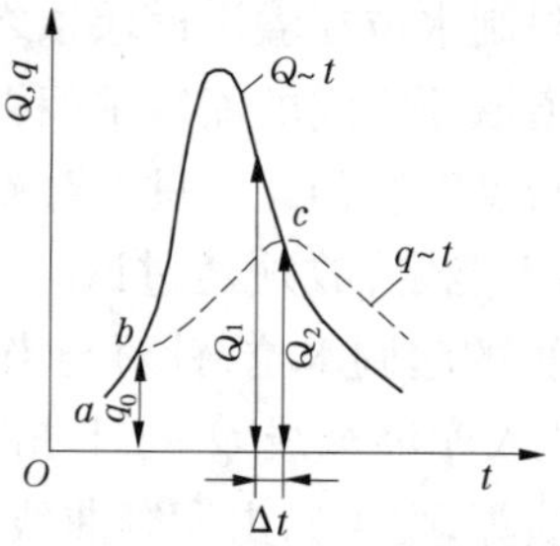

图4-7 溢洪道有闸门控制时下游无防洪要求逆时序调洪演算图

在水库的防洪运用中,根据工程情况往往确定了水库允许的最高水位 $Z_{允}$,然后推求 $Z_{限}$。为了避免试算,可从 $Z_{允}$ 开始向下调洪计算,这种方法称为调洪逆时序计算法。该方法仍是依据调洪计算原理,所不同的是,将当年允许最高水位 $Z_{允}$ 作为起始条件,其相应的下泄流量和蓄水量作为第一个时段末的值 q_2、V_2,逆时序调节计算求逐时段的 q_1、V_1,进而得到防洪限制水位。对于上述情况,如允许最高水位,溢洪道尺寸为已知,则可用调洪计算的单辅助线法或试算法逆时序计算反推求得。当用单辅助线法时,其主要步骤如下:

(1)计算最大下泄量 q_m。

在宣泄最大泄量时,闸门已全部打开,溢洪水头最大,即 H_m(见图4-6),因允许最高洪水位和溢洪道堰顶高程为已知,代入下式即可求得最大下泄量

$$q_m = m_1 B H_m^{3/2} \tag{4-1}$$

式中 m_1——流量系数;

B——溢洪道净宽,m;

H_m——堰顶最大水头,m。

(2)绘制设计洪水过程线 $Q\sim t$,在入流过程线 $q\sim t$ 退水部分找出 $Q=q_m$ 的时刻(如

图 4-7 中 c 点)，由此时刻起逆时序按 Δt 划分时段，从图上读出各时段始、末的入库流量 Q_1 和 Q_2。

(3) 由水量平衡方程和蓄泄方程可得逆时序调节计算的公式

$$\frac{V_1}{\Delta t}-\frac{q_1}{2}=\frac{V_2}{\Delta t}-\frac{q_2}{2}-\frac{Q_1+Q_2}{2}+q_2 \tag{4-2}$$

并绘制 $q \sim (V/\Delta t - q/2)$ 辅助曲线与之联合求解。由已知的最大泄量 q_m 作为最后一个时段末的泄量 q_2，若 c 点在时段分界处，则由式(4-2)可计算 $V_1/\Delta t - q_1/2$，并由此值查辅助曲线 $q \sim (V/\Delta t - q/2)$ 得最后一个时段初的泄量 q_1；若 c 点不在时段分界处，则应采用试算法，求时段初的值 q_1、V_1。将 q_1 作为前一时段末的 q_2，如此继续前推，用半图解法依次可求得逐时段初的流量 q_1，直至某一时刻的泄量 q_0 等于涨水段的某一入库流量 Q，见图 4-7中的 b 点。但往往 b 点不在时段 Δt 的分界点上，因此需用试算法或由 $Q \sim t$ 线与 $q \sim t$线(稍加延长)的交点得出该点流量。

(4) 相应于泄量 q_0 的水位，即为防洪限制水位 $Z_{限}$。因为 $q_m = m_1 B H_m^{3/2}$，其中 $q_m = q_0$，m_1、B 皆为已知，所以可以求得相应于 $Z_{限}$ 的堰顶水头 $H_{限}$ 为

$$H_{限} = [q_0/(m_1 B)]^{2/3} \tag{4-3}$$

$$Z_{限} = 堰顶高程 + H_{限} \tag{4-4}$$

2. 下游有防洪任务时

当水库承担有下游防洪任务时，防洪限制水位应该是既能保证水库工程的安全，又能满足下游防洪的要求，可根据拟定的水库防洪调度方式进行调洪演算加以确定。

在固定泄流情况下推求防洪限制水位时须采用试算法。现以固定泄流(一级控制)为例加以说明。须先求得下游防洪标准的设计洪水过程线，并假定一起调水位，下泄量按下游安全泄量 $q_{安}$ 控制，进行调洪演算，求得相应于下游防洪标准的 $V_{防1}$[见图 4-8(a)]。当出现枢纽设计洪水时[见图 4-8(b)]，开始仍按 $q_{安}$ 下泄，当 $V_{防1}$ 已经蓄满，因来水量仍大于下泄量，库水位继续上升，这时闸门全部敞开，下泄量超过 $q_{安}$ 并继续增大，至最大下泄量 q_m 时，求得这时的调洪库容 $V_m = V_{防1} + V'_{防}$，并求得相应的最高洪水位 Z_m，与允许最高洪水位相比较，如两者相等，则假定的起调水位即为防洪限制水位；如两者不相等，可重新假设起调水位，再行计算，直至两者基本相等。

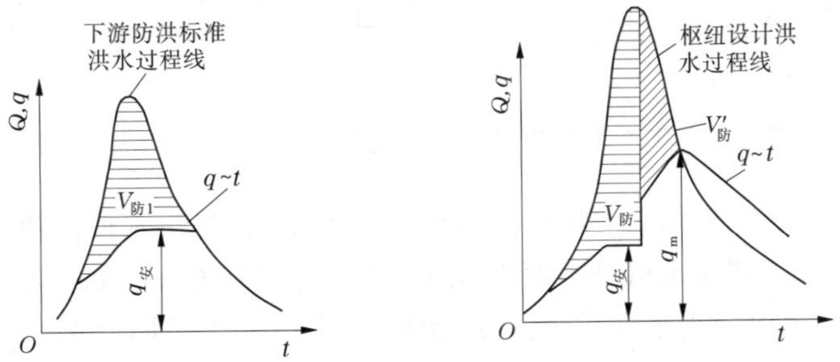

图 4-8　固定泄流(一级控制)的防洪调度示意图

若为分级控制，则须先求得下游各种防洪标准洪水相应的防洪库容 $V_{防1}$，$V_{防2}$，…，再

取枢纽设计洪水过程线进行调洪演算,当超过下游最后一级防洪标准所需的防洪库容时,则闸门全开泄流,求得最大泄流量 q_m 及这时的调洪库容 $V_m = V_{防2} + V'_{防}$,并求得相应最高库水位 Z_m,与允许最高洪水位相比较,二者相等的起调水位即防洪限制水位。

以上为讲解方便,采用库容做判别条件,实际调度时,须把库容 $V_{防1}, V_{防2}, \cdots$,换算成水位 $Z_1, Z_2, \cdots$,即以库水位为判别条件。若以入库流量为判别条件,则计算步骤与上述相同,不同之处仅在于它是按入库流量的大小来改变泄流量的。

对于补偿调节方式,须对入库洪水与区间洪水的遭遇组合问题进行仔细分析论证,才能决定水库泄流过程,一般在设计阶段进行这项工作。在制订汛期控制运用计划时,可根据实际运行经验,确定泄流过程,按上述步骤通过试算求得防洪限制水位。

二、汛期分期防洪限制水位的确定

我国多数地区洪水的大小和过程线形状在汛期各个阶段具有明显的差异,这种情况下,若整个汛期采用一个防洪限制水位显然没有必要,不利于兴利蓄水。确定分期防洪限制水位有利于兴利蓄水,是解决防洪和兴利矛盾的有效途径,可以更好地获得水库的综合利用效益。防洪限制水位必须兼顾防洪和兴利两方面的要求,要恰当地处理好它们之间的矛盾,使两个方面的要求都得以落实。同时,还要考虑洪水的季节性特点,一般应拟定出汛期不同阶段的防洪限制水位。

(一)汛期洪水的分期

分期抬高汛期防洪限制水位,是解决防洪与兴利矛盾的有效办法。汛期洪水的分期,一般可由水库所在流域上暴雨或洪水发生的时间和次数,统计分析洪水出现的规律性加以确定。某中型水库(1963~1982年)日雨量超过50 mm的次数统计见表4-1,从表中的统计可以得出初汛期、主汛期、尾汛期出现的时期。

表4-1　某中型水库(1963~1982年)日雨量超过50 mm的次数统计

月份	6			7			8			9		
旬	上	中	下	上	中	下	上	中	下	上	中	下
次数	0	2	3	6	11	8	9	12	9	5	3	2
洪水分期	初汛期				主汛期					尾汛期		

根据我国多数地区汛期水文特性和当地暴雨发生的规律,水库防洪运用一般可分为初汛期、主汛期和尾汛期(也可分为两期或四期)进行控制蓄泄。初汛期和尾汛期洪水较小,防洪限制水位可以适当抬高一些,以增加兴利蓄水量,主汛期洪水较大,防洪限制水位可降低一些,以提高水库的抗洪能力。例如,海河流域汛期为6~9月,大多数水库主汛期为7月下旬至8月上旬,汛期其余时间分别为初汛期、尾汛期;又如,位于汉江上的丹江口水库汛期为7~10月,其洪水特点是7、8月的洪水峰高量大,涨势迅猛;而9、10月的洪水往往是量大而峰却相对不高,历时长,涨势缓慢。根据上述特点,丹江口水库确定7月1

日至8月31日为前汛期，防洪限制水位为149.5 m；9月1日至10月15日为后汛期，防洪限制水位为152.5 m。

(二)推求汛期分期防洪限制水位的途径

关于汛期分阶段防洪限制水位的推求，与前述不分阶段的做法大体相同。区别设计洪水的计算和防洪限制水位的推求，都要按划定的阶段进行。当年整个汛期的允许最高洪水位是固定不变的，因此各阶段 $Z_{限}$ 的推求的主要问题就是如何推求各阶段的设计洪水。分析出洪水发生的规律后，推求汛期分期防洪限制水位 $Z_{限}$，大体有如下两种途径：

(1)各分期采用不同的防洪设计标准。如上述中型水库主汛期水库设计洪水标准 $P=1\%$，初汛期和尾汛期采用 $P=2\%$，而各分期选用同一洪水频率曲线。根据汛期中各分期的设计洪水，分别进行调洪演算得出各分期的防洪限制水位 $Z_{限}$。由于主汛期洪水标准较高，则 $Z_{限}$ 较低；而非主汛期的洪水标准较低，则 $Z_{限}$ 较高。这种途径常用于缺乏资料的中小型水库。

(2)各分期采用相同的防洪设计标准。由流量资料或暴雨资料推求汛期各分期的设计洪水，如初汛期为6月10日至7月10日，将每年这个时期中的洪峰流量最大值选出，组成系列作频率分析，得出初汛期的设计洪峰流量。同理，分别求出其他时期的设计洪峰流量。虽然洪水的频率相同，但主汛期的洪水大于其他时期，故主汛期推求的 $Z_{限}$ 较低。而非主汛期相同标准的设计洪水较小，推求的 $Z_{限}$ 较高，也就是抬高了汛期限制水位，可多蓄水兴利。这种途径常用于有实测资料的大中型水库。

为了说明不同情况下的调洪逆运算，下面分别举例说明无闸门控制自由泄流情况下的逆运算和有闸门分级控制情况下的调洪逆运算。

【例4-1】 某年调节水库，百年一遇设计洪水过程线资料列入表4-3中的第①、②栏，水位库容关系与 $q=f(V)$ 关系曲线见表4-2，或点绘成 $Z\sim q$ 关系曲线，见图4-9中的1线。水库溢洪道为无闸门控制的实用堰，堰宽70 m，堰顶高程与正常蓄水位59.98 m齐平。当 $Z_{允}=62.52$ m，水库溢洪道自由泄流时，试用调洪逆时序计算法推求相应于 $Z_{允}$ 的防洪限制水位 $Z_{限}$。

表4-2　某水库 $q=f(V)$ 关系曲线

水库水位 Z(m)	59.98	60.5	61.0	61.5	62.0	62.5	63.0	63.5	64.0	64.5
总库容 V(万 m^3)	1 296	1 460	1 621	1 800	1 980	2 180	2 378	2 598	2 817	3 000
堰上水头 H(m)	0	0.52	1.02	1.52	2.02	2.52	3.02	3.52	4.02	4.52
下泄流量 q(m^3/s)	0	46.5	127.6	232.2	356	496	650	818	999	1 191

解：(1)计算并绘制调洪逆运算辅助曲线，见图4-9。曲线图中2线为 $Z\sim(V/\Delta t-q/2)$ 关系曲线，3线为 $Z\sim(V/\Delta t+q/2)$ 关系曲线。

(2)应用辅助曲线，由 $Z_{允}$ 开始作调洪逆运算求 $Z_{限}$，见表4-3，其计算步骤如下：

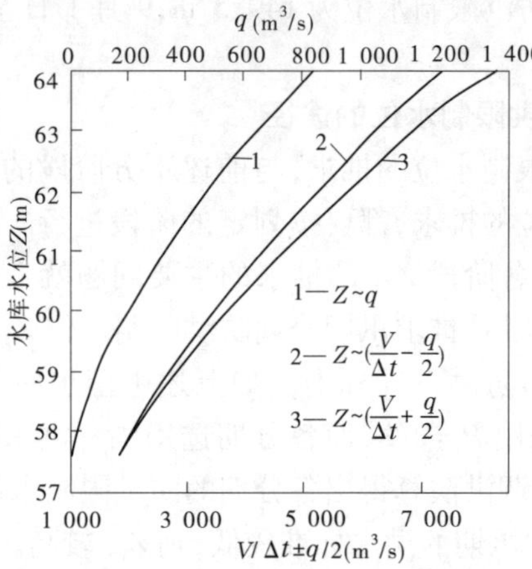

图 4-9 调洪逆运算辅助曲线

表 4-3 某水库推求防洪限制水位的调洪逆运算(自由泄流)($P=1\%$)

时间 t (h)	流量 Q (m^3/s)	时段 Δt (1 h)	平均流量 $\overline{Q}$ (m^3/s)	$\frac{V}{\Delta t}+\frac{q}{2}$ (时段末)(m^3/s)	$\frac{V}{\Delta t}-\frac{q}{2}$ (时段初)(m^3/s)	库水位 Z (时段初)(m)
①	②	③	④	⑤	⑥	⑦
10	0	9 ~ 10	81			
9	162	8 ~ 9	244			
8	326	7 ~ 8	409			
7	492	6 ~ 7	574	6 318	5 744	(62.52) 62.45
6	656	5 ~ 6	738	6 250	5 512	62.25
5	820	4 ~ 5	903	6 030	5 127	61.85
4	986	3 ~ 4	1 068	5 550	4 482	61.13
3	1 150	2 ~ 3	960	4 750	3 790	60.30
2	770	1 ~ 2	580	4 020	3 440	59.90
1	390	0 ~ 1	195	3 630	3 435	59.87
0	0		0	3 670	3 670	60.12

①若水库 $Z_{允}=62.52$ m,相应的 $q_{允}=588\ m^3/s$。因在 $q_{允}$ 时库水位最高,且入库流量等于出库流量,故应将 $Z_{允}$ 填写在⑦栏中 $q_{允}$ 与 $\overline{Q}$ 相近的时段,即(6 ~ 7)时段。库水位(6 ~ 7)时段达到 $Z_{允}$,因此从(6 ~ 7)时段末为 62.52 m 开始逆运算。

②逆运算的公式,水量平衡方程式为

$$\left(\frac{V_2}{\Delta t}+\frac{q_2}{2}\right)-\overline{Q}=\frac{V_1}{\Delta t}-\frac{q_1}{2}$$

式中 q_1、V_1 和 q_2、V_2——时段初和时段末的下泄流量和蓄水量;

$\overline{Q}$——该时段的平均入库流量。

其方法为:由 $Z_{允}=62.52$ m,查 $Z\sim\left(\frac{V}{\Delta t}+\frac{q}{2}\right)$ 曲线,得 $\left(\frac{V_2}{\Delta t}+\frac{q_2}{2}\right)=6\ 318\ m^3/s$,填入

表 4-3 的第⑤栏(6～7)时段;由$(\frac{V_2}{\Delta t}+\frac{q_2}{2})-\overline{Q}=6\ 318-574=5\ 744(m^3/s)$,得时段初的$\left(\frac{V_1}{\Delta t}-\frac{q_1}{2}\right)$值,填入表 4-3 的第⑥栏;由$\left(\frac{V_1}{\Delta t}-\frac{q_1}{2}\right)=5\ 744\ m^3/s$,在$Z\sim\left(\frac{V}{\Delta t}-\frac{q}{2}\right)$曲线上查得时段初库水位 $Z_1=62.45$ m,填入表 4-3 的第⑦栏。

③进行下一个时段的计算。重复上述步骤,将 62.45 m 当成下一个时段末的库水位 Z_2;查 $Z\sim(\frac{V}{\Delta t}+\frac{q}{2})$ 曲线,得$\frac{V_2}{\Delta t}+\frac{q_2}{2}=6\ 250\ m^3/s$,填入第⑤栏中(5～6)时段;由$6\ 250-738=5\ 512(m^3/s)$,查$Z\sim(\frac{V}{\Delta t}-\frac{q}{2})$曲线,得 $Z_1=62.25$ m,填入表 4-3 的第⑦栏。

④依据上述步骤计算至库水位上升。第⑦栏中的最低水位,即为防洪限制水位 $Z_{限}=59.87$ m,该值就是相应于 $Z_{允}=62.52$ m,在自由泄洪情况下的 $Z_{限}$。

【例 4-2】 由例 4-1 的资料,若 $Z_{允}=62.52$ m,相应于下游防洪要求的水库防洪高水位 $Z_{防}=61.91$ m,下游防护对象要求按 $q_{安}=50\ m^3/s$ 控制泄流,当水库溢洪道分级防洪控制时,用调洪逆时序计算法推求分期防洪限制水位 $Z_{限}$,并绘制防洪调度图。

解:本例属于中型水库缺乏资料情况,推求分期防洪限制水位采用不同防洪设计标准的途径。汛期划分为初汛期、主汛期和尾汛期,见表 4-1。水库设计洪水标准主汛期 $P=1\%$,初汛期、尾汛期 $P=2\%$,水库下游防洪标准 $P=10\%$。

当库水位高于 $Z_{防}$ 时,溢洪道自由泄流;当库水位低于 $Z_{防}$ 时,溢洪道泄流控制为 $q_{安}=50\ m^3/s$。

(1)推求主汛期 $P=1\%$ 洪水时的 $Z_{限}$。调洪逆运算见表 4-4,其步骤如下:

表 4-4　某水库推求防洪限制水位的调洪逆运算(分级控制泄流)($P=1\%$)

时间 t (h)	流量 Q (m^3/s)	时段 Δt (1 h)	平均流量 $\overline{Q}$ (m^3/s)	$\frac{V}{\Delta t}+\frac{q}{2}$ (时段末) (m^3/s)	$\frac{V}{\Delta t}-\frac{q}{2}$ (时段初) (m^3/s)	库水位 Z (时段初) (m)	$\frac{V}{\Delta t}$ (时段末) (m^3/s)	泄流量 q (时段初) (m^3/s)
①	②	③	④	⑤	⑥	⑦	⑧	⑨
10	0	9～10	81					
9	162	8～9	244					
8	326	7～8	409					
7	492	6～7	574	6 318	5 744	(62.52)62.45		
6	656	5～6	738	6 250	5 512	62.25		(512)50
5	820	4～5	903				5 768	50
4	986	3～4	1 068				4 915	50
3	1 150	2～3	960				3 897	50
2	770	1～2	580				2 987	50
			195				2 457	50
1	390	0～1	0				2 312	50
0	0		0				2 362	50

①从库水位 $Z_{允}=62.52$ m 开始向下运算,溢洪道自由泄流,计算方法同表4-3。

②当库水位算至62.25 m 时,即将接近 $Z_{防}=61.91$ m,则应按下游防洪要求 $q_{安}=50\ m^3/s$控制泄流。溢洪道从自由泄流转变为控制泄流的方法为,由62.52 m 查图4-9 中 $Z\sim q$ 曲线得 $q_1=512\ m^3/s$,则$\frac{V_1}{\Delta t}=(\frac{V_1}{\Delta t}-\frac{q_1}{2})+\frac{q_1}{2}=5\ 512+\frac{512}{2}=5\ 768(m^3/s)$,即下一个时段末的$\frac{V}{\Delta t}$值,填入第⑧栏。

③按控制泄流的水量平衡公式:$\frac{V_1}{\Delta t}=\frac{V_2}{\Delta t}-\overline{Q}+\overline{q}=5\ 768-903+50=4\ 915(m^3/s)$,填入第⑧栏;下一个时段末:$4\ 915-1\ 068+50=3\ 897(m^3/s)$;连续运算得出第⑧栏的最小值$\frac{V}{\Delta t}=2\ 312\ m^3/s$。

④最小库容 $V=2\ 312\Delta t=2\ 312\times3\ 600=832.32$(万 m^3),查库容曲线得 $Z_{限}=58.28$ m。

(2)推求初汛期、尾汛期 $P=2\%$ 入库洪水的 $Z_{限}$。用分级防洪控制,从库水位 $Z_{允}=62.52$ m 开始向下调洪逆运算,计算方法同表4-4,求得初汛期、尾汛期的 $Z_{限}=59.72$ m。

(3)绘制防洪调度图(见图4-10)。设计洪水位62.52 m,防洪高水位61.91 m、正常蓄水位59.98 m 为已知,初汛期、主汛期、尾汛期的 $Z_{限}$ 为本例计算成果。以防洪调度图作为指导水库汛期防洪运用的基本依据,一般情况下,当库水位低于防洪限制水位时,按兴利要求供水不泄洪;当库水位在防洪限制水位与防洪高水位之间时,水库按下游防洪控制点的安全泄量泄洪;当库水位高于防洪高水位时,则按第二级防洪要求,确保水库安全自由泄流。

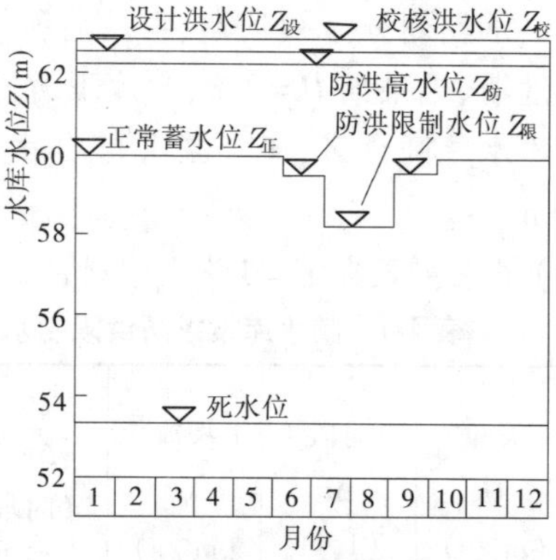

图4-10 水库防洪调度图

由于防洪调度图是在一定设计条件下制定的,它不能包括防洪调度中的许多具体情况和措施,故还需拟定各种频率洪水在不同库水位时,相应的水库蓄水、泄水、闸门启闭操作程序等调度规则。

任务三 防洪调度方式的拟定及调度规则的制定

水库汛期的防洪调度直接关系到水库安全及下游防洪效益的发挥,并影响汛末蓄水,因此是水库管理中一项十分重要的工作。做好水库防洪调度首先必须制定合理而又切实可行的防洪调度方式。前面介绍的防洪调度图,虽能表达在汛期内各时期水库应预留的防洪库容,但是当洪水来临时,水库应如何控制蓄泄,还需要考虑上下游的防洪要求、水文预报的可靠程度、洪水特性、泄洪设备使用情况等因素,拟定出合适的调度方式和调度规则。

一、防洪调度方式的拟定

所谓防洪调度方式，是指控制和调节洪水的蓄泄规则，包括泄流方式、下泄流量的规定和泄洪闸门的启闭规则等。它是根据水库防洪要求（包括大坝安全和下游防洪要求），对一场洪水进行防洪调度时，利用泄洪设施泄放流量的时程变化的基本形式，也常称为水库泄洪方式或水库调洪方式。其中，泄流方式、泄流量的规定是调节计算的基础。所采用的水库调洪方式应根据泄洪建筑物的型式、是否担负下游防洪任务，以及下游防护地点洪水组成情况等方面因素来考虑和区分。基本上水库防洪调度方式可分为自由泄流、固定下泄、补偿调节三种类型，以下按下游无防洪任务和有防洪任务两种情况分别予以介绍。

（一）下游无防洪任务的水库调度方式

对于下游无防洪任务的水库，水库调洪的出发点是确保水工建筑物的安全。对于这类水库一般采用自由泄流或泄洪建筑物敞泄的方式，即在调度时，只需考虑水库工程本身的防洪安全，下泄流量不受限制。现以下游溢洪道有闸门与无闸门两种情况的泄流方式予以介绍。

1. 溢洪道上无闸门控制的泄流方式

对于水库不设闸门控制的溢洪道，水库的泄流方式为自由泄流，防洪调度方式比较简单。当库水位超过溢洪道堰顶高程后，溢洪道开始自由溢洪，下泄流量仅取决于库水位的高低，随入库洪水的大小而变化。

2. 溢洪道上有闸门控制的泄流方式

对于下游无防洪任务的有闸溢洪道水库，下游对水库泄量无具体限制，其防洪调度的目的就是保证大坝的防洪安全。这类水库为了做到防洪与兴利库容相结合，往往将防洪限制水位设置为高于溢洪道堰顶高程，抬高兴利蓄水位和增加泄洪时的初始泄量。因闸门的调节性能不同，泄流方式又可分为以下两种。

1）闸门不能调节流量的泄流方式

有些水库溢洪道闸门不能逐步开启调节流量，要么全开，要么全关，遇到洪水起涨，就全开闸门泄流，但是此时开始入库的洪水流量较小，而下泄流量较大，故引起水库水位下降，泄空了一部分库容。随着库水位的降低，下泄流量相应逐渐减小。当出现入库流量超过水库的下泄流量时，水库水位又开始回升，先前泄空的一部分库容得到充蓄，泄流量也随之增加，直到出现最大泄流量。

采用这种泄流方式，可以及早腾空部分防洪库容，对水库防洪安全有利，而且闸门的操作方式简便。但是由于开闸后下泄流量较大，水位下降较快，可能会影响后期蓄水。所以，宜在有洪水预报的情况下采用。

2）闸门能够调节流量的泄流方式

该方式主要是考虑水库本身的安全和兴利蓄水的要求，可以采用控制泄流与自由泄流相结合的方式，如图 4-11 所示。当洪水来临时，库水位为防洪限制水位 $Z_{限}$，闸前已具有一定的水头（有闸门控制时，一般防洪限制水位高于溢洪道堰顶高程）。如果打开闸门,则具有较大的泄洪能力,在没有洪水预报的情况下,当洪水开始入库时,为了保证兴利要求,若入库流量 Q 不大于水库防洪限制水位 $Z_{限}$ 的溢洪道泄流能力 $q_{限}$,在 $t_0 \sim t_1$ 时段内应将闸门逐渐打开,控制闸门开启度,使水库泄流量 q 等于入库流量 Q,并保持库水位维持在水库防洪限制水位不变,如图 4-11 中的 t_1 时刻之前的 ab 段所示。当闸门开启到与防洪限制水位齐平时,如果洪水继续增大,说明此时入库流量将要大于防洪限制水位所对应的溢洪道泄流量,这时,要维持水位在防洪限制水位,使库水位不上涨已不可能,则自 t_1 时刻应立即全开闸门,使洪水按自由泄流运行,使库水位上升的高度尽可能地小,至 t_2 时刻,下泄量最大,库水位达最高。此后,泄流量逐渐减小。其泄流过程如图 4-11 中的 bcd 段所示。

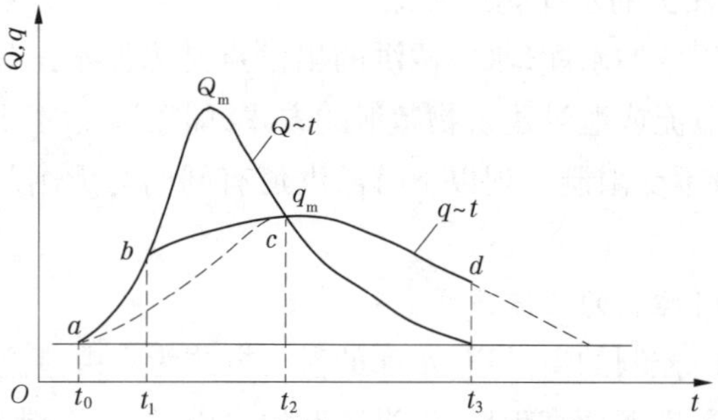

图 4-11　控制泄流与自由泄流相结合防洪调度方式示意图

采用这种泄流方式,在水库整个兴利过程中,水库蓄水位不会低于防洪限制水位,因此它不会因后期洪水变小而影响蓄水。在无洪水预报或预报精度不高的情况下,采用这种方式比较稳妥可靠。但闸门操作比较频繁,因此要求闸门的启闭必须灵活。

某些水库的闸门不能调节流量,但闸门的孔数较多,可采用逐个开启闸门的方式,即在洪水刚开始入库时,先开一孔闸门,随着入库流量的增加,再逐个开启,用这种方式同样也可达到上述效果。

(二)下游有防洪任务的水库调度方式

对于有下游防洪任务的水库,既要考虑下游的防洪要求,又要保证大坝安全。根据水库距下游防洪控制点的远近不同,可分为考虑区间来水及不考虑区间来水两种情况。若水库距防洪控制点很近,坝址至规划控制点区间洪水很小,洪水不超过下游防洪标准的洪水,水库可按下游河道安全泄量下泄,这种泄洪方式常称为固定泄量调洪方式。若水库距防洪控制点有一定距离,二者之间的未控区间洪水较大,出现洪水不超过下游防洪标准的洪水,为保证下游防洪安全,应控制水库下泄流量,使水库下泄流量与区间汇入流量之和不超过防洪控制点的河道安全泄量,这种泄洪方式常称为补偿调洪方式。

1. 固定泄量调洪方式

固定泄量调洪是指当洪水不超过下游防洪标准洪水时,水库控制下泄流量,使下游河道不超过安全泄量。固定泄量防洪调度方式主要适用于水库下游有防洪任务,但水库坝址距防洪控制点很近,区间面积较小,区间洪水可以忽略的情况。

1)一级固定泄量方式

对于如图 4-12 中所示的不超过下游防洪标准的入库洪水过程,图中 abc 线即为按固定泄量调洪方式的水库下泄流量过程线。ab 段是当入库流量小于下游河道安全泄量 $q_{安}$ 时,水库按入库流量下泄;bc 段表示当入库流量大于或等于 $q_{安}$ 时,水库按下游河道安全泄量 $q_{安}$ 下泄,这时水库拦蓄部分洪水,至 c 点入库流量退至等于 $q_{安}$,水库达到该次洪水的调洪最高水位;t_2 时刻以后水位逐渐下降,直到水库水位消落到防洪限制水位,停止泄洪。

2)多级固定泄量方式

当下游有不同重要性的多个防护对象时,为了合理解决水库本身防洪与下游防护区防洪之间的矛盾,可采用分级控制固定泄流的防洪调度方式,如图 4-13 所示。水库由下游的低防洪标准到高防洪标准逐级控制,在各级的控制泄量不大于下游安全泄量 $q_{安1}$,$q_{安2}$,…,直到 t_5 时刻,判定入库洪水已超过了下游最高一级防洪标准,则以保坝为主,加大泄量直至敞泄。整个泄流过程为图 4-13 中的 $q \sim t$ 线。为了维持固定泄流量 $q_{安1}$,$q_{安2}$,…,就要随着库水位的变化来改变闸门的开启度,从而实现分级固定泄流。在水库实际运用中,为了减少泄洪闸门的频繁启闭操作,有时不采用固定泄流,而是改控制闸门开启度为定孔泄流的方式,即遇一定标准的洪水时,以 $q_{安}$ 作为控制,开启一定孔数的闸门泄流。这样,下泄流量随着库水位的涨落会有一些变化,但仍以小于或等于 $q_{安1}$,$q_{安2}$,…,为控制条件。因此,定孔泄流实为固定泄流调度的一种便于操作形式。

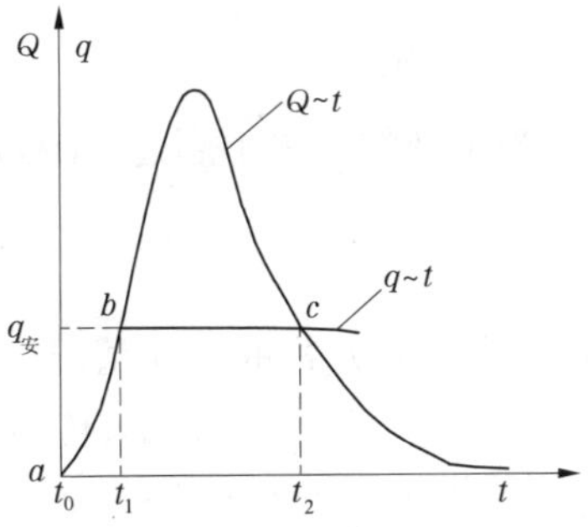

图 4-12　水库固定泄量调洪方式

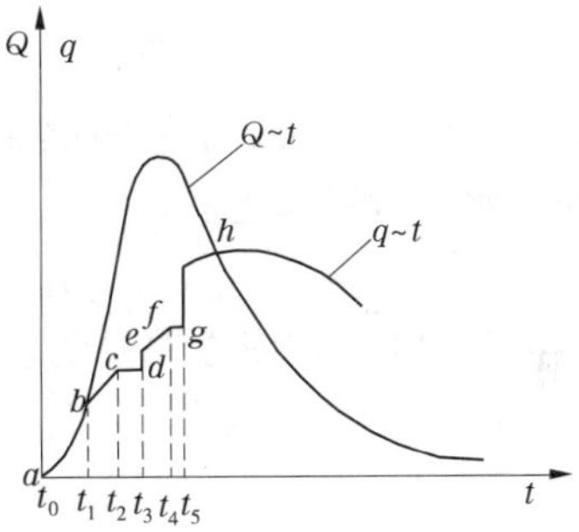

图 4-13　水库分级控制泄量调洪方式

2. 防洪补偿调度方式

当水库距防洪控制点有一定距离,区间面积较大时,水库与下游防护地区之间的区间洪水不可忽略。当发生洪水时,水库仅能控制的是入库洪水,因此为了能比较经济地利用防洪库容及满足防护地区的防洪要求,水库要考虑区间来水大小,进行补偿放水,这种视区间流量大小控泄的调洪方式称为防洪补偿调节。这种调度方式的基本点为:当发生小于或等于下游防洪标准的洪水时,水库放水与区间洪水有机配合;当区间洪水大时,水库少泄洪;当区间洪水小时,水库多泄洪,使两者之和不超过防洪控制点的允许泄量。实现防洪补偿调节的前提条件是,水库泄流到达防洪控制点的传播时间小于(至多等于)区间洪水的集流时间,否则无法获得确定水库下泄流量大小所需的相对区间流量信息;或者是具有精度较高的区间水文预报方案(包括产汇流预报相应水位或相应流量等),其预见期不短于水库泄流量至防洪控制点的传播时间。

图4-14为水库防洪补偿调节示意图。图中 $Q_{库} \sim t$ 线为水库 A 的入库洪水过程线，支流 C 的流量过程可代表区间入流过程，以 $Q_{区} \sim t$ 线表示；防洪保护区控制点 B 的河道安全泄量为 $q_{允}$；水库泄流至控制点 B 的传播时间为 t_{AB}，C 点流量 $Q_{区}$ 至控制点 B 的传播时间为 t_{CB}，设 $t_{CB} > t_{AB}$，二者的传播时间差 $\Delta t = t_{CB} - t_{AB}$，即表示 t 时刻 A 水库下泄量 $q_{A,t}$ 与 $t-\Delta t$时刻的区间流量 $Q_{区,(t-\Delta t)}$ 同时到达控制点 B。

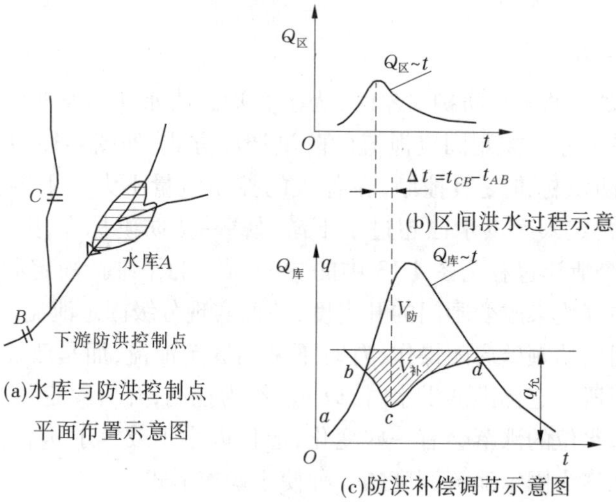

图4-14 水库防洪补偿调节示意图

根据防洪要求，为保证下游防洪保护区的安全，当出现的洪水不超过下游防洪标准的洪水时，应使水库泄流满足下式要求

$$q_{A,t} + Q_{区,(t-\Delta t)} \leqslant q_{允}$$

可结合图4-14的作图方法说明水库采用防洪补偿调节方式的控泄情况。为便于反映水库下泄流量和区间流量同时到达控制点 B 的情况，根据上述 $t_{CB} > t_{AB}$，传播时差 $\Delta t = t_{CB} - t_{AB}$的特定条件，在图4-14(b)中将区间流量过程线沿水平轴向右平移 Δt，$Q_{区,(t-\Delta t)} \sim t$ 倒置于图4-14(c)中 $q_{允}$ 水平线之下，即得出水库 A 按防洪补偿调节方式控泄的下泄流量过程为 $abcd$。由图4-14(c)可见，a 点以前 $q_{A,t} + Q_{区,(t-\Delta t)} < q_{允}$，水库按入库流量下泄，水库水位维持起调水位不变；$abcd$ 段水库按该曲线所指示的流量过程下泄，使 $q_{A,t} + Q_{区,(t-\Delta t)} = q_{允}$。从图4-14(c)可以看出，若水库按固定泄量 $q_{允}$ 下泄(即未考虑区间洪水的汇入)，水库所需的蓄洪容积为 $V_{防}$；而对区间洪水进行补偿调节时，所需的防洪库容将增加至 $V_{防} + V_{补}$，如图4-14(c)中的阴影面积所示。

【例4-3】 某水库 A(见图4-14)一次洪水的入库流量过程如表4-5的第①、②栏所列，由坝址至下游防洪控制点 B 的传播时间为12 h，区间支流测站 C 预报的洪水过程线如表4-5的第③栏所列，C 站控制面积占整个区间面积的80%，C 站至 B 点的传播时间为6 h，防洪控制点 B 的安全泄量 $q_{安} = 1\ 000\ m^3/s$。若按补偿调节进行防洪调度，试计算水库的泄流过程。

解：(1)计算整个区间的洪水过程见表4-5第④栏。由 B 点控制区间面积80%折算而得。

(2)将表4-5的第④栏的区间洪水过程,依次向前平移6 h后,填入表4-5的第⑤栏。

(3)计算水库的泄流过程见表4-5的第⑥栏。其中,7月2日10时和12时,入库洪水与前移6 h的区间洪水之和还不足$q_{安}=1\ 000\ m^3/s$,故按来量下泄;2日14时以后按$q_A=1\ 000-Q_{区,前移6\ h}$下泄。3日10时以后,水库来水较小,但为了尽快腾空防洪库容,故仍按$q_A=1\ 000-Q_{区,前移6\ h}$下泄。

表4-5　某水库防洪补偿调节计算　（单位:m^3/s）

时间			入库洪水	支流C站洪水	区间洪水	区间洪水前移6 h	水库下泄	时间			入库洪水	支流C站洪水	区间洪水	区间洪水前移6 h	水库下泄
月	日	时						月	日	时					
①			②	③	④	⑤	⑥	①			②	③	④	⑤	⑥
07	2	10	200			125	200	07	3	6	1 260	470	588	300	700
		12	470			213	470			8	990	380	475	238	762
		14	950			425	575			10	760	300	375	213	787
		16	1 600	100	125	713	287			12	540	240	300	175	825
		18	2 170	170	213	875	125			14	360	190	238	150	850
		20	2 420	340	425	838	162			16	200	170	213	125	875
		22	2 340	570	713	713	287			18		140	175		
	3	0	2 140	700	875	588	412			20		120	150		
		2	1 850	670	838	475	525			22		100	125		
		4	1 530	570	713	375	625								

由上可以看出,采用补偿调节的调度方式,必须注意当防洪控制点出现防洪标准的洪水时,入库洪水与区间洪水的组成和遭遇问题,区间洪水预报的预见期、预报误差及河槽的槽蓄、顶托等问题。由于这些问题较复杂,本书不再赘述。

二、防洪调度规则的制定

(一)编制水库防洪调度规则的依据

防洪调度图是指导水库防洪调度的基本依据,由于它是在一定的设计条件下制定的,因此它反映不了防洪调度中的许多细节和措施。为了使水库的防洪调度在任何情况下均有所遵循,需要在防洪调度图的基础上,附加文字说明,定出各种可能出现回升情况的调度规则,以确保安全,发挥防洪效益。

水库防洪调度规则就是根据水库防洪调度的任务、防洪特征水位、水库的调洪方式、水库泄流量的判别条件等,编制的指导水库防洪调度的操作指示,是水库调度规程的重要组成部分。水库调洪方式的拟定是编制水库防洪调度规则的基础。首先,制定防洪调度规则时必须体现在各种条件下调洪方式的相互联系及规则的连贯性。其次,不同条件下调洪方式的调整和转换必须选择可作为操作指示的判别指标。

(二)入库洪水的判别

拟定合理的防洪调度方式是实现水库对洪水进行合理调节与适时的蓄泄,确保水库安全,提高水库综合效益的重要环节,而合理防洪调度方式的实现,取决于对入库洪水判别的正确与否。

当水库承担有下游防洪任务时,在防洪调度中,来水不超过下游防洪标准时,应保证下游防洪安全;当洪水超过下游防洪标准后,且在大坝设计标准、校核标准范围内,应确保大坝安全。因此,在防洪调度中,十分重要的是要判别在什么情况下应确保下游防洪安全,什么情况下应转为确保大坝安全,又在什么情况下需要启用非常泄洪设施。在洪水起涨初期,因不能预知将继续出现的洪水全过程,而不能直接知道这次洪水是否超过某种标准。通常必须利用某一水情信息作为判别条件,借助其指标值来判断当前洪水的量级。

判别方式的优劣在于能否正确判别洪水,使各级防洪安全能得到可靠保证,合理考虑决策时间,便于控制运行,而且在确保各级防洪安全的前提下,使防洪库容及调洪库容较小,以提高发电、灌溉等兴利效益。

判别方式一般有库水位判别、入库流量判别及库水位与入库流量相结合的峰前蓄水量判别,分别简介如下:

(1)用库水位进行判别。用各种频率洪水进行调洪求得最高库水位来判别洪水达到什么标准。调度时,根据实际库水位来判别出现洪水的大小,由此来决定泄流量的大小。这种方法比较可靠,一般不会出现未达标准而加大泄量或敞泄的情况,但由于加大泄量较迟,在泄洪时机的掌控上,就显得滞后一些。因此,这种方法多适用于防洪库容较大,且调洪结果主要取决于洪水总量的情况。

例如,浙江省某水库为百年一遇设计,千年一遇校核,下游的防洪标准分为三级,采用库水位作为判别条件,泄流方式如表4-6所示。

表4-6　某水库泄流方式

设计频率(%)	20	10	5	1	0.1
库水位(m)	≤123	123~124	124~126	126~129	>129
泄量(m^3/s)	0	50	≤100	≤200	全力泄洪

(2)以入库流量作为判别条件。以各种频率的洪峰流量来判别洪水是否超过标准。在设计和复核阶段,曾对各种频率的洪水进行分析,求出各种频率洪峰流量。在实际工作中,要求根据预报的洪峰流量来判别入库洪水的标准,因此要求水文预报不仅要及时而且精度要高。或者按水量平衡原理,根据库水位的涨率反推入库洪水流量。这种方法比用库水位作为判别条件来说,泄水更早,因而所需防洪库容相对较小。但若判别失误,将造成较大损失。因此,该法一般适用于调洪库容很小,调洪最高水位主要受入库洪峰流量决定的水库,或者洪水峰量关系较好的水库。

例如,湖北陆水水库,控制陆水全流域面积的85%,水库距防洪控制点仅3 km,区间洪水比重很小,因此根据水库下游保护区的重要性及防洪能力,以入库流量作为判别条件,对20年一遇以下洪水按20年一遇(Q_m=5 400 m^3/s)和5年一遇(Q_m=3 400 m^3/s)分两级固定泄流调度。其调度方式为:当入库流量为2 100 m^3/s以下时,泄量等于来水量;当入库流量为2 100~3 400 m^3/s时,泄量为2 100 m^3/s;当入库流量为3 400~5 400 m^3/s

时,泄量为2 500 m^3/s;当入库流量超过 5 400 m^3/s 时,以确保大坝安全为主,溢洪道宜敞开泄流。

(3)以峰前蓄水量作为判别条件。由以上两种方法可知,采用库水位作为判别条件较稳妥,但加大泄水相对较迟,所需防洪库容较大;以入库流量作为判别条件,可以早一些判别洪水频率,但可靠性差。故提出了"峰前量法"作为判别条件,是指上述两判别条件相结合的方法,即将防洪库容 V 分为 V_1 与 V_2 两部分,V_1 为峰前蓄水量,V_2 为峰后蓄水量。当入库流量出现洪峰 Q,前段是按 q 泄水,水库蓄水 V_1 后,相继有退水部分的一部分水量入库,并需要水库继续蓄水至 V_2。因此,如果选择具有足够可靠性的洪水典型,在已知峰前蓄水 V_1 的情况下,就可以判断洪水是否超过标准。于是在实际运用时,若某次洪水峰前蓄水量超过了 V_1,即可认为洪水已超过标准,可以改为按下一级标准调度。这样,较单纯地以全部防洪库容相应的库水位作为判别条件更为有利。只要慎重分析、考虑各有关因素,此法就比较可靠,且所需防洪库容也较小。

至于各水库采用什么判别条件,应结合具体情况分析确定。

(三)非常泄洪设施的标准与启用条件

前面介绍的是满足下游防洪要求的防洪调度方式。当水库不承担下游防洪任务时,防洪调度的主要任务是确保枢纽工程的安全,使水库在遭遇设计洪水时,库水位不超过设计洪水位;在遭遇校核洪水时,库水位不超过校核洪水位。前者称为水库正常运用,后者称为水库非常运用。

当水库的校核洪水比设计洪水大很多,尤其是当校核洪水采用可能最大洪水(*PMP*)时,两者的差异更大。对于这种情况,设计时往往应考虑在库区适当位置修建工程比较简易的非常泄洪设施,如非常溢洪道或可破副坝等,在遇非常洪水时启用以帮助正常泄洪设施宣泄洪水。

由于正常运用(设计)标准与非常运用(校核)标准相差较大。据部分水库统计,校核标准洪峰比设计标准洪峰大 1.5 ~4.6 倍,故非常运用泄洪设施一般采用非常溢洪道和可破副坝泄洪等,对泄洪通道和下游可能发生的情况,要预先做出安排,确保泄洪设施启用生效;规模大或具有两个以上的非常泄洪设施,一般应考虑能分别先后启用,以控制下泄流量。由于启用非常泄洪设施将使下游产生严重的淹没损失,启用后还必须进行修复,影响水库效益的发挥,后果是严重的,故应根据水库的规模、重要性、地形地质条件、启用非常措施后对下游影响程度等方面慎重拟定标准。选择的原则为:失事后对下游将造成较大灾害的大型水库、重要的中型水库及特别重要的小型水库,当采用土石坝时,应以可能最大洪水(*PMP*)作为非常运用洪水标准;当采用混凝土坝、浆砌石坝时,根据工程特性、结构型式、地质条件等,其非常运用洪水标准较土石坝可适当降低。一般来说,对下游有密集居民点、重要城镇、大型工矿企业及铁路,且启用后修复困难、严重影响效益发挥的水库,应采用较高的标准,反之可采用稍低的标准。

但应注意的是,非常泄洪设施一旦启用,其后果往往十分严重,或使下游产生严重的淹没损失,或可能冲毁部分水工建筑物,严重影响社会效益的发挥,因此应慎重拟定合理的启用标准。通常以库水位略高于设计洪水位,或以入库流量略超过设计洪峰流量且有上涨的趋势作为非常泄洪设施的启用标准。一般情况下,当水库具有一定的调洪能力时,以水库水位高于相应标准的库水位作为启用非常泄洪设施的判别条件比较安全,也比较明确。对于调洪能力不大,洪峰与洪量有一定相关关系的水库,也可以考虑按入库流量及库水位相结合来作为判别条件,即:①在基本按防洪调度原则运用情况下,入库流量虽未达到启用非常泄洪设施标准,但库水位达到了标准,就应启用非常泄洪设施;②库水位虽未达到启用非常泄洪设施标准,但入库流量达到了标准,且根据水文预报及洪水特性判别,当不运用非常泄洪设施,库水位将明显超过启用非常泄洪设施标准时,也应及时启用非常泄洪设施。

考虑到未来实际发生特大洪水的过程与设计时所采用的不会完全相似,加之启用非常泄洪设施还需要一定的决策时间、准备时间、生效时间等,故在保坝洪水的调洪计算中,最好在超过启用非常泄洪设施标准后再推迟 1 ~2 个计算时段才计入非常溢洪道的泄量;或在库水位高于启用非常泄洪设施标准水位一定数值后才计入非常溢洪道的泄量,以留有余地。

在具有几个非常溢洪道能分段使用的情况下,要充分利用水库调洪库容,研究不同的启用非常泄洪设施标准采用分级分段的非常运用方式,但分段不宜太多,一般以 2 ~3 段为限。

非常措施有几处时,宜采用先远后近的启用顺序,当各处对下游影响有较大差别时,宜先启用对下游影响较小者;当各处地质条件及修复难易程度不同时,应先启用地质条件较好、修复较易的溢洪道。

(四)防洪调度规则的编制

防洪调度规则一般包括下列内容:

(1)前、后汛期水库遭遇一般较小洪水,且库水位未超过防洪限制水位时的兴利蓄水与防洪调度的规定。

(2)水库发生常遇洪水(5 年、10 年一遇洪水)、防洪标准洪水、大坝设计标准洪水及特大稀遇洪水的判别条件、控制泄量、调度方式和采取相应措施的规定。

(3)水库遭遇不同频率洪水时,泄洪设备闸门启闭的决策程序和闸门操作的有关规定。

(4)汛中和汛末水库拦洪的消落和回蓄的有关规定。

(5)整个汛期利用洪水预报采取预泄、预蓄和回充的有关措施和规定。

各水库的防洪调度规则,应视其具体情况而定。其条款可增可减,但需要抓住主要问题,不宜过于烦琐。在编制水库防洪调度规则的过程中,为了使拟定的调度方式切实可行,需综合考虑如下因素:

(1)水库调洪方式的选择是编制水库防洪调度规则的基础。对于承担下游防洪任务的水库,若下游有不同重要性的防护对象,应采取分级控制方式,体现"小水少放,大水多放,常遇洪水适当调蓄"的原则。当出现超下游防洪标准洪水时,应结合泄洪建筑物的具体情况采用加大下泄,甚至于敞泄的调洪方式。

(2)控制不同泄量的依据是洪水的量级(用重现期表示)。应根据水库及其下游区间洪水的规律寻求某种水文要素的指标量作为判别条件。良好的判别条件,应使判断的失误率减小,而且可较早作出判别。要考虑各种可能影响泄洪的因素。当判别来水超过某种标准需加大泄量时,往往有一系列因素影响及时泄出应泄的流量,由于管理不够现代化、自动化,编制调洪计划时需要适当给予考虑。

(3)为编制水库防洪调度规则而进行水库调洪计算时,必须从常规至校核洪水有序地、彼此衔接地逐级进行。每次进行较大洪水的调洪计算必须从小到大逐级控制泄量,即必须结合判别条件,根据已出现的洪水情况,逐级加大泄量。尽可能使泄量逐步增大或减小,避免突变。除水库泄流量大小对下游堤防有影响外,泄量大小变化太剧烈也将对堤防产生不利影响。因此,在编制水库防洪调度规则时要尽可能避免泄量的突变。

(4)水库防洪调度规则具有连贯性和整体性。连贯性体现在不管出现哪一个量级(或重现期)的洪水,总是应该按规则逐条连续操作,直到出现洪水量级与规则条款规定的洪水一致。整体性体现在水库防洪调度规则是防洪特征参数(防洪限制水位、防洪高水位、设计洪水位、校核洪水位)、泄洪建筑物型式、尺寸、运用条件(如泄洪设施及闸孔的启用次序、闸门的开启方式等)、水库调洪方式(包括为下游防洪分级控泄及为保坝安全加大泄量或敞泄)、洪水判别条件等元素的共同产物。上述任何一个要素有变动,原则上讲都应该对水库防洪调度规则进行全面复核和修订。

任务四　短期预报在防洪调度中的应用

一、短期洪水预报的作用

随着我国水文、气象预报科学的发展,我国已修建的大中型水库,越来越多地开始使用短期洪水预报来指导实际汛期控制运用工作。实践表明,由于短期洪水预报是根据暴雨已经落地来预报洪水过程,因此精度比较高,即使预见期短,也是很有意义的。利用短期洪水预报,可以预先知道即将发生的洪水的洪峰、洪量及其过程,因此能争取一定时间提前加大水库泄量或采取防汛的紧急措施;能在洪峰到来之前降低库水位,增加水库的抗洪能力;可根据下游河道的预报洪水,及时调整水库的泄量,进行错峰,待下游洪峰过后再加大泄量,防止或减轻下游的洪涝灾害;还可以根据预报的入库洪水过程线及时减小泄量,拦蓄洪水的尾部,增加兴利蓄水量;还能在洪水到来之前加大水电站的出力和发电量,减少弃水,等等。总之,应用短期洪水预报,可以及时改变泄流方式,提高汛期控制运用工作的主动性,更有效地发挥水库的综合利用效益。所以,凡是有条件编制一定精度的短期洪水预报的水库,都要争取在汛期控制运用中发挥预报的作用。

设计中小型水库时,水库的规模和参数的确定,主要是根据过去的资料,一般不考虑预报。在水库管理运行中,由于积累了一定的观测资料与调度经验,因此有条件也应该利用短期洪水预报进行防洪调度。

二、应用短期洪水预报进行防洪调度

在防洪调度中应用短期洪水预报,就是在洪水即将来临之前,根据预报进行预泄,腾空一部分库容用于防洪。因此,减少了预留的防洪库容,可使 $Z_{限}$ 提高到水库预蓄水位 $Z_{预}$,从而可增加水库用于兴利蓄水的库容。目前,不少水库在水库上游设有较多的雨量站,对洪水的发生可做出短期预报。如果水库具有一定的泄洪能力,则在汛期就可能多蓄水。这里预蓄多少取决于预泄量的多少,它取决于洪水预报的预见期长短、泄洪能力大小及洪水来临之前的入库流量大小等因素。

根据防洪标准的洪水过程,按照采用的洪水预报预见期及精度,进行调度演算。调洪演算中所采用的预泄流量是在水库泄流能力范围内,不能大于下游允许泄量。如果下游区间流量比较大,应该是不能超过下游允许泄量与区间流量的差值。通过调洪演算即可求出能够预泄的库容及调洪最高水位。

(一)下游无防洪、无错峰要求时的预报调度方式

若出现水库设计标准的入库洪水,防洪调度过程如图4-15所示。洪水来临前为水库预蓄水位 $Z_{预}$,开始降雨时刻 t_0 对应于 a 点;经暴雨径流预报至泄洪开闸时间 t_1,对应于 b、c 点;预蓄水位 $Z_{预}$ 相应的泄流量为 $q_{预}$,对应于 c 点;防洪限制水位相应的泄流量为 $q_{限}$,对应于 d 点。开闸放水的 c 点到 d 点的时间为预泄期 $t_{预}$。d 点时库水位下降至 $Z_{限}$;当泄流过程到 f 点时,根据预报控制泄流拦蓄洪水尾部,使库水位回蓄到 $Z_{预}$。如果入库洪水不是设计洪水,而是预报洪水,也可参照此方法进行调度。

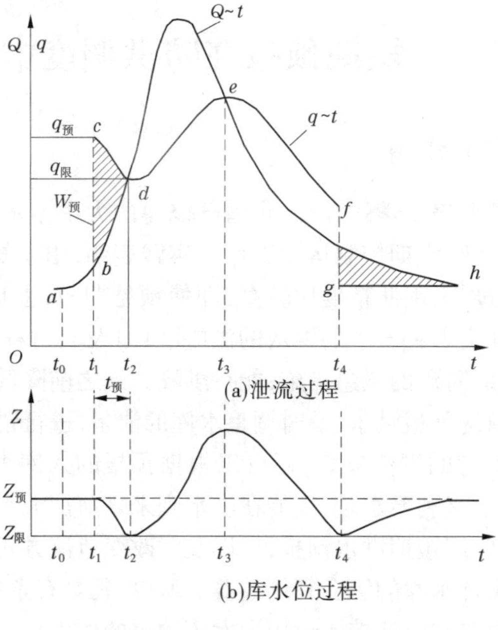

(a)泄流过程

(b)库水位过程

图4-15 下游无防洪、无错峰要求时的预报调度示意图

从图4-15可见,水库预蓄水量 $W_{预}$ 为 bcd 面积,即 $Z_{限}\sim Z_{预}$ 的库容差。$t_0\sim t_1$ 为预报传递时间,传递时间越短则 $W_{预}$ 越大,故采用现代化的通信、计算机技术,加快预报缩短预报传递时间可增加 $W_{预}$。确定 $W_{预}$ 的原则:能在入库洪水流量等于 $q_{限}$ 时,在不影响水库泄洪的情况下,将预蓄水量 $W_{预}$ 泄出。

图4-15中 $q\sim t$ 线所示的短期洪水预报提前泄出的流量应为预见期对应的预报入库流量。采用这种假设进行预泄的前提是入库流量的预报比较精确,否则将不可能确保水库的回蓄。为保证预报预泄方式不至于影响水库的兴利蓄水,可以根据流量预报的误差

情况，合理采用可靠的预泄流量。若流量预报值的相对误差为 ε，根据回蓄可靠的要求，预泄时预报相对误差应取负值，即在考虑预报精度的前提下，提前预泄时采用的流量预报值为乘以小于 1 的系数 $1-\varepsilon$。例如，预报的入库流量为 1 000 m^3/s，预报方案的相对误差为 $\varepsilon=20\%$，那么采用的预泄流量为 $1\,000\times(1-20\%)=800(m^3/s)$。

由图 4-15 可见，水库进行预报预泄的结果可以使水库水位消落到防洪限制水位之下，利用这部分预先腾空的库容可以提高水库的防洪效果。图中 bcd 的面积表示利用预报信息水库预泄的水量，亦即预腾的库容 $W_{预}$。显然，在不考虑预报预泄的情况下，这部分蓄水量应由专设的防洪库容来蓄纳。

需要指出的是，预泄期 $t_{预}$ 的确定应慎重些。图 4-15 中 $Q\sim t$ 过程是由暴雨推求的设计洪水过程，这种过程的 $t_{预}$ 虽然具有典型性，但不一定是最不利的情况。因此，应多找几种历史上发生过的暴雨过程分析 $t_{预}$，为了留有充分余地，应取较短的 $t_{预}$ 值来计算 $W_{预}$，或者求出 $Z_{预}$ 后适当降低一些，一般可取降低值等于一般误差。

以上考虑预报的调度方式，还可以应用于多级固定泄量的分级控泄调洪方式。可以根据预报，提前按高一级固定泄量下泄，而获得与前述预报预泄类似的调度效果。

（二）下游有防洪任务的预报调度方式

水库既有下游防洪要求（洪水标准较低），又有水库本身的防洪任务（洪水标准较高）。当入库洪水超过下游防洪标准时自由泄流。预报预泄流量应考虑下游河道安全泄量的限制。如果存在较大的区间洪水的汇入，还应考虑水库预泄的流量与区间相应流量的组合流量不超过下游河道安全泄量。

在两种防洪标准分级调洪的情况下，应用短期洪水预报的调度方式，如图 4-16 所示。若无水文预报，水库分级调洪的泄流过程为 $abcdef$。但是有了降雨径流预报，可提前判断所出现的洪水大小。泄流时间可由 a 点提前到 a'，c 点提前到 c'，则泄流过程为 $a'b'c'd'e'f'g'f$。可预蓄水量 $W_{预}$ 为面积 $a'abb'$ + 面积 $(bcde-b'c'd'e')Q_m$。同图 4-15 一样，也可以利用预报拦蓄洪水尾部，使水库水位回落到 $Z_{预}$。

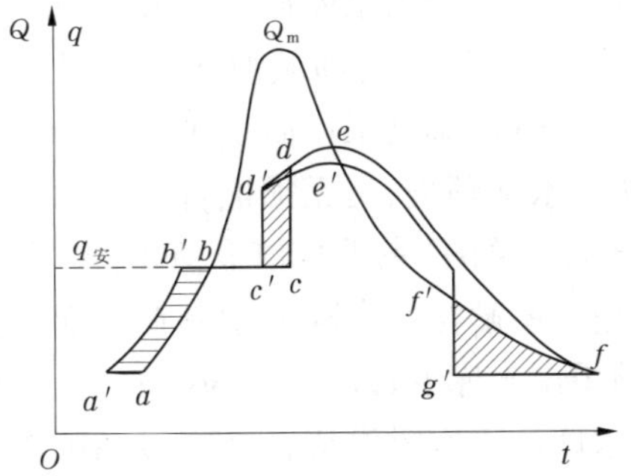

图 4-16　水库分级防洪预报调度示意图

对于开展洪水预报准确率较高，蓄泄运用较灵活的水库，可以采用预报调度。通常，当自水库下泄的流量流至防洪控制点的流达时间大于区间流量流达至防洪控制点的流达时间时，防洪补偿调度应与预报调度相结合，即按区间的预报洪水流量并考虑误差，决定水库补偿泄量。随着水文科学技术水平的提高，防洪预报调度的前景是乐观的。

任务五　中小型水库洪水预报调度

水库洪水预报调度可以简明地定义为依据预报的洪水过程实施防洪调度的方法,它不同于依据实测洪水过程或实际发生的水位实施防洪调度的方法。建立洪水预报调度及相应的预警系统是重要的和有效的防洪非工程措施。洪水预报精度愈高、预报预见期愈长,调度决策耗时愈少,就愈能减小下游洪灾损失(包括采取有效抢险措施及对将产生洪灾区域及时发出预警和组织撤离)。

一、中小型水库的洪水预报调度特点

中小型水库一般流域面积仅几十平方千米,河道短、坡降大,汇流时间短,洪水来势猛。水库上游雨量站点较少,无入库水文站,往往只在坝前设一水文站,测降雨、水位入流,若降雨均匀,这一站的代表性尚可,若降雨分布不均匀,代表性较差,入库流量仅能用坝前实测水位、出库量和损失量反推求出。因此,洪水预报只应用简单方法,预报调度方式及规则亦简单,调洪计算方法也不复杂。

在蓄满产流地区,用暴雨径流相关图预报洪量;在超渗产流地区,可用扣损稳渗量法预报径流量。中小型水库由于流域面积小、降雨特性变化不大,所以入库洪水的峰量关系一般比较稳定,可以根据各次洪水的入库洪峰流量与相应的径流深建立相关关系,即所谓峰、量相关图。应用时,根据已知的径流深即可查出预报的洪峰流量值。一般中小型水库的实测水文资料年限不长,绘制的峰、量关系往往不能满足大洪水时防汛调度的需要。可考虑根据实测资料分析,结合本水库设计洪水的峰、量关系趋势进行高水延长。运用数年积累资料,可根据降雨性质(降雨历时、平均雨强等),绘制2~3条不同的峰、量关系线以提高预报精度。中小型水库一般没有入库站进行流量测验,只能用近似的办法推求入库洪水,一般可将来水过程概化为三角形。预报出入库洪水总量、洪峰及概化为三角形的来水过程以后,进行调洪计算,即可预报出水库最高洪水位、最大泄洪流量及其时间。

中小型水库的调度方式多数很简单,即敞泄式或有闸控制,后者通常在汛期亦不控制,只是汛后为兴利而控制。所以,调洪采用简易法。

为了争取时间,迅速作出水文预报,又无须进行复杂的计算,多数水库常采用洪水预报调度综合相关图(或称合轴相关图)来进行预报,如图4-17所示。它是把入库洪水预报相关图与简易调洪演算三角形图解法结合起来绘制在一起,这便是中小型水库洪水预报调度的主要工具,可随时预报出水库的最高洪水位、最大泄流量,还可随时预报出水库的抗洪能力等。对于中小型水库的洪水溢洪道,无论有无闸门控制,都可以采用。

二、常用洪水预报调度综合相关图的绘制与应用

(一)综合相关图的绘制方法及步骤

下面结合算例,说明其绘制和应用的方法及步骤:

(1)图4-17第一象限。以库水位 Z 为纵坐标、溢洪道的泄流量 q 为横坐标,以闸门开度 e 为参数,绘制 $Z \sim e \sim q$ 关系曲线,其计算过程见表4-7。

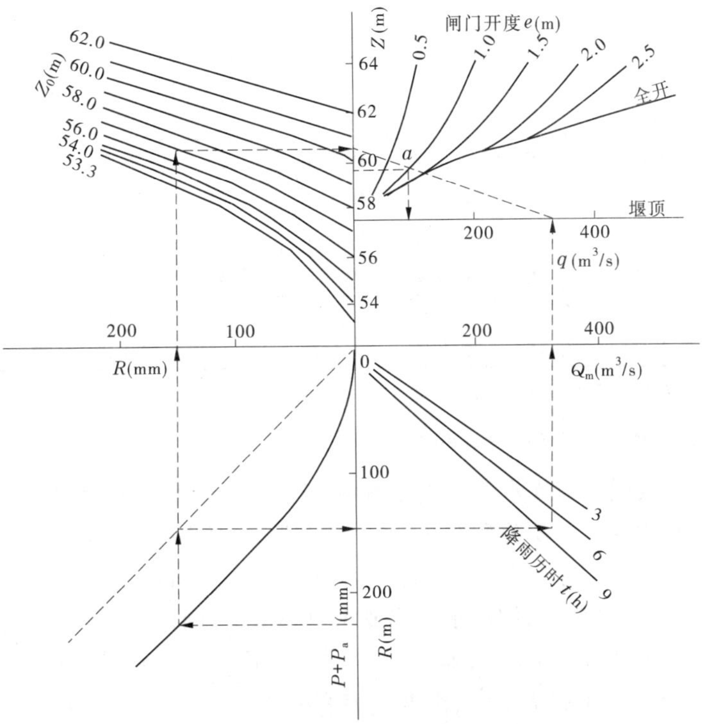

图 4-17 某水库洪水预报综合相关图

表 4-7 某水库溢洪道闸门不同开度的泄流曲线计算

库水位 Z(m)	水头 H_i(m)	闸门开度 e(m)	e/H	$0.186e/H$	μ	$\mu\sqrt{2g}$	eB (m^3)	$\sqrt{H}$	q (m^3/s)
①	②	③	④	⑤	⑥	⑦	⑧	⑨	⑩
58.0	0.52	0.5	0.96						
59.0	1.52	0.5	0.33	0.061	0.589	2.61	14.0	1.23	44.9
60.0	2.52	0.5	0.20	0.037	0.613	2.72	14.0	1.59	60.5
61.0	3.52	0.5	0.14	0.026	0.624	2.76	14.0	1.88	72.6
62.0	4.52	0.5	0.11	0.020	0.630	2.79	14.0	2.13	83.2
59.0	1.52	1.0	0.66	0.123	0.527	2.33	28.0	1.23	80.2
60.0	2.52	1.0	0.40	0.074	0.576	2.55	28.0	1.59	114
61.0	3.52	1.0	0.28	0.052	0.589	2.61	28.0	1.88	137
62.0	4.52	1.0	0.22	0.041	0.609	2.70	28.0	2.13	161
60.0	2.52	1.5	0.60	0.112	0.538	2.36	42.0	1.59	159
61.0	3.52	1.5	0.43	0.080	0.570	2.53	42.0	1.88	200
62.0	4.52	1.5	0.33	0.061	0.589	2.61	42.0	2.13	233
63.0	5.52	1.5	0.27	0.050	0.600	2.66	42.0	2.35	263

续表 4-7

库水位 Z(m)	水头 H_i(m)	闸门开度 e(m)	e/H	$0.186e/H$	μ	$\mu\sqrt{2g}$	eB (m^3)	$\sqrt{H}$	q (m^3/s)
①	②	③	④	⑤	⑥	⑦	⑧	⑨	⑩
60.0	2.52	2.0	0.79	0.147	0.503	2.23	56.0	1.59	199
61.0	3.52	2.0	0.57	0.106	0.544	2.41	56.0	1.88	254
62.0	4.52	2.0	0.44	0.082	0.568	2.52	56.0	2.13	301
63.0	5.52	2.0	0.36	0.067	0.581	2.57	56.0	2.35	338
61.0	3.52	2.5	0.71	0.132	0.518	2.29	70.0	1.88	301
63.0	5.52	2.5	0.45	0.084	0.566	2.51	70.0	2.35	413

注:1. 溢洪道堰顶高程 57.48 m;7 孔平面闸门,总净宽 $B=4\times7=28$(m)。

2. 实用堰顶平面闸孔泄流量 $q=\mu eB\sqrt{2gH}$,$\mu=0.65-0.186\dfrac{e}{H}$。

(2)图 4-17 第二象限。以库水位 Z 为纵坐标、径流深 R 为横坐标,开始起涨时的库水位 Z_0 为参数,绘制 $R\sim Z_0\sim Z$ 关系曲线,其计算过程见表 4-8。从死水位 53.3 m 至设计洪水位 62.52 m,假设不同的库水位,查库容曲线得相应的 V_0;拟定不同的 R(20,40,…),算出相应的洪水总量 W,假定水库不放水也不泄洪,则得出不同的蓄水库容 V,按公式 $V=V_0+W=V_0+0.1RF$(万 m^3),如 $V_0=84$ 万 m^3,$R=20$ mm,流域面积 $F=62$ km^2,则 $V=84+0.1\times20\times62=208$(万 m^3);由 V 查库容曲线得 Z,如由 208 万 m^3 查得库水位 $Z=54.7$m;以 Z_0 为参数,由 R 与 Z 点绘在第二象限即得 $R\sim Z_0\sim Z$ 关系曲线。

表 4-8 某水库 $R\sim Z_0\sim Z$ 关系曲线计算($F=62$ km^2)

起涨水位 Z_0	相应库容 V_0	径流深 R(mm)											
		20		40		80		120		160		200	
		Z	V	Z	V	Z	V	Z	V	Z	V	Z	V
53.3	84	54.7	208	55.7	332	57.2	580	58.3	828	59.2	1 076	60.1	1 324
54.0	140	55.2	264	56.0	388	57.4	636	58.5	884	59.4	1 132	60.3	1 380
55.0	247	55.9	371	56.7	495	57.9	743	58.9	991	59.8	1 239	60.6	1 487
56.0	386	56.8	510	57.4	634	58.4	882	59.4	1 130	60.3	1 378	61.0	1 626
57.0	561	57.7	685	58.2	809	59.2	1 057	60.0	1 305	60.8	1 553	61.5	1 801
58.0	770	58.5	894	59.0	1 018	59.9	1 266	60.7	1 514	61.4	1 762	62.1	2 010
59.0	1 017	59.4	1 141	59.9	1 265	60.7	1 513	61.4	1 761	62.1	2 009	62.7	2 257
60.0	1 300	60.4	1 424	60.8	1 548	61.5	1 796	62.2	2 044	62.8	2 292	63.4	2 540
61.0	1 621	61.3	1 745	61.9	1 869	62.4	2 117	63.0	2 365	63.6	2 613	64.1	2 861
62.0	1 980	62.3	2 104	62.7	2 228	63.2	2 476	63.8	2 724	64.3	2 972	64.8	3 220

注:表中 Z_0、Z 单位为 m,V_0、V 单位为万 m^3。

(3)图 4-17 第三象限。以流域平均降雨量加前期影响雨量 $P+P_a$ 为纵坐标,以 R 为横坐标,绘制降雨径流相关图。通常应采用本库的实测雨洪资料绘制,如缺乏资料,可借用相邻流域或附近地区水库、水文站的相关图资料。

(4)图 4-17 第四象限。以洪水总量相应的径流深 R 为纵坐标,降雨历时 t 为参数,入

库洪峰流量 Q_m 为横坐标，绘制 $Q_m \sim t \sim R$ 相关图。

应指出，图 4-17 类型适用于起调水位刚好为堰顶高程或低于堰顶高程且峰前量可蓄至堰顶高程。

（二）综合相关图的应用

有了综合相关图，当已知流域的平均降雨量及其前期影响雨量 P_a 之后，根据当时水库的起涨水位，溢洪闸门的开度等，即可利用综合相关图进行预报。

例如，假定 8 月 2 日的起调水位 $Z_0 = 56.7$ m，流域平均降雨量 $P = 180$ mm，前期影响雨量 $P_a = 48$ mm，$t = 8$ h。要求预报该次洪水的最高库水位 Z_m 及相应的最大泄洪流量 q_m。

（1）水库不泄洪的情况。由 $P + P_a = 228$ mm，在第三象限降雨径流相关图上查得径流深 $R = 150$ mm；在第二象限 $R \sim Z_0 \sim Z$ 关系曲线上，由 $R = 150$ mm 向上交 $Z_0 = 56.7$ m（内插），再向右交纵坐标的 $Z_m = 60.4$ m，即为不泄洪的最高库水位。

（2）水库泄洪的情况。应用图 4-17，在第四象限由 $R = 150$ mm 向右交 $t = 8$ h（内插），再向上得该场暴雨形成的洪峰流量 $Q_m = 340$ m^3/s；继续向上交 q 坐标于 340 m^3/s，与不泄洪得出的 $Z_m = 60.4$ m 连线；连线交闸门开度 $e = 1.0$ m 线于 a 点，则纵坐标 $Z_m = 59.6$ m，横坐标 $q_m = 90$ m^3/s，即 $e = 1.0$ m 时的最高库水位和最大下泄流量。

该连线交 $e = 0.5$ m 线，其交点的纵、横坐标值，即是闸门开度为 0.5 m 时的 $Z_m = 59.9$ m 和 $q_m = 55$ m^3/s。

对于该场洪水，若闸门全开，则 $Z_m = 59.3$ m，$q_m = 120$ m^3/s。

对于该场洪水，若控制泄流量 $q_m = 50$ m^3/s，则从图中第一象限，由 $q_m = 50$ m^3/s 向上交连线（即 340 m^3/s 与 60.4 m 的连线），再向左得 $Z_m = 59.95$ m。

三、中小型水库的抗洪能力

水库抗洪能力就是水库在某一水位情况下，实际能抗御多大暴雨洪水的能力。当库水位较低、空库容较大时，水库就能拦蓄较大的洪水，即使降雨量较大也比较安全，则水库的抗洪能力就大；反之，当库水位较高，能拦蓄的洪量就小，水库的抗洪能力也就小，则危险性就大。所以，对已建成水库来说，某时刻的抗洪能力主要取决于当时的水库水位。

对于中小型水库，为了随时掌握水库的汛情，在水库的坝高、库容、溢洪道底高程及宽度一定的情况下，预先将水库各级蓄水位以下的拦洪能力，以允许最大降雨量来表示，直接编制成较简易的抗洪能力查算图表，就可以根据流域发生的雨情、水情进行查算，迅速分析水库安全状况，取得防洪的主动性，使水库进行科学的防洪调度，确保水库安全度汛。

抗洪能力查算图表的形式很多，下面结合实例介绍水库允许最大降雨量（水库抗洪能力）查算表的制作方法：

（1）水库不泄洪情况下的抗洪能力分析。如表 4-9 所示，空余库容为允许最高水位下的库容与起调水位时的库容之差；空余库容折合为径流深，由 $R = W/0.1F$ 计算；降雨量加前期影响雨量 $P + P_a$，由 R 在图 4-17 中第三象限查得；假定 $P_a = 0, 10, 20, \cdots$，水库允许最大降雨量 P，由公式 $P = (P + P_a) - P_a$ 计算，如 $P + P_a = 412$ mm，$P_a = 10$ mm，则 $P = 412 - 10 = 402$（mm）。

表 4-9　某水库不泄洪情况下的抗洪能力(允许最大降雨量)查算表

起涨水位 Z (m)	相应库容(万 m^3)	允许最高水位(m)	相应库容(万 m^3)	空余库容 W(万 m^3)	空余库容折合径流深 R (mm)	在相关图中查得 $P+P_a$ (mm)	不同 P_a 的水库允许最大降雨量 P(mm)								
							0	10	20	30	40	50	60	70	80
54.0	140	62.52	2 195	2 055	331	412	412	402	392	382	372	362	352	342	332
55.0	247	62.52	2 195	1 948	314	395	395	385	375	365	355	345	335	325	315
56.0	386	62.52	2 195	1 809	292	376	376	366	356	346	336	326	316	306	296
57.0	561	62.52	2 195	1 634	264	345	345	335	325	315	305	295	285	275	265
58.0	770	62.52	2 195	1 425	230	310	310	300	290	280	270	260	250	240	230
59.0	1 017	62.52	2 195	1 178	190	270	270	260	250	240	230	220	210	200	190
60.0	1 300	62.52	2 195	895	144	225	225	215	205	195	185	175	165	155	145
61.0	1 621	62.52	2 195	574	93	174	174	164	154	144	134	124	114	104	94
62.0	1 980	62.52	2 195	215	35	106	106	96	86	76	66	56	46	36	26

注:$F=62\ km^2$,$I_m=80$ mm。

(2)水库泄洪情况下的抗洪能力分析。如表 4-10 所示,其允许最大降雨量的计算方法与表 4-9 的计算方法基本相同。不同的仅是:将泄流量相应的水量折合为径流深,加在某起涨水位以上空余库容所折合的径流深上,得总径流深;然后从降雨径流相关图中,用总径流深查出 $P+P_a$ 值;最后算出最大降雨量 P 值。表 4-10 中列出了各起涨水位在不同泄流量情况下,水库允许的最大降雨量计算成果。

表 4-10　某水库泄洪情况下的抗洪能力(允许最大降雨量)查算表

起涨水位 Z (m)	相应库容(万 m^3)	允许最高水位(m)	相应库容(万 m^3)	空余库容 W(万 m^3)	空余库容折合径流深 R (mm)	在相关图中查得 $P+P_a$ (mm)	不同泄流量 q(m^3/s)的水库允许最大降雨量 P(mm)							
							$q=25$		$q=50$		$q=75$		$q=100$	
							折合 R	查算得 P	折合 R	查算得 P	折合 R	查算得 P	折合 R	查算得 P
54.0	140	62.52	2 195	2 055	331	412	52.3	463	105	517	157	568	209	620
55.0	247	62.52	2 195	1 948	314	395	52.3	448	105	499	157	551	209	603
56.0	386	62.52	2 195	1 809	292	376	52.3	426	105	478	157	529	209	581
57.0	561	62.52	2 195	1 634	264	345	52.3	396	105	449	157	501	209	554
58.0	770	62.52	2 195	1 425	230	310	52.3	362	105	415	157	467	209	519
59.0	1 017	62.52	2 195	1 178	190	270	52.3	322	105	375	157	427	209	479
60.0	1 300	62.52	2 195	895	144	225	52.3	276	105	329	157	381	209	435
61.0	1 621	62.52	2 195	574	93	174	52.3	225	105	278	157	330	209	382
62.0	1 980	62.52	2 195	215	35	106	52.3	167	105	220	157	272	209	324
62.5	2 180	62.52	2195	15	2.4	20	52.3	132	105	188	157	240	209	292

注:$F=62\ km^2$,泄流历时 $\Delta t=36$ h,$P_a=0$。

关于水库泄流历时 Δt，需要考虑库容大小、水库泄流、下游防洪，以及流域面积、入库洪水涨落等因素，拟订 $\Delta t = 30$ h、36 h、42 h 等方案，分别计算出三种抗洪能力查算图表，以便在不同泄洪情况下查用。

现在以泄流历时 $\Delta t = 36$ h 举例说明：起涨时水库的水位为 54.0 m，36 h 内平均泄流量 $q = 25\ m^3/s$，则泄流量 $W_{泄} = 0.36q\Delta t = 0.36 \times 25 \times 36 = 324$（万 m^3），折合成径流深 $R = 324/(0.1F) = 324/(0.1 \times 62) = 52.3$（mm）；将 52.3 mm 加在空余库容折合的径流深上，即总径流深 $= 331 + 52.3 = 383.3$（mm）；再用 383.3 mm 查图 4-17 中第三象限，得 $P + P_a = 463$ mm；当 $P_a = 0$ 时，则 $P = 463$ mm，即为 $P_a = 0$、泄流量 $q = 25\ m^3/s$ 的情况下，水库允许最大降雨量 463 mm。其余算法相同。

（3）绘制抗洪能力（允许最大降雨量）查算图表。由表 4-9，以起涨水位 Z 为横坐标、允许最大降雨量 P 为纵坐标、前期影响雨量 P_a 为参数，点绘 $Z \sim P_a \sim P$ 相关图，如图 4-18(a) 所示，即为水库不泄洪情况下的抗洪能力查算图。

由表 4-10，以不泄洪情况下允许最大降雨量 $P + P_a$ 为纵坐标、泄洪情况下允许最大降雨量 P 为横坐标、泄流量 q 为参数，点绘相关线，如图 4-18(b) 所示。

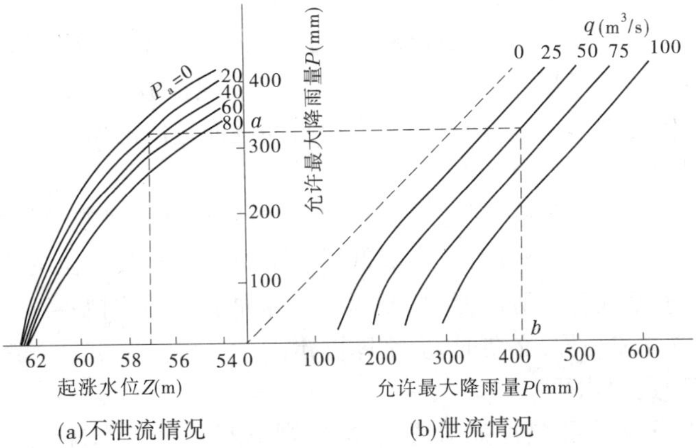

图 4-18　水库的抗洪能力（允许最大降雨量）查算图

（$\Delta t = 36$ h，水库允许最高水位 $Z = 62.52$ m）

（4）抗洪能力查算图的应用。①如起涨水位 $Z = 57.0$ m、$P_a = 20$ mm，求水库不泄洪情况下的允许最大降雨量 P。查图 4-18(a)，由 $Z = 57.0$ m 向上交 $P_a = 20$ mm 线，向右交纵坐标于 a 点，得 $P = 320$ mm。②如起涨水位 Z 与 P_a 不变，水库的 $\Delta t = 36$ h 内的泄流量 $q = 50\ m^3/s$，求其允许最大降雨量 P。由 a 点向右交 $q = 50\ m^3/s$ 线，再向下交横坐标于 b 点，得 $P = 416$ mm。

水库抗洪能力图表简易明了，应用方便，适合于广大中小型水库使用。在汛期，根据气象预报或实测的降雨量，就可以判断出水库的防洪能力是否足够，以便及时采取措施。

应当指出，应用洪水预报调度综合相关图查出的调洪结果，必须待本次降雨全部结束并接到雨情信息后才能做出。因此，开闸泄洪必须在水库开始涨洪时刻。通常降雨结束时间离峰现时间（与流域面积大小等因素有关）越长，预报调度效益越大，因为这样可有充足时间组织抗洪抢险；若情况相反，则效益越差。所以，在应用预报综合图时要考虑这种情况。当然也可以边下雨,边预报未来降雨量,边预报水库的最高水位、最大泄流量,边预报水库具有的抗洪能力,及时为决策层提供参考性的信息,做好抗洪抢险的准备工作,直至雨止后再提供修正信息。

四、提高水库防洪能力的措施

(一)扩大溢洪道的宣泄能力

一般来讲,扩大溢洪道的宣泄能力主要是加宽、加深溢洪道。当然,溢洪道宽度的加大,使工程造价的加大也比较显著,因此需要进行方案的比较。溢洪道加深,同样可以增加下泄流量,但单宽流量受地质条件及下游消能设施的控制,同时兴利库容也相对减小。为解决防洪与兴利的矛盾,可以在溢洪道上设置闸门。除此之外,还必须清除溢洪道内的阻水建筑物,如阻水桥墩、拦鱼设备、岸坡塌方等。

(二)修建非常溢洪道

为了抗御特大洪水,确保工程安全,除主溢洪道外,还可以在合适的地方修建非常溢洪道或设置辅助溢洪道,分级泄洪。

(三)改建、扩建大坝工程

改建、扩建大坝主要是加高大坝或修建防浪墙,加大水库的滞洪库容,增加溢洪水头及溢洪道泄量,防止洪水漫顶。另外,也要加固整修土坝护坡,以及消除隐患,处理裂缝,疏通下游排水等,保证坝体稳定,防止因工程质量问题而造成的垮坝。

(四)限制汛期蓄水

如果水库的各种改建措施一时还难以实现,溢洪道尚达不到复核标准,大坝质量问题还来不及处理,为保证水库安全度汛,应降低限制水位运用。其水位的确定需按复核标准的设计洪水,根据水库现有的泄流能力,经调洪演算而求得,同时要考虑大坝工程质量,尤其是隐患病害的位置和高程,必要时,应空库度汛。

(五)提高管理运用水平

提高管理运用水平主要是加强雨情、水情的观测和预报工作,健全通信及警报系统,严格执行调度运用方案,做好防汛准备工作等,这些都是安全保坝的有效措施。

复习思考题

1. 防洪调度图由哪几条线组成?它包括几个调洪区?
2. 试述防洪与兴利三种典型结合情况下的防洪调度图的特点。
3. 如何确定水库防洪调度区?
4. 洪水分期的依据是什么?试举例说明。
5. 防洪限制水位如何确定?汛期各阶段防洪限制水位如何连接过渡?
6. 水库调洪方式分哪几种?怎样进行错峰调洪?
7. 试述水库防洪补偿调度的基本含义。
8. 什么是水库调洪规则?试述按不同洪水判别条件决定调洪规则的几种方法。
9. 编制水库防洪调度规则要注意哪几点?
10. 什么是水库防洪预报调度?水库防洪预报调度如何分类?

项目五　水库的综合利用调度

一般来说，水库可能担负的任务包括防洪、灌溉、发电、给水、航运、养殖、旅游等。凡是为多目标服务的水库，均属综合利用水库。

综合利用水库各用水部门，如防洪、灌溉、发电、给水、航运、养殖、旅游等，都有各自的用水要求。它们在用水数量、时间和质量方面有相互适应的一面，也有相互矛盾的一面。如何处理好它们之间的矛盾，协调好相互之间的关系，在最大限度满足各自用水要求的前提下，达到水库综合利用效益最大，是本项目所研究的问题。鉴于单一目标防洪、发电和灌溉水库的调度已在前个几项目中作了介绍，本项目将着重阐述防洪与兴利结合、发电与灌溉结合、水库的生态与环境、多沙河流及其他要求下的水库调度五个方面的问题。

任务一　防洪与兴利结合的水库调度

担负有下游防洪任务和兴利（发电、灌溉等）任务的水库，调度的原则是在确保大坝安全的前提下，用防洪库容来优先满足下游防洪要求，并充分发挥兴利效益。在这一原则指导下，拟订防洪与兴利结合的运行方案。

一、防洪库容与兴利库容的结合形式

兼有防洪和兴利任务的水库，其防洪库容和兴利库容结合的形式主要有以下三种。

（一）防洪库容与兴利库容完全分开

这种形式即防洪限制水位和正常蓄水位重合，防洪库容位于兴利库容之上，如图 5-1（a）所示。

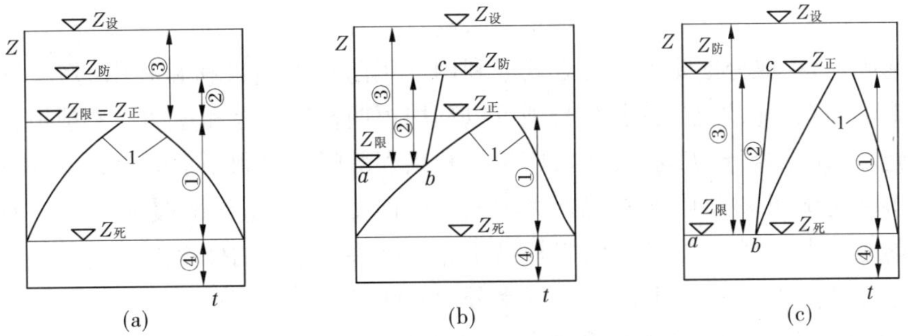

1—防破坏线；*abc*—防洪调度线；

①—兴利库容；②—防洪库容；③—调洪库容；④—死库容

图 5-1　防洪库容与兴利库容的结合形式

(二)防洪库容与兴利库容部分重叠

这种形式即防洪限制水位在正常蓄水位和死水位之间,防洪高水位在正常蓄水位之上,如图5-1(b)所示。

(三)防洪库容与兴利库容完全结合

这种形式中最常见的是防洪库容和兴利库容全部重叠的情况,即防洪高水位与正常蓄水位相同,防洪限制水位与死水位相同,如图5-1(c)所示。

此外,还有防洪库容是兴利库容的一部分和兴利库容是防洪库容的一部分两种情况。前者是防洪高水位与正常蓄水位重合,防洪限制水位在死水位与正常蓄水位之间。后者是防洪限制水位与死水位重合,防洪高水位在正常蓄水位之上。

三种形式中的第一种,由于全年都预留有满足防洪要求的防洪库容,防洪调度并不干扰兴利的蓄水时间和蓄水方式,因而水库调度简便、安全。但其缺点是由于汛期水位往往低于正常蓄水位,实际运行水位与正常蓄水位之间的库容可用于防洪,因而专设防洪库容并未得到充分利用。所以,这种形式只在降雨成因和洪水季节无明显规律、流域面积较小的山区河流水库,或者是因条件限制,泄洪设备无闸门控制的中、小型水库才采用。至于后两种形式,都是在汛期才留有足够的防洪库容,并且都有防洪与兴利共用的库容,正好弥补了第一种形式的不足。但也正是有共用库容,所以需要研究同时满足防洪与兴利要求的调度问题。前已述及,我国大部分的河流是雨源型河流,洪水在年内分配上都有明显的季节性,如长江中游主汛期为6~9月,黄河中下游主汛期为7~9月。因此,水库只需在主汛期预留足够的防洪库容,以调节可能发生的洪水,而汛后可利用余水充蓄部分或全部防洪库容,从而提高兴利效益。所以,对于降雨成因和洪水季节有明显规律的水库,应尽量选择防洪库容和兴利库容相结合的形式。

二、防洪和兴利结合的水库调度

(一)防洪和兴利结合的水库调度措施

兼有防洪和兴利任务的综合利用水库,在水库调度中,协调防洪与兴利矛盾的原则应是在确保水库大坝安全的前提下,尽量使兴利效益最大。为此,需要在研究掌握径流变化规律的基础上,采取分期防洪调度方式或利用专用防洪库容兴利和利用部分兴利库容防洪等措施。而在一次洪水的调度中,则可以利用短期径流预报和短期气象预报,采用预蓄预泄措施。因防洪需要提前预泄时,应尽量和兴利部门的兴利用水结合起来,增加兴利效益。对于临近汛期末的预泄,在确保大坝安全的前提下,可适当减缓库水位的消落速度,延长消落至防洪限制水位的时间,以提高汛后蓄满兴利库容的概率。

对于分期洪水大小有明显区别、洪水分期时间稳定的水库:

(1)在不降低工程安全标准和满足下游防洪要求的前提下,可设置分期防洪限制水位。根据分期洪水设置汛期分期防洪限制水位时,分期洪水时段的划分应根据洪水成因和雨情、水情的季节变化规律确定,时段不宜过短,两期限制水位的衔接处宜设过渡段。

(2)库区有重要防护对象的水库,可设置库区防洪控制水位。设置库区防洪控制水位时,应分析其对水库防洪任务的影响,并兼顾防洪和兴利要求拟定水库调度方式。

（二）防洪和兴利结合的水库调度图绘制与调度方式

防洪和兴利相结合的水库，其正常运行方式也需要通过水库调度图来控制实现，即也需要利用水库调度图来合理解决防洪和兴利在库容利用上的矛盾，并以调度图作为依据，来编制水库兴利年度计划和拟定防洪调度方式。因此，研究防洪和兴利相结合的水库调度，也需要从正确地拟定其调度图开始。

单一的防洪调度图和兴利调度图的绘制方法，已在前文中作了介绍。对于防洪和兴利相结合的水库，需要重点研究的是防洪调度线与兴利调度线组合在一起时，如何来调整两者之间不协调的问题。

对于防洪库容和兴利库容完全分开的综合利用水库，防洪调度线与兴利调度线并不相互干扰，可按前述单一任务的方法分别绘制，如图 5-1(a)所示。

对于防洪库容和兴利库容有部分重叠的综合利用水库，在分别绘制防洪调度线和兴利调度线后，若两种调度线不相交或仅相交于一点，如图 5-2(a)、(b)所示，则它们就是既满足防洪要求又满足兴利要求的综合调度图。在这种情况下，汛期因防洪要求而限制的兴利蓄水位，并不影响兴利的保证运行方式，而仅影响发电水库的季节性电能。若防洪调度线和兴利的防破坏线(即上基本调度线)各自包围的运行区相交，如图 5-2(c)所示，则表示汛期若按兴利要求蓄水，蓄水位将超过防洪限制水位，而不能满足下游的防洪要求；若汛期控制蓄水位不超过防洪限制水位，汛后将不能保证设计保证率以内年份的正常供水，影响到兴利效益的发挥，对于这种兴利和防洪不相协调的情况，可作如下处理：

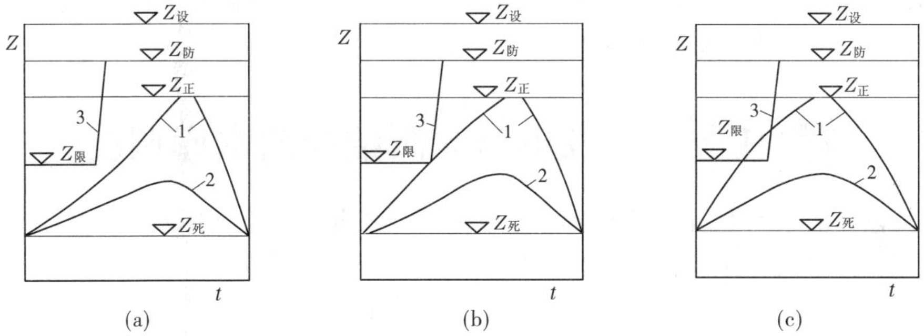

1—防破坏线；2—限制供水线；3—防洪调度线

图 5-2　防洪和兴利综合调度图示意

若水库以兴利为主，则兴利保证运行方式应予保证，即不变动原设计的防破坏线位置，调度图如图 5-3 (a)所示。可根据防洪限制蓄水的截止时间 t_P，求得防破坏线相应时间的 b 点，b 点水位为满足水库充蓄的防洪限制水位。如仍要满足防洪要求，则防洪高水位必须抬高，使修改后的防洪库容仍等于原设计的防洪库容，则图 5-3 (b)即为修改后的调度图。显然，前者将降低防洪效益，后者要看水库条件是否允许。

若水库以防洪为主，在满足防洪要求情况下，各兴利任务调度方式如下：

(1)保证运行方式。来水频率在各开发任务设计保证率范围内的时段，应使各开发任务达到正常供水量；来水频率在各开发任务设计保证率中间的时段，设计保证率高于等于水库来水频率的开发任务正常供水，其他开发任务减少供水；水库来水频率高于各开发

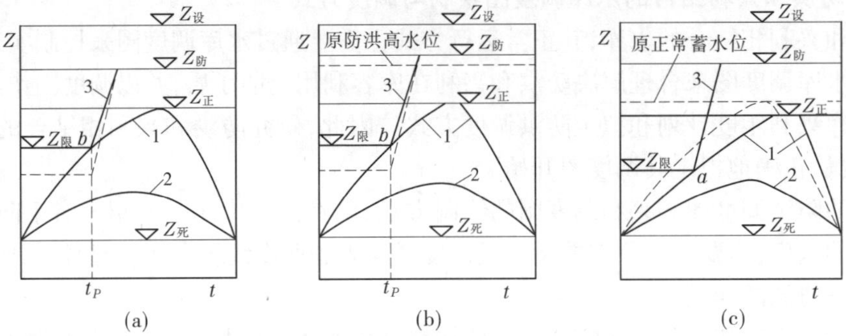

1—防破坏线;2—限制供水线;3—防洪调度线

图 5-3　防洪与兴利调度线协调组合图示意

任务设计保证率时,按降低供水方式调度设计。

(2)加大供水方式。在丰水年或丰水段,应根据水库能力按开发任务次序向各兴利任务加大供水。

(3)降低供水方式。在特枯年份或时段,可按各兴利任务的次序和保证率的高低分别减少供水。在这种供水方式下,应保持防洪调度线不变,修正兴利调度线,即将防破坏线下移,正常蓄水位降低,所调整后的调度图如图 5-3(c)所示。显然,修正后的调度图,降低了兴利效益,但满足了防洪要求。具体调整方法是:以设计枯水年入库径流资料为来水过程,以降低后的用水为供水过程,以 a 点作为控制点,进行调节计算,所得的与防洪调度线正好相交于 a 点的防破坏线及降低后的正常蓄水位线即是。

任务二　发电与灌溉结合的水库调度

各地已建的水库中,兼有发电和灌溉双重兴利任务的综合利用水库为数不少。这类综合利用水库中,有的以发电为主兼顾灌溉,有的以灌溉为主兼顾发电。而灌溉引水既有库内引水方式,也有坝下引水方式。至于发电和灌溉的设计保证率也往往不一样,一般都是发电设计保证率要高一些。针对这些情况,如何处理好发电与灌溉的关系,拟定正确的调度方式,就是本任务所要介绍的内容。

一、发电与灌溉结合的水库的供水原则和调度要求

(一)发电与灌溉结合的水库的供水原则

兼有发电和灌溉双重兴利任务的综合利用水库,由于发电和灌溉的设计保证率不同,因而其保证供水方式不同于单一兴利任务的水库。一般来讲,对于灌溉设计保证率以内年份,应保证灌溉正常供水,在此前提下力争多发电,增加发电效益;对于两者设计保证率之间的年份,灌溉需降低供水,而发电仍按保证电能供水;对于发电设计保证率以外的特枯年份,发电和灌溉均应降低供水。这种区别不同设计保证率年份的供水方式称为两级调节。在拟定水库的调度方式时,应根据这一供水原则,结合兴利任务的主次和引水方式来统一考虑。

（二）发电与灌溉结合的水库的调度要求

1. 灌溉引水方式对水库调度的要求

当灌溉是库内引水时，灌溉用水无法与发电用水结合，两者不仅在水量分配上有矛盾，而且对库水位也有各自的要求。但为了保证灌溉季节的引水灌溉，在此时期内的库区水位不能低于渠首的引水高程。这是在水库调度中必须予以注意的。至于水量的分配，可以结合来水情况和兴利任务的主次来合理确定。

当灌溉是坝下引水时，发电与灌溉用水是可以结合的，即发电后的尾水可用于灌溉。这时，灌溉渠首的引水位将取决于下游尾水位。因此，加大发电引用流量增发电能和加大灌溉供水是一致的。只是在灌溉用水高峰季节，灌溉供水量才有可能超过电站的最大供水能力。

2. 兴利任务主次对水库调度的要求

兴利任务的主次是影响水库调度方式的关键因素之一。对于主要任务的用水要求，在拟定其保证运行方式时，一般应首先予以满足。如以灌溉（供水）为主的水库，发电一般是为获取季节性电能，在非灌溉季节和自库内引灌的灌溉季节，为保证灌溉正常供水，电站可以停止工作，水库调度可按单一灌溉水库进行。对于以发电为主的水库，在灌溉用水占比重较小且自库内引水时，灌溉用水可按限制条件处理，水库调度也可按单一发电水库进行；承担坝下引水灌溉任务时，可利用发电后的水量灌溉，在灌溉用水高峰时段，宜减小发电流量的变幅，尽量满足灌溉取水要求。如果是发电和灌溉并重的水库，或自库内引水灌溉用水量所占比重较大时，则应按两级调节原则分配水量。只是在丰水年和丰水季，由于发电效益与供水量呈线性关系，而灌溉在满足正常供水后，再增加供水量效益却增加很少甚至不增加，因此不论兴利任务的主次，只要灌溉面积不能扩大，就应在保证正常供水和蓄水的前提下，尽量用余水多发电。

二、发电与灌溉结合的水库调度图的绘制

（一）自库内引水灌溉的年调节水库两级调度图的绘制

发电和灌溉结合的水库调度图，通常称为两级调节调度图。两级调节调度图的组成与分区和单一兴利水库的调度图相类似，所不同的是防破坏线由两级调节上、下调配线代替。现着重介绍自库内引水灌溉的年调节水库两级调度图的绘制方法。

1. 上、下调配线的绘制

（1）绘制相应发电设计保证率 P_1 和灌溉设计保证率 P_2 的年水量平衡图，如图5-4所示。其中，图5-4（a）为相应 P_1 年份的需水量图。这种年份，电站按保证电能工作正常供水，而灌溉需水量按需水过程乘以一定百分比（如70%～80%）求得，两者之和为总需水过程。与采用年水量相应频率为 P_1 的典型年来水过程进行水量平衡计算，求得所需调节库容为 V_1。图5-4（b）为相应 P_2 年份的需水量图。这种年份，电站仍按保证电能工作正常供水，而灌溉也是按需水过程正常供水。两者之和为总需水过程。与采用年水量相应频率为 P_2 的典型年来水过程进行水量平衡计算，求得所需调节库容为 V_2。

（2）绘制上、下基本调度线。根据上述两级调节供需水量平衡图，分 $V_1 > V_2$ 和 $V_1 < V_2$ 两种情况进行绘制。

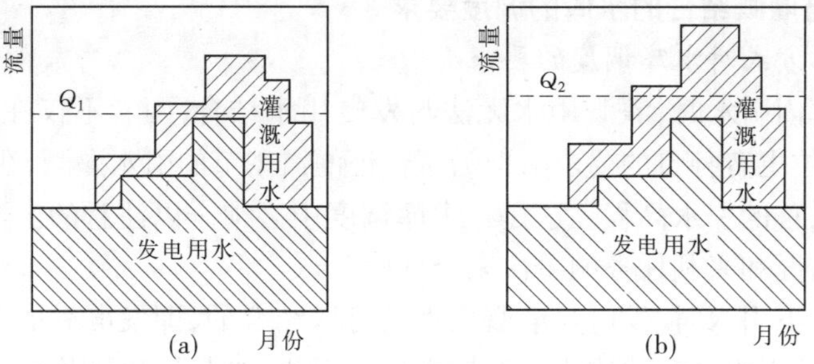

图 5-4　两级调节供需水量平衡示意图

若 $V_1 > V_2$,即高保证率低供水所需库容大于低保证率高供水所需库容,则水库的兴利库容应等于 V_1。以相应于 P_1 的年水量过程为来水过程,图 5-4(a)的发电正常供水与折扣后的灌溉需水量之和为用水过程,自供水期末死水位开始进行逆时序调节计算,要求于蓄水期初消落至死水位,所得的库水位过程线即为两级调节的下调配线,如图 5-5(a)中的 1 线。然后,以相应于 P_2 的年水量过程为来水过程,如图 5-4(b)的发电与灌溉均正常供水的总需水量之和为用水过程,自供水期末,起始水位为自正常蓄水位以下相应 V_2 的水位,进行逆时序调节计算,而蓄水期则由此水位开始作顺时序调节计算,所得的库水位过程线即为两级调节的上调配线,如图 5-5(a)中的 2 线。

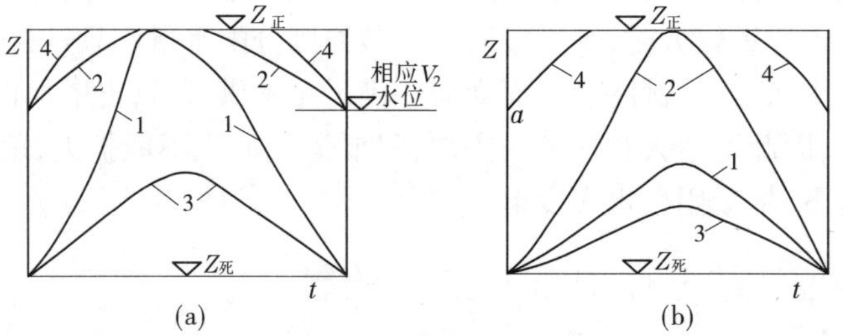

1—下调配线;2—上调配线;3—限制供水线;4—防弃水线

图 5-5　两级调节水库调度图

若 $V_2 > V_1$,即低保证率高供水所需库容大于高保证率低供水所需库容,则水库的兴利库容应等于 V_2。调节计算方法与上面的类同,仅是上、下调配线的起始和终止水位均为死水位。上、下调配线如图 5-5(b)中的 1 线、2 线。

如果天然来水年内变化较大,则可各选接近 P_1 和 P_2 的若干典型年份,分别按上述调节方法计算,然后取各自典型年组的外包线作为上、下调配线。

2. 限制供水线的绘制

两级调节调度的限制供水线的绘制与单一兴利水库相类似。可以相应于 P_1 年份的径流过程作为来水过程,以发电用水和灌溉用水均乘以一百分比作为用水过程,自死水位和供水期末进行逆时序调节计算,要求蓄水期初消落至死水位,所得的库水位过程即为限制供水线,也可以取上述绘制下调配线典型年组的内包线作为限制供水线,如图 5-5(a)、(b)中的 3 线。

3. 防弃水线的绘制

两级调节水库的防弃水线的绘制与单一发电水库相同。仅在灌溉季节，水库供水量应为电站最大过水能力和灌溉需水量之和。此线如图 5-5(a)、(b)中的 4 线。显然，该线总是高于上调配线。但起点水位与终点水位在 $V_1 > V_2$ 情况时与上调配线重合，即对于 $V_1 > V_2$ 的情况，防弃水线调节计算的起点即为自正常蓄水位以下相应 V_2 的水位，如图 5-5(a)所示。而对于 $V_2 > V_1$ 的情况，绘制防弃水线时，应选用年水量的保证率为 $1-P_2$ 的典型年入库径流过程，自蓄水期末由正常蓄水位开始，逆时序调节计算，得到蓄水期初水位，即图 5-5(b)中的 a 点，再由此水位起，逆时序调节计算至供水期初正常蓄水位，所得的库水位过程线即为防弃水线，如图 5-5(b)中的 4 线。

利用两级调节调度图，就可以由运行中的库水位来决定供水量，指导水库的运行。例如，当库水位位于上、下调配线之间时，发电按保证出力工作，灌溉按灌溉需水量正常供水，即水库按保证运行方式工作；当库水位位于限制供水线和下调配线之间时，减少灌溉供水量，但电站仍按保证运行方式工作；当库水位低于限制供水线时，发电与灌溉都降低供水量；当库水位位于防弃水线和上调配线之间时，灌溉一般仍保持正常供水，但电站加大出力工作；当库水位达到或超过防弃水线时，电站按其最大过水能力工作。

（二）自坝下引水灌溉的年调节水库调度图的绘制

灌溉自坝下引水，灌溉用水可以与发电用水结合，因此其调度图的绘制可以简化。

如果水库以灌溉为主兼顾发电，则可按灌溉需水过程以单一灌溉水库的方法，绘制加大供水线和限制供水线，再按单一发电水库方法绘制防弃水线。

如果水库以发电为主兼顾灌溉，一般可按单一发电水库方法绘制调度图。

如果水库以发电和灌溉并重，或以发电为主，灌溉所占比重较大，则可按自库内引灌的两级调节调度图的类似方法绘制，但时段供水量应取该时段发电用水量和灌溉用水量两者中的大者，其他相同。

（三）多年调节水库两级调节调度图的绘制

兼有发电和灌溉双重任务的多年调节水库，由于年内径流调节由年库容担任，故加大出力区应位于多年库容以上，而在多年库容中区分出高供水区和低供水区。在此基础上来绘制有关的调度线。

1. 上调配线（加大供水线）的绘制

选取年平均流量接近高供水 Q_2（即发电和灌溉均按正常供水）的典型年份，按 Q_2 供水，计算起点为供水期末多年库容蓄满点，采用一级调节方式逆时序进行调节计算，要求供水期初和蓄水期末达到正常蓄水位，蓄水期初正好消落到多年库容蓄满点，所得的库水位过程即为上调配线，如图 5-6中的 1 线。

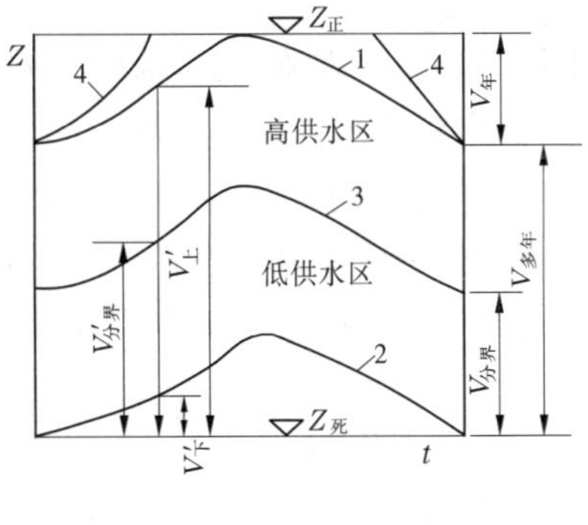

1—上调配线；2—下调配线；
3—分界调度线；4—防弃水线

图 5-6　多年调节水库两级调节调度图

2. 下调配线（限制供水线）的绘制

选取年平均流量接近低供水 Q_1（即发电按保证出力工作，灌溉降低供水量）的典型年份，按 Q_1

供水,自供水期末死水位开始,采用一级调节方式进行逆时序调节计算,要求蓄水期初正好消落到死水位,所得的库水位过程即为下调配线,如图5-6中的2线。

3. 分界调度线的绘制

分界调度线是划分高供水和低供水两个运行区的调度线。

分界调度线的绘制,在简化计算时,可以用以下近似方法:

(1)按下式求出分界多年库容 $V_{分界}$,即

$$V_{分界} = \frac{V_1}{V_1 + V_2} V_{多年} \tag{5-1}$$

式中 V_1、V_2——按高保证率低供水和低保证率高供水求得的一级调节多年库容;

$V_{多年}$——两级调节多年库容。

(2)求年内各时段的分界库容,即可按 $V_{分界}$ 占 $V_{多年}$ 的比重,在上、下调配线间直线内插求得,如图5-6所示,第 i 时段的分界库容 $V'_{分界}$ 为

$$V'_{分界} = \frac{V_{分界}}{V_{多年}} (V'_{上} - V'_{下}) + V'_{下} \tag{5-2}$$

任务三　水库的生态与环境调度

生态与环境调度是通过调整水库的调度方式从而减轻筑坝对生态环境的负面影响,又可分为环境调度和生态调度。环境调度以改善水质为主要目标,生态调度以水库工程建设运行的生态补偿为主要目标,两者相互联系并各有侧重。以改善水质为重点的工程调度是指水库在保证工程和防洪安全的前提下多蓄水,增加流域水资源供给量,保持河流生态与环境需水量,通过湖库联合调度,为污染物稀释、自净创造有利的水文、水力条件,从而改善区域水体环境。以生态补偿为重点的水库调度是指针对水库工程对水陆生态系统、生物群落的不利影响,并根据河流及湖泊水文特征变化的生物学作用,通过河流水文过程频率与时间的调整来减轻水库工程对生态系统的胁迫。

生态和环境用水调度应遵循保护生态和环境的原则,根据工程影响范围内生态和环境用水的要求,制定合理的调度方式和相应的控制条件。当库区上游或周边污染源对水库水体净化能力影响大时,应结合对库水位的变化与水体自净化能力和纳污能力的分析成果,提出减少污染源进入水库的措施并制订相应的水位控制方案,以使水库水体达到满足生态和环境要求的水质标准。当水库下游河道有水生、陆生生物对最小流量的要求时,在调度设计中应充分考虑并尽可能满足,确实难以满足的应采取补救措施;当水库下游河道有维持生态或净化河道水质、城镇生活用水的基本流量要求时,在调度中应予以保证。

一、水产养殖对水库调度的要求

水库养鱼是淡水渔业的重要组成部分。我国目前可供养鱼的水库水面约有3 000万亩,占淡水可养鱼面积的40%左右,水库养鱼的潜力很大。为了有利于鱼类的生长繁殖,水库调度中必须注意水位的必要稳定和库水的交换量。水位升降过于频繁,将使鱼类索饵面积变化过大,并使库岸带水生植物和底栖动物的栖息环境恶化,影响鱼类的索饵和生

长。水位的骤降也会使在草上产卵的鱼类失去产卵附着物，并使草上卵子死亡，从而减少种群数量。库水交换次数过多，交换数量过大，大量有机物质和营养盐类流失，也会影响鱼类的生长与生存。因此，水库调度时应考虑到渔业生产的特殊要求，尽可能为鱼类的养殖提供适宜和有利的条件，以提高单位面积的鱼产量。

对于水库下游河段的鱼类繁殖，水库调度中也应在可能的情况下，提供必要的条件。例如，一些在活水中繁殖的鱼类，要求有一定的涨水条件。但春末夏初的繁殖期，又正是水库蓄洪时期。在这个时期，如果水库不泄流或泄流较少，就会影响鱼类的繁殖。因此，需要水库在这个时期尽量为下游制造一个涨水过程。至于为洄游性鱼类创造一个有利的洄游过坝的条件，也是需要考虑的问题。

二、环境保护对水库调度的要求

修建水库无疑会带来巨大的经济效益和社会效益，但也会对周围环境产生相当大的影响。这些影响中有的是积极的，有的却是消极的。例如，库区遗留的无机物残渣增加了库水的混浊度，影响到光在水中的正常透射，从而打乱了水下无脊椎动物的索饵过程，破坏了原有的生态平衡。库区原有地面植被和土中有机物淹没后在水中分解消耗了水中的溶解氧，而水库深层水中的溶解氧又不易补充，因此水库深层泄放的水可造成下游若干千米以内水生生物的死亡。库容大、调节程度高的水库，水库水温呈分层型结构。深层温度和溶解氧都较低，显著缩小了鱼类的活动范围。而发电总是在底层取水，在春、夏季泄放冷水至下游对灌溉与渔业均不利。水库蓄水期间，泄放流量较小，使下游河道的稀释和冲污自净能力降低，加重了水质的恶化，也影响到下游河段的水生生物。水库蓄水后水面的扩大为疟蚊的生长提供了孳生地，也为某些生活周期的全部或部分是在水中传播的某些疾病的媒介物的生存提供了条件，等等。所有这些消极的影响，有的必须通过工程措施才能解决，有的则可以通过改变水库调度方式来改善或消除。例如，为了改善下游河道水质，可以在查清控制河段污染的临界时期基础上，在临界时期内改变水库的供水方式与供水量，使泄量增加以利于下游河道的稀释和冲污自净。为了解决水库水温结构带来的影响，可以采取分层取水的措施，在下游用水对水温有要求时，通过分层引水口引水来满足。为了防止水库的富营养化，既要控制污染源，防止营养盐类在水库的积累，又要尽可能地采用分层取水的办法将含丰富营养盐类的水流排出库外。为了控制蚊子繁殖，在蚊子繁殖季节，库水位可在一定时间内作必要的升降，就可以破坏蚊子的繁殖条件和生命周期。

任务四　多沙河流水库的调度简介

我国北方地区多沙河流河水中挟带的泥沙较多。建库以后，入库泥沙不断淤积，带来了严重的水库泥沙问题。因此，多沙河流水库的排沙减淤是水库调度运用中应予十分重视的问题。

一、河流泥沙的基本知识

河流是水流与河床通过泥沙运动相互作用的产物，而河流泥沙是指由水流的挟带作用形成的泥沙运动。

河流中的泥沙是由大小不等的颗粒组成的。通常采用画在半对数格纸上的级配曲线来表示沙样粒径的大小及均匀程度，如图5-7所示。在泥沙级配曲线上，可以方便地查到小于某一特定粒径的泥沙在总沙样中所占的重量百分比。将此百分比注在粒径 d 的下角，表示粒径的特征。例如中值粒径 d_{50}，就是表示大于与小于这一粒径的泥沙在重量上刚好相等。级配曲线的坡度反映了沙样粒径的均匀程度。

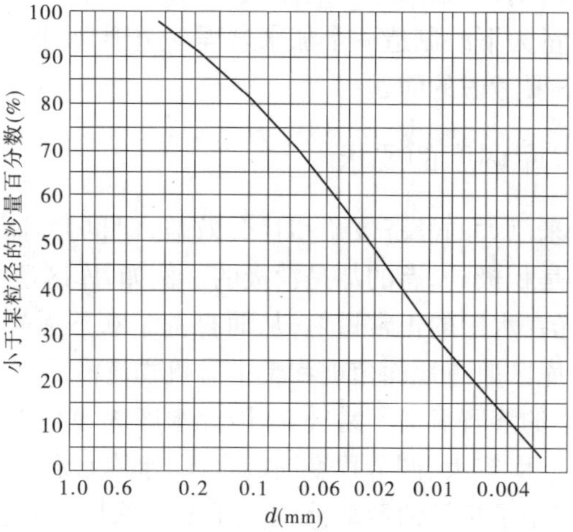

图5-7 泥沙级配曲线

河流泥沙按其在水流中的运动状态，可分为推移质与悬移质两种类型。推移质是沿河床滚动、滑动或跳跃前进的较粗泥沙。悬移质是悬浮在水中，随水流一块前进的较细泥沙。悬移质中较粗部分，常常是河床中大量存在的，又称为床沙质；较细的部分，是河床中少有或没有的，又称为冲泻质。推移质与悬移质具有不同的运动状态，遵循着不同的力学规律，但它们又是相互交错联系的。在同一水流条件下，推移质中的较细部分主要以推移方式运动，也会有暂时的悬浮；而悬移质中的较粗部分主要以悬移方式运动，也会有暂时的跳跃、滑动或滚动前进。当水流条件改变时，两者更有交替的现象发生。

具有一定水力因素的水流，能够挟带一定数量的泥沙，称为水流挟沙力，但通常所指的是挟带悬移质中床沙质的能力，单位为 kg/m^3。水流挟沙力是研究泥沙输送，进行淤积和冲刷计算的一个重要指标。

河流中运动着的泥沙主要来源于流域内地表冲蚀，其次还有原河床的冲刷。因此，影响河流中泥沙量多少的主要因素是气候因素和下垫面因素，其次是人类活动。泥沙随水流汇集到河流之中，使河水中含有一定沙量。而含沙浓度的大小，可以用含沙量来表示。一般来讲，多年平均含沙量在 $5\sim10\ kg/m^3$ 以上的，就称为多沙河流；在 $1\sim5\ kg/m^3$ 以下的，就称为少沙河流。除含沙量的区别外，北方多沙河流还有着十分特殊的水沙年内与年际分配特性。从水量上讲，年内基本上集中于汛期，汛期又集中于一两场洪水。年际分配也很不均匀，年际最大水量可相当于最小水量的几倍至近十倍。从沙量上讲，年输沙量高度集中于汛期的几场洪水中，极易出现高含沙水流。而年际间年最大沙量可相当于年最小沙量的几倍至几百倍。另外,多沙河流的推移质输沙量相对较少,仅占悬移质输沙量的10% ~20%。掌握河流水沙的基本特性,了解泥沙运动的基本规律,对于研究多沙河流水库水沙调度是十分必要的。相关的知识可参见有关专著。

二、水库泥沙的冲淤现象和基本规律

(一)水库泥沙的冲刷现象

水库泥沙的冲刷可分为溯源冲刷、沿程冲刷和壅水冲刷三种。

1. 溯源冲刷

溯源冲刷是指当库水位下降时所产生的向上游发展的冲刷。库水位降落到淤积面以下越低,其冲刷强度越大;向上游发展的速度越快,冲刷末端发展得也越远。溯源冲刷发展的形式与库水位的降落情况和前期淤积物的密实抗冲性有关。当库水位降落后比较稳定,变幅不大,或者放空水库时,冲刷的发展是以冲刷基准点(即图5-8中 c_1 点)为轴,以辐射扇状形式向上游发展,如图5-8所示。当冲刷过程中库水位不断下降,则冲刷是层状地从淤积面向深层,同时也向上游发展,如图5-9所示。当前期淤积有压密的抗冲性能较强的黏土层,则在冲刷发展过程中库区床面常形成局部跌水。

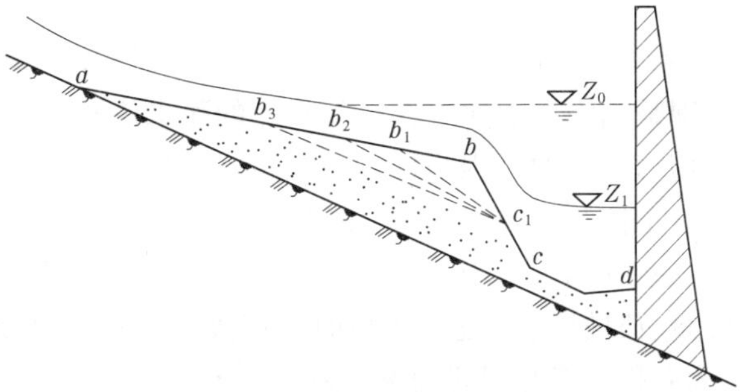

图5-8　溯源冲刷过程示意图

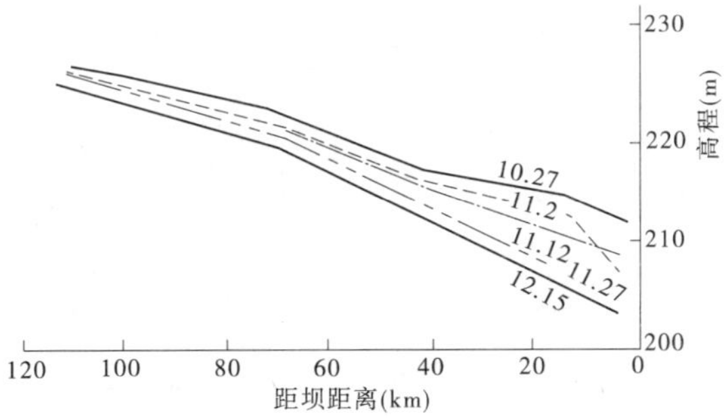

图5-9　三门峡水库1964年层状溯源冲刷过程

2. 沿程冲刷

沿程冲刷是指不受库水位升降影响的库段,因水沙条件改变而引起的冲刷,即当水沙条件,如流量和含沙量发生变化的时候,原来的河床就会不相适应,为了调整河床使之适应变化了的水沙条件所发生的冲刷(或淤积,淤积时即为沿程淤积)。由于沿程冲刷是由水沙条件改变引起的,因此其发展形式是由上游往下游发展的。

溯源冲刷与沿程冲刷虽然冲刷的机制不同,发展形式与冲刷部位也不同,但它们在库区冲刷中是互相影响,相辅相成,联合发挥作用的。特别是前者,往往为后者的发展创造条件。由于溯源冲刷的主要作用部位在近坝段,而沿程冲刷的主要作用部位偏于上游库段,因此近坝段的淤积多依赖溯源冲刷来清除,而回水末端附近的淤积,更多的是靠沿程冲刷来清除。

3. 壅水冲刷

壅水冲刷是在库水位较高而上游未来洪水的情况下,开启底孔闸门发生的冲刷。这种冲刷只是在底孔前形成一个范围有限的冲刷漏斗。漏斗发展完毕,冲刷也就终止。漏斗发展的大小与淤积物固结程度有关。未充分固结的新淤积物,易于冲刷,冲刷漏斗就较大。

(二)库区泥沙的淤积形态

库区泥沙的淤积形态分为纵剖面形态与横断面形态。纵剖面形态基本上有三角洲淤积、锥体淤积和带状淤积。横断面形态主要有全断面水平淤高、主槽淤积和沿湿周均匀淤积。

1. 三角洲淤积

三角洲淤积是指淤积体的纵剖面呈三角形形态。这种淤积形态多见于库容相对于入库洪量较大的水库,特别是湖泊型水库。在这类水库的库水位较高且变幅较小时,挟沙水流进入回水末端以后,随着水深的沿程增加,水流流速逐渐减小,相应的挟沙力也沿程减小,泥沙就不断落淤。由于挟沙力沿程递减,以及泥沙落淤过程中的分选作用,淤积厚度是沿程递增的。直到某一断面后,由于含沙量减小很多并继续沿程递减,淤积厚度才逐渐递减,形成有明显尾部段、顶坡段、前坡段和坝前淤积段的三角形淤积形态,如图5-10所示。其中坝前淤积段的淤积主要是异重流淤积和浑水水库淤积。

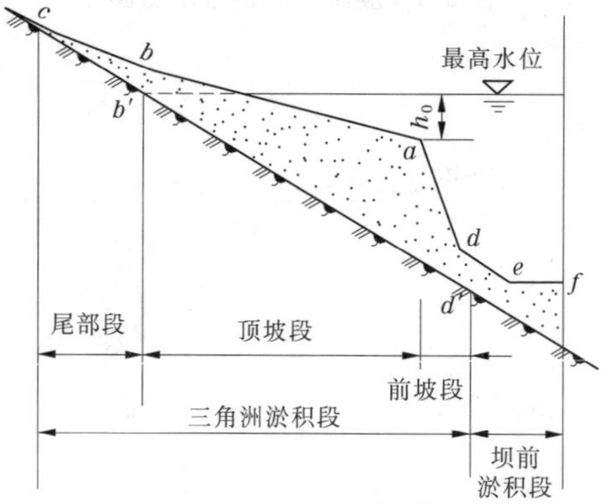

图5-10 三角洲淤积示意图

2. 锥体淤积

锥体淤积是指淤积体的纵剖面呈锥体形态。这种淤积形态多见于多沙河流上的中小型水库。这类水库的壅水段短,库水位变幅大,底坡大,坝高小,在入库水流含沙量又高的情况下，含沙水流往往能将大量泥沙带到坝前而形成锥体淤积，如图5-11所示。

3. 带状淤积

带状淤积是指淤积体的纵剖面自坝前到回水末端呈均匀分布的带状形态。这种淤积形态多见于库水位变动较大的河道型水库。这类水库在入库泥沙颗粒较细且沙量较少时，往往形成带状淤积，如图5-12所示。

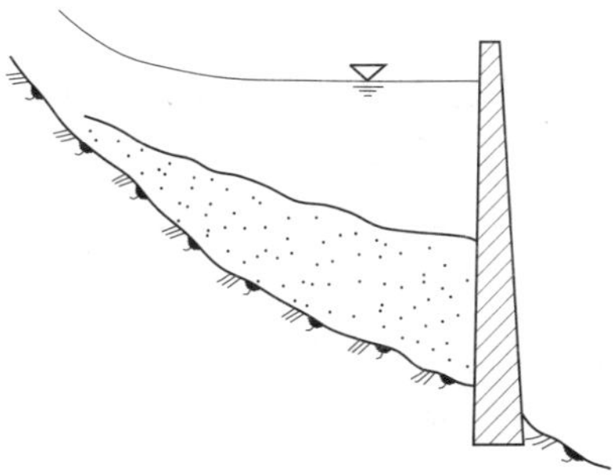

图5-11　锥体淤积示意图

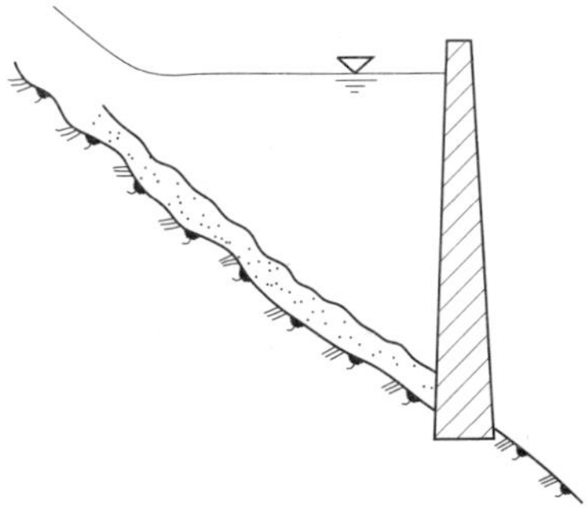

图5-12　带状淤积示意图

4. 全断面水平淤高

全断面水平淤高是指淤积在横断面上分不出明显滩槽，整个断面水平淤高。蓄水运用而壅水严重的水库，水深很大，滩面与主槽的水流条件相差不多，总的淤积量大，往往形成这种类型的淤积。

5. 主槽淤积

主槽淤积是指淤积在横断面上，主要是集中在主槽内。蓄清排浑运用的水库，壅水不高，水流不漫滩或漫滩水深较浅，主流主要集中于主槽，因而淤积也主要发生在主槽内。

6. 沿湿周均匀淤积

沿湿周均匀淤积是指淤积在该断面上沿湿周均匀分布。少沙河流上的水库，当淤积量小、颗粒较细、水深较大时，往往形成这种类型的淤积。

影响淤积横断面形态的主要因素是水库的运用方式。在水库运用中，控制洪水不漫滩或少漫滩，就能使库区的淤积主要发生在主槽内，而避免滩地的淤积。这对水库排沙减淤是有利的。

影响淤积纵剖面形态的因素包括库区地形、入库水沙条件、水库运用方式、库容大小和支流入汇等。其中，水库运用方式对淤积形态起着决定作用。

（三）水库泥沙冲淤的基本规律

1. 壅水淤积

通过淤积对河床组成、河床比降和河床断面形态进行调整，进而提高水流挟沙力，达到新的输沙平衡。同样，冲刷也是通过对河槽的调整来适应变化了的水沙条件。两者都是使河槽适应来水来沙条件的一种手段，使输沙由不平衡向平衡发展。换句话说，冲淤的结果是达到不冲不淤的平衡状态。这就是冲淤发展的第一个基本规律——冲淤平衡趋向性规律。

2.“淤积一大片,冲刷一条带”

由于挟带泥沙的浑水到哪里,哪里就会发生淤积,因此只要洪水漫滩,全断面上就会有淤积。特别是多沙河流水库,淤积在横断面上往往是平行淤高的,这就是“淤积一大片”的特点。当库水位下降,水库泄流能力又足够大时,水流归槽,冲刷主要集中在河槽内,就能将库区拉出一条深槽,形成滩槽分明的横断面形态,这就是“冲刷一条带”的特点。

3.“死滩活槽”

“死滩活槽”即由于冲刷主要发生在主槽以内,所以主槽能冲淤交替。而滩地除能随主槽冲刷在临槽附近发生坍塌外,一般不能通过冲刷来降低滩面,所以滩地只淤不冲,滩面逐年淤高。这一规律形象地被称为“死滩活槽”。它说明,水库在合理的控制运用下,是可以通过冲刷来保持相对稳定的深槽的。

了解上述规律,对于采用恰当的水库控制运用方式是十分重要的。为保持有效库容,在水库调度中应力求避免滩地库容的损失。一方面,汛期要控制中小洪水漫滩的机会,特别是含沙量高的洪水要尽量不漫滩;另一方面,要力求恢复和扩大主槽库容,即要创造泄空冲刷的有利条件,并采取必要措施使主槽冲得深、拉得宽。

三、多沙河流水库调度方式与排沙措施

多沙河流水库为了控制泥沙淤积,在调节径流的同时,还必须进行泥沙调节。在很多情况下,泥沙调节已成为选择多沙河流水库运用方式的控制因素。目前,多沙河流水库水沙调节的运用方式、泥沙调度方式与排沙措施主要有以下几种。

(一)水沙调节运用类型

多沙河流水库的运用方式,按水沙调节程度的不同,可分为蓄洪运用、蓄清排浑运用、缓洪运用三种。

1. 蓄洪运用

蓄洪运用又称拦洪蓄水运用。其特点是汛期拦蓄洪水,非汛期拦蓄基流。水库的蓄、放水只考虑兴利部门的要求,年内只有蓄水和供水两个时期,而没有排沙期。根据汛期洪水调节程度的不同,又分为蓄洪拦沙和蓄洪排沙两种形式,前者汛期洪水全部拦蓄,泥沙也全部淤在库内;后者汛期仅拦蓄部分洪水,当库水位超过汛限水位时排泄部分洪水,并利用下泄洪水进行排沙。蓄洪运用方式,由于水库对入库泥沙的调节程度较低,因而泥沙淤积速率较快,只适用于库容相对较大、河流含沙量相对较小的水库。

2. 蓄清排浑运用

蓄清排浑运用的特点是非汛期拦蓄清水基流,汛期只拦蓄含沙量较低的洪水,洪水含沙量较高时则尽量排出库外。

蓄清排浑运用根据对泥沙调节的形式不同,又分为汛期滞洪运用、汛期控制低水位运用和汛期控制蓄洪运用三种类型。

1)汛期滞洪运用

汛期滞洪运用是汛期水库空库迎汛,水库对洪水只起缓洪作用,洪水过后即泄空,利用泄空过程中所形成的溯源冲刷和沿程冲刷,将前期蓄水期和滞洪期的泥沙排出库外的

运用方式。

2) 汛期控制低水位运用

汛期控制低水位运用是汛期不敞泄，但限制在某个一定的低水位（称排沙水位）下控制运用的方式。库水位超过该水位后的洪水排出库外，以排除大部分汛期泥沙，并尽量冲刷前期淤积泥沙。

3) 汛期控制蓄洪运用

汛期控制蓄洪运用是汛期对含沙量较高的洪水，采取降低水位控制运用，对含沙量较低的小洪水，则适当拦蓄，以提高兴利效益的运用方式。当水库泄流规模较大，汛期水沙十分集中，汛后基流又很小时，这种方式有利于解决蓄水与排沙的矛盾。

蓄清排浑运用方式是多沙河流水库常采用的运用方式，特别是我国北方地区干旱与半干旱地带的水库，水沙年内十分集中，采用这种方式，实践证明可以达到年内或多年内的冲淤基本平衡。

3. 缓洪运用

缓洪运用是由上述两种运用方式派生出来的一种运用方式，汛期与蓄清排浑运用相似，但无蓄水期。实际上它又分为自由滞洪运用和控制缓洪运用两种形式。

1) 自由滞洪运用

自由滞洪运用是水库泄流设施无闸门控制，洪水入库后一般穿堂而过，水库不进行径流调节，只起自由缓滞作用的运用方式。水库大水年淤，平枯水年冲；汛期淤，非汛期冲；涨洪淤，落洪冲，冲淤基本平衡。

2) 控制缓洪运用

控制缓洪运用是有控制地缓洪，用以解决河道非汛期无基流可蓄，而汛期虽有洪水可蓄但含沙量高，不适于完全蓄洪的矛盾。

（二）水库的泥沙调度方式

1. 以兴利为主的水库的泥沙调度方式

泥沙调度以保持有效库容为主要目标的水库，宜在汛期或部分汛期控制水库水位调沙，也可按分级流量控制库水位调沙，或不控制库水位采用异重流或敞泄排沙等方式。以引水防沙为主要目标的低水头枢纽、引水式枢纽，宜采用按分级流量控制库水位调沙或敞泄排沙等方式。多沙河流水库初期运用的泥沙调度宜以拦沙为主；水库后期的泥沙调度宜以排沙或蓄清排浑、拦排结合为主。采用控制库水位调沙的水库应设置排沙水位，研究所在河流的水沙特性、库区形态和水库调节性能及综合利用要求等因素，综合分析确定水库排沙水位、排沙时间。兼有防洪任务的水库，排沙水位应结合防洪限制水位研究确定。防洪限制水位时的泄洪能力，应不小于2年一遇的洪峰流量。应根据水库泥沙调度的要求设置调沙库容。调沙库容应选择不利的入库水沙组合系列，结合水库泥沙调度方式通过冲淤计算确定。采用异重流排沙方式，应结合异重流形成和持续条件，提出相应的工程措施和水库运行规则。对于承担航运任务的水库，调度设计中应合理控制水库水位和下泄流量，注意解决泥沙碍航问题。

2. 以防洪、减淤为主的水库的泥沙调度方式

调水调沙的泥沙调度一般可分为两个大的时期：一是水库运用初期拦沙和调水调沙

运用时期,二是水库拦沙完成后的蓄清排浑调水调沙的正常运用时期。

水库初期拦沙和调水调沙运用时期的泥沙调度方式,应研究该时期水库下游河道减淤对水库运用和控制库区淤积形态及综合利用库容的要求,并统筹兼顾灌溉、发电等其他综合利用效益等因素。研究水库泥沙调度方式指标,综合拟定该时期的泥沙调度方式。

(1)水库初始运用起调水位应根据库区地形、库容分布特点,考虑库区干支流淤积量、部位、形态(包括干、支流倒灌)及起调水位下蓄水拦沙库容占总库容的比例,水库下游河道减淤及冲刷影响,综合利用效益等因素,通过方案比较拟订。

(2)调控流量要考虑下游河道河势及工程险情、河道主槽过流能力、河道减淤效果及冲刷影响、水库的淤积发展及综合利用效益等因素,通过方案比较拟订。

(3)调控库容要考虑调水调沙要求、保持有效库容要求、下游河道减淤及断面形态调整、综合利用效益等因素,通过方案比较拟订。

水库正常运用时期蓄清排浑调水调沙运用的泥沙调度方式,要重点考虑保持长期有效库容和水库下游河道要继续减淤两个方面的要求,并统筹兼顾灌溉、发电等其他综合利用效益等因素。研究水库蓄清排浑调水调沙运用的泥沙调度指标和泥沙调度方式,保持水库长期有效库容以发挥综合利用效益。

3. 梯级水库的泥沙调度方式

梯级水库联合防沙运用,一般应根据水沙特性和工程特点,拟订梯级运行组合方案,采用同步水文泥沙系列,分析预测泥沙冲淤过程,通过方案比较,选择合理的梯级泥沙联合调度方式。

梯级水库联合调水调沙运用,应根据水库下游河道的减淤要求、水沙特性和工程特点,拟订梯级联合调水调沙方案,采用同步水文泥沙系列,分析预测库区淤积、水库下游河道减淤效益及兴利指标,通过综合分析,提出梯级联合调水调沙调度方式。

(三)水库排沙措施

水库的排沙方式可分为水力排沙和动力排沙两大类。前者是用水流本身的输沙能力来排沙;后者是用机械或人工来排沙,包括水力吸泥、人工清淤和机械清淤。由于水流本身的输沙能力与水流流态有关,而水流流态又与水库运用方式有关,因此水力排沙与水库运用方式关系十分密切。水力排沙可分为滞洪排沙、异重流排沙、浑水水库排沙、泄空排沙和基流排沙等。

1. 滞洪排沙

蓄清排浑运用的水库,在空库迎洪或降低水位运用时,若入库洪水流量大于泄水流量,便会产生滞洪壅水。但由于库区水流流态是明流壅水,直到坝前仍有一定的行近流速,故细颗粒泥沙可被水流带至坝前而排出库外。蓄洪运用的水库,在洪水入库时若水位较低,或入库洪水较大,水流流态也可以是明流,此时水库泄洪也能将细颗粒泥沙排出库外。这两种利用明流壅水情况下的水库排沙都称为滞洪排沙。

滞洪排沙的特点是洪水初发时出库含沙量较高,随后逐渐降低。因此,排沙效率的高低与排沙时机有关。除此之外,还与滞洪历时、洪水漫滩程度、入库洪水特性和泄量大小等因素有关。开闸及时,下泄量大,滞洪历时短,排沙效率就高。中小型水库大都回水短,底坡陡,洪水陡涨猛落,滞洪历时短而漫滩机会少,因而滞洪排沙效率较大型水库要高,有的甚至可大于10 000，冲走前期淤积。

滞洪排沙的排沙泄量的合理选择也十分重要。泄量过大，会影响蓄水和引洪淤灌；泄量过小，将使滞洪历时拉长，使泥沙沉积，影响排沙。可以从水库多年运用的实际经验中总结出一套可行的标准，或建立排沙效率与主要影响因素，如第1日的平均排沙泄量和入库洪水的峰前水量的相关关系，加以确定。为了尽可能提高排沙效率，减少弃水量，中小型水库应充分利用洪水前期含沙量高、颗粒粗的特点，及时启闸排沙，并尽量加大泄量。经过一段时间后，排沙效率下降，则减小泄量以节省水量。

2. 异重流排沙

异重流是指重度有较小差异的两种流体所产生的相对运动。在相对运动中，互相并不发生全局性的掺混。水库异重流是洪水期含有大量细颗粒泥沙的浑水进入库水时，由于库水重度与清水相近，但浑水重度稍大，在一定条件下，浑水水流便潜入库底，沿库底向下游运动，不和库水发生全局性掺混的异重流运动，如图5-13所示。

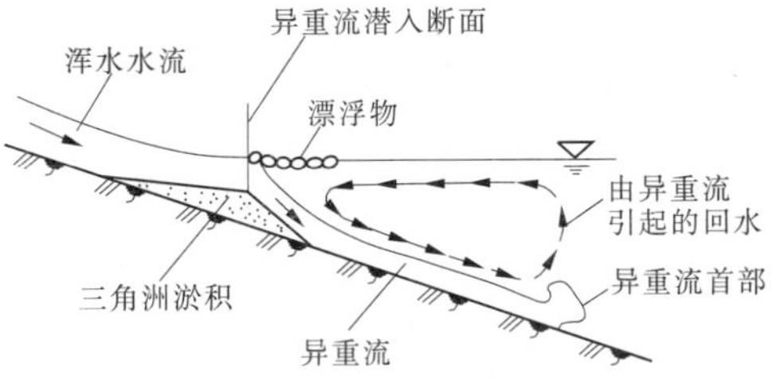

图5-13　水库异重流示意图

在水库蓄水期间，具有一定数量细颗粒泥沙的浑水，在其他条件具备的情况下，往往能形成异重流向坝前运动。特别是中小型水库，异重流多能到达坝前。如果能正确判断异重流抵达坝前的时刻，及时打开底孔闸门，就能形成异重流排沙，将一部分入库泥沙排出库外。这种利用异重流的特性进行的水库排沙，由于初始排出的水流含沙量大，因而排沙效率高。随着洪峰的降落，出库水流的含沙量和排沙效率也随之降低。水库异重流形成后的持续时间取决于洪峰的持续时间，而异重流运行到坝前的时间取决于它的流速和流程的长短。

异重流排沙泄量的选择是异重流排沙中的一个重要问题。泄量过小，虽出库含沙量高，但排出的总沙量不大；泄量过大，则浪费水量，不利于径流调节。目前，多采用因果分析建立经验关系来确定，如建立第1日平均排沙泄量与前期蓄水量、入库洪水峰前量和排沙效率的经验关系。鉴于异重流排沙的特点，排沙泄量在洪峰降落后应逐渐减小。

异重流排沙的排沙效果，由于浑水潜入库水下面后会有部分浑水向水库中扩散，以及潜入点附近的泥沙在主槽两侧滩地上大量落淤，因而异重流排沙的效果比滞洪排沙低。异重流排沙的排沙效率与洪水水沙情况、库区地形、泄流设施和管理运用等因素有关。流量大、历时长、含沙量高的洪水，既能保证异重流持续运动到坝前，又能减缓泥沙沉降，因而排沙效率高。平顺的库区地形和较陡的底坡，使异重流不易扩散掺混，排沙效率也高。泄流底孔高程低，泄量大，开启闸门及时，排沙效率也较高。

异重流排沙是水库在水量较小情况下的排沙减淤措施。我国北方干旱与半干旱地区,水量缺乏,水库排沙与蓄水兴利的矛盾相当突出。这些地方的水库,异重流排沙因其弃水量小,不影响水库蓄水,且能结合灌溉,因而得到了广泛的重视和利用。

3. 浑水水库排沙

浑水水库是指当异重流抵达坝前,启闸不及时或泄量小于来量时,坝前产生塞水,随着浑水的集聚,清浑界面逐渐升高,而形成的近于平行于河床的浑水面以下的部分。蓄洪运用水库在库内没有清水,汛期拦蓄全部或大部分浑水,不排沙而泄量很小时;或者滞洪排沙运用水库,泄流能力比入库洪峰过小时,由于泥沙沉降,表面澄出清水,也会形成清浑界面,下部浑水也叫浑水水库。

浑水水库形成以后,由于泥沙颗粒在浑水中的沉速远小于在清水中的沉速,而且浑水的沉降是以浑液面形式进行的,因此在浑水面下降到泄流底孔进口高程以前,都可以在排浑的时候排除部分泥沙。这种利用浑水水库泄浑排沙的方式,称为浑水水库排沙。我国北方地区的中小型水库,由于洪水陡涨猛落,含沙量高,入库后流程又短,极易形成浑水水库,因而浑水水库排沙也是常用的排沙方式。

浑水水库的排沙效率主要与水沙条件、库型和泄流规模有关。当库型与泄流规模一定时,洪量大,含沙量低,粒径粗,则排沙效率低。在其他条件相同的情况下,湖泊型水库滞洪水深小,泥沙落淤面积大,排沙效率就低。当水沙条件、库型一定时,排沙底洞低,泄流能力大,则排沙效率高。

4. 泄空排沙

泄空排沙是指放空水库,在泄空过程中由于水位下降,回水末端向坝前移动而产生的沿程冲刷与溯源冲刷来排除库内泥沙的排沙方式。其特点是出库含沙量逐渐加大。泄空后期若突然加大泄量,排沙效果更好。这种方式的排沙效率与前期淤积的固结程度有关。淤积没有充分浓缩固结的,排沙效率较高。因此,及时泄空排沙是十分必要的。另外,在泄空过程中,辅以人工或机械推搅,对于小型水库也是十分有效的。

5. 基流排沙

基流排沙又称常流量排沙。它是水库放空后继续打开闸门,让含沙较少的基流畅行冲刷主槽的一种排沙方式。其特点是开始排沙量大,随后逐渐减小。在排沙过程中,一旦主槽纵坡和岸坡相对稳定,排沙效果就很快下降,而基流量的大小和含沙量的高低对排沙效果影响较大。基流流量大而含沙量低,排沙效果就好。

以上介绍了目前生产上常用的几种水库排沙方式。需要指出的是:多沙河流水库的排沙方式一般取决于水库的运用方式。水库的泥沙调节和排沙方式应考虑来水来沙条件和水库本身的条件,考虑水库综合利用的效益目标,从实际情况出发,因地制宜地选取适合的优化控制运用方式。注意处理好蓄水兴利和排沙减淤的矛盾、近期效益与远期效益的矛盾。在选择排沙方式时,不应唯一或固定,而应因时制宜地交替使用。

至于动力排沙,亦即采用挖泥船、吸泥泵清除水库淤积的办法,目前还多限于水资源十分缺乏的干旱地区。这些地区的水库,或是因没有底孔设施而不能采用上述排沙方法,或是为保存水量,所以只能采用机械清淤的办法。实践证明,这种办法对于中小型水库和平原水库具有一定的效果。例如,日本曾在小型水库上用吸泥泵结合放淤改良土壤进行库区清淤。阿尔及利亚因气候干旱、水资源缺乏,不允许水库泄水排沙,而采用挖泥船清淤,费用虽高,但比水库淤满后另建新水库仍便宜很多。我国北方某些地区利用小型吸泥船和吸泥泵清淤,也取得了较好的技术经济效果。

任务五　其他要求下的水库调度

承担有多种兴利任务的综合利用水库,水库调度除要满足防洪、灌溉、发电、给水等部门的用水要求外,往往还需要最大限度地满足航运、泥沙、供水等方面的特殊要求,应通过调度运用,最大限度地满足各方面的要求,尽一切可能将不利影响转化为有利影响。由于这些方面的问题比较复杂,需要进行专门的研究,故本任务只能作一些简略的介绍。

一、工业及城市供水的水库调度

我国目前工业及城市生活用水的水平比起其他发达国家来还很低,随着工业的发展和人民生活水平的提高,其用水量必将大大增加,而目前水源已经十分紧张,相当多的大中型城市已经受到缺水的威胁,天津市在引滦入津工程完成以前便是突出的例子。因此,工业及城市供水的任务必将变得愈来愈重要,有些过去不承担供水任务的水库现在已增加了供水的任务。

(一)工业及城市供水的特点

工业及城市供水的显著特点就是保证率要求很高,一般要求在95%以上(年保证率),有的甚至高达98%、99%,故不少以供水为主要任务的水库为多年调节水库。此外,年内供水的过程除受季节影响略有波动外,一般是比较均匀的。

工业及城市供水有比较高的水质要求,应当控制进入水库的污染源,并控制泥沙,具体标准国家有关部门已有规定。

对于工业用水,应当大力推广循环使用,这样可以大幅度减少实用水量,达到节约用水、扩大效益的目的。

(二)水库调度图的绘制

以供水为主要任务的水库调度图,与灌溉水库类似,即其主要目的是划分正常供水、降低供水与加大供水(如果有其他任务,而加大供水又有一定的效益的话)的界限。

调度图的绘制方法一般分时历法和统计法。时历法根据长系列径流资料找出几个枯水段,以要求的供水过程进行反时序径流调节计算,求出各年各月蓄水量,然后各月取上包线得到防破坏线;再以某一降低供水过程进行以上类似的径流调节计算求出上包线,作为限制供水线(这一点与灌溉水库有所不同),或把防破坏线下移使其最低点等于死库容,作为限制供水线。按统计法计算要首先划分出多年库容与年库容,根据年库容选择几个典型年(年来水量等于用水量)计算蓄水过程,取外包线得到限制供水线,加上多年库容则为防破坏线。这里要指出的是,目前径流系列还不够长,而供水保证率要求很高,故一般应当取已经出现的所有典型年计算来作为外包线比较稳妥。具体调度图形式与灌溉水库类似。

以供水为主要任务的水库的水电站,一般只是在向下游供水时才发电,即“以水定电”,像官厅、大伙房水库等均是如此。当水库水位处于正常供水区以上时,可以加大发电,也可以从其他方面扩大效益。例如,大伙房水库供给辽宁电厂的冷却用水,在一般情况下,水被辽宁电厂使用后应抽回水库,但在水库水位很高时,就可以不抽回水库,从而节省了电量。

当水库水位处于限制供水线时,应及早采取措施,减少用水量,否则到了后期是无法保证最小供水量的。

二、航运的水库调度

(一)航运的水库调度的要求与原则

水库的修建,对于航运有利有弊。在水库上游通过水库的积蓄作用形成了一段深水航道,提高了通航行船的能力;在水库下游通过水库运用调节减小了洪水流量,增大了枯水流量,改善了航运条件。而不利的影响也不少,由于水库未建过船建筑物而使上、下游航运中断,由于水电站进行日调节而造成过于剧烈的水位波动及过小的下泄流量,由于库水位的消落难以准确预计而使交通接续困难,由于变动回水段的冲淤而给航运带来很多困难等,诸多不利影响除采取工程措施予以解决外,还应尽可能在水库调度中加以考虑来改善。水库调节以航运为主的比较少见,一般均是把航运作为综合利用水利任务中的一项来与其他方面结合考虑。航运对水库调度的基本要求是:在上游尽量保持较长时期高水位的同时,应注意避免航道的淤积;在下游,要求水库泄量不得小于某一数值,并控制下游水位的变幅在某一范围内,使下游河道的流速满足一定要求。

在设计航运调度的时候要遵循以下两条原则:一是水库航运调度设计中应以流域或河段综合利用规划以及航运规划为依据,根据水库工程条件,发挥其航运作用;二是水库航运调度设计中应协调好航运的近期与远期、上游与下游以及干流与支流等多方面的相互关系。

(二)航运的水库调度内容、方式和措施

航运调度设计应包括以下主要内容:拟定水库的通航水位与通航流量,提出对水库水位运用和水库泄流的控制要求,分析水库建成后泥沙冲淤对水库上、下游航道的影响,必要时提出合理解决航道冲淤问题的水库调度方式。

航运调度方式包括固定下泄调度方式和变动下泄调度方式。航运保证率范围内的水库下泄流量应不小于最小通航流量,不大于最大通航流量。水库变动下泄流量应满足上、下游航道的流速流态要求。航运调度方式拟定后,应检验其是否符合航运保证率,通航流量,上、下游通航水位及水位变幅等。必要时,应修改水库调度方式,使其满足通航要求。

对于航运不是主要任务的水库,水库调度中可以考虑以下一些措施:

(1)关于水电站日调节问题,基于水电站的特点,它在系统中适宜担任尖峰负荷,故水电站调峰通常是必要的与经济的,即日调节不可避免。但为了统筹兼顾航运方面,应当在担负峰荷的数量上及负荷曲线的形式上与系统调度方面协商作好安排,使电站只担任必要的部分,负荷曲线尽可能避免突变,从而使日内泄水过程变化不过于剧烈。根据泄水过程还应进行水电站下游日调节的不恒定流计算,以校验是否满足航运对水位、流速变化的要求。如果航运与发电矛盾很大,还应提供研究情况请上级主管部门作出究竟按何种方式运行的决策。

(2)在日常兴利调度中,应当按照原水利规划的要求为航运补充水量。如果规定在非灌溉季节有补充航运用水的安排,应当执行。如果航运用水是与其他(发电、灌溉等)用水结合的,则应注意当其他方面放水不足航运最低要求时应尽量按航运最低要求放水。

(3)在日常的洪水调度中,主要应当根据防洪要求来进行泄水,但当有条件时,也应尽可能照顾航运,不使泄量过大及变化过猛。特别是在某一流量以上就要停航时,希望一般情况下泄量不要超过此流量,若必须超过则应事先告知,以免造成损失。

(4)对水库水位的消落,也希望在可能条件下照顾到交通接续的实际情况。水库水位消落当然是不可避免的,而水位消落以后,由于无适当的码头地点而可能使交通接续发生很大困难,给库区人民生活造成很大不便,故在调度中应尽可能使船能到达合适的码头。

对库尾航道的淤积问题,解决是比较困难的,只有逐步摸索出规律,找到在哪些库水位及其他条件情况下对淤积有利,哪些情况下很少产生淤积,然后根据航道的重要性拟定相应的调度措施,使水库尽可能少地在会促使航道淤积的情况下运行。

三、防凌工作的水库调度

在一定的气候条件和特定的环境下,在封河时期和开河时期,江河因结冰和融化而造成壅水出现的汛情,称为凌汛。利用水库防御凌汛来部分地改变发生凌汛的某些因素,从而达到减缓和免除凌汛的目的,就是防凌工作的水库调度。

水库防凌调度应按以下原则设计:

(1)防凌调度设计应在确保大坝本身防凌安全的基础上,满足凌汛期不同阶段水库上、下游河道防凌调度要求,并兼顾水库其他综合利用要求。

(2)当有多个水库参与防凌调度时,应考虑水库群的联合防凌调度。

(3)防凌调度设计应充分考虑各种可能的不利因素,以确保防凌安全。

(4)水库防凌调度设计一般不考虑冰凌洪水预报。

水库防凌调度运用方式,应根据水库所承担的防凌任务和水库大坝本身及上、下游河道的防凌要求,结合凌汛期气象、水情、冰情等因素合理拟定。水库对大坝本身的防凌安全调度应根据设计来水、来冰过程,结合泄水建筑物的泄流规模,按满足大坝防凌安全的设计排凌水位排凌运用。水库对上游河道的防凌调度应根据水库末端冰凌壅水影响程度,按满足水库上游河道防凌调度要求的设计库区防凌控制水位运用。水库对下游河道防凌调度应根据气象条件、上游来水情况以及下游河道凌情,按满足水库下游河道防凌调度要求的设计防凌限制水位运用,并结合凌汛期不同阶段下游河道冰下过流能力和防凌安全泄量控泄流量。凌汛期应实行全过程调节。

例如,黄河下游的防凌调度方式为:水库可在即将封河时加大泄量,以推迟封河时间并形成较高的冰盖;在封河开始后,逐步控制减少泄量,减少河道槽蓄并稳定封河期流量均匀,以避免引起局部融冰堵塞;在开河期,水库可在预报下游封冻最上端开河前,开始关闸控制减少泄量,甚至在条件许可时断流,直至下游封冻段即将开通时,再自由泄水。黄河三门峡水库就是在每年的 11 ~ 12 月,防凌前蓄水 5 亿 ~ 7 亿 m^3,用以加大泄量以推迟下游河道封冻和抬高冰盖,增大冰盖下的过流能力。在 1 月中旬至 2 月底,水库限泄 200 ~

250 m^3/s,进入防凌蓄水,以确保下游河道防凌的安全。

为保障水库防凌安全,充分利用水资源,需编制水库防凌调度图。水库防凌调度图采用时间为横坐标,库水位为纵坐标,由防凌高水位线、防凌限制水位线、防凌调度线组成防凌调度区。防凌高水位线以下至防凌限制水位线为下游防凌区,按拟定的对下游防凌调度方式运用。以防凌限制水位、下游河道凌汛期安全泄量为控制条件,综合考虑凌汛期水库的发电、供水灌溉等综合利用要求,在长系列调节计算的基础上,绘制防凌调度图。防凌调度图编制完成后,应当根据实测典型年水文气象资料进行验证,以检查调度线的合理性,必要时修正调度线。

复习思考题

1. 防洪库容与兴利库容的结合形式有哪几种?试用图例表示各种形式。
2. 试分别说明防洪库容与兴利库容完全分开、防洪和兴利有重叠库容、水库以兴利为主、水库以防洪为主几种情况下的水库调度方式。
3. 发电与灌溉结合的水库调度方式主要考虑哪些方面的要求?
4. 自库内引水灌溉的年调节水库上、下调配线如何绘制?
5. 从环境保护方面考虑,水库调度应注意什么问题?
6. 水沙调节运用有哪些类型?
7. 水库的泥沙调度方式有哪几种?水库排沙可以采取哪些措施?
8. 水库泥沙的冲刷和淤积各有哪几种?

项目六　水库运行调度管理

前面各项目介绍了兴利和防洪水库的调度方式，方案制订的理论、方法和其他有关知识。如何在总体上编制水库运行调度方案和计划以及如何实施，需要哪些主要措施，如何评价运行调度的好坏，这些是本项目主要研究的问题。

任务一　水库调度规程及工作制度

水库调度直接关系到工程安全和水库综合效益的发挥，对人民生命财产和国民经济有重大影响。要搞好水库调度，保证运行调度方案和计划的实施，必须按照国家的有关方针政策，《中华人民共和国水法》《中华人民共和国防洪法》《水库大坝安全管理条例》《水库调度规程编制导则》(SL 706—2015)等有关法规，结合每个水库的实际情况，制定出科学合理的调度规程和严格的工作制度，经上级主管部门或机构审批后执行。

一、调度规程

水库调度规程主要内容包括：水利枢纽工程概况，如工程组成及主要设备、工程特征值、所承担的防洪发电及其他综合利用任务和相应的设计标准及设计指标，水库运行调度所必需的其他基本资料和依据等；水库运行调度的基本原则、水库调度技术管理的工作内容，有关编制运行调度方案(包括有关工程特征值、指标的复核计算及相应的调度方法、调度函数或调度图表及调度规则的选定)的一般要求和规定；有关年度计划编制与实施的一般意见和可能采取的措施；有关水库工程观测、水文、水情测报及水文气象要素预报的要求、规定；水库调度的通信保障及水库调度工作制度等。总之，调度规程是水库运行调度原则的具体体现，是编制和实施水库运行调度方案和计划的具体要求与规定，是水库技术管理和法制管理的基本依据。水库调度规程中涉及的防洪、发电等兴利调度许多问题已在前面有关项目任务中作了论述，下面仅补充在规程中对兴利调度实施的几点一般要求：

(1)为充分利用水能资源和水资源，保证供水期供电和供水，汛末应抓紧有利时机，特别要善于抓住最后一次洪水的控制调度，尽量使水库多蓄水。为此，要根据来水趋势和汛期结束的迟早，确定最后一次蓄水的开始时间。当汛末来水较少时，要注意节约用水，不能盲目加大水电站出力和供水，使水库在水电站保证出力和对其他用水部门保证供水的条件下，争取汛末尽量蓄至调度方案和计划规定的水位。

(2)当进行预报调度时，要随时掌握预报来水、水库蓄水、电力系统用水和各部门用水的具体情况，加强计划发电和供水。当实际来水与年初预报来水相比出入不大时，一般可按原计划的预报调度方式调度；但是如果水库实际蓄水与预报调度方式相应的库水位偏离较大，则应根据当前时期的预报来水修正后期的发电和其他兴利供水计划及水库调度方式。

(3)丰水年份和丰水期的运行调度,要注意及时加大出力,争取多发电少弃水。但当提前加大出力时,应考虑到以后可能来水偏少的趋势,因此要随时了解和掌握水文气象预报信息,灵活调度,力争做到既有利于防洪,又可多蓄水、多发电。

(4)枯水年份及枯水期的运行调度,主要应做到保证重点,兼顾一般。要本着开源节流的原则,充分挖掘潜力,节约用水,合理调度,使水库尽量在较高水位下运行,尽量使水电站及其他用水部门的正常工作不破坏或少破坏。

(5)对多年调节水库,为预防可能发生连续若干年枯水的情况,每年应在水库中留有足够储备水量,合理确定每年的消落水位。若多年库容已全部放空,又遇到特枯年份,一般也不允许动用死水位以下的库容。

二、工作制度

水库调度的工作制度主要包括以下几点。

(一)组织、审批、执行及请示报告制度

实际水文气象条件,工程运用情况,用电、用水及其他综合利用要求等在运行期间可能发生重大变化,当水电站及其水库的工程特征值和设计指标(如水库防洪限制水位、防洪及调洪库容、正常蓄水位、死水位、水电站保证出力及其他兴利保证供水等)不符合实际情况时,上级主管机关应组织水库管理单位、设计部门及其他有关单位,复核修改、编制相应的水库运行调度方案。所复核修改、编制的成果,属跨省电网内的大型水利枢纽,报中央有关部委批准,并报有关省(自治区、直辖市)人民政府备案;属地方管理的水库,经省(自治区、直辖市)人民政府批准,报中央有关部委备案。一般情况下,设计特征值和指标的复核及相应运行调度方案的编制每5~10年进行一次。

在上年末或当年初或蓄水期之前,上级主管机关应组织所属电网内水电站及水库管理单位编制当年发电计划和水库调度计划,所编制成果的报批程序同上所述。

对于上级下达的有关指示、决定及审批的调度方案和年度计划、指标等,水库管理单位必须认真执行。在执行过程中要坚持请示汇报制度。在特殊情况下,对重大问题的处理,当发生超设计标准洪水时,对泄洪建筑物的超标准运用、非常保坝措施的采取等,事先要及时请示,事后要及时汇报。

(二)技术管理及运行值班制度

各水库必须设置专门机构从事水库调度的各项工作,如运行调度方案及年度计划的编制、日常调度值班业务、调度工作总结、资料的收集整理与保管、水情测报和水文气象预报等。各项技术管理工作要在管理单位技术行政负责人的统一领导下,各级分工负责。要加强岗位责任制,严格遵守工程管理的各项规章制度;要建立常年(特别是汛期)的调度值班制度。值班人员要掌握雨情、水情、工程变异情况,水库供水和水电站发电情况;做好调度日志及各项运行调度数据的记录、整理统计等工作;及时向上级汇报运行调度中出现的有关情况,负责和有关单位联系;要坚持交接班制度。对有关技术资料和文件要建立严格的检查、审批和保管制度,这些文件和资料主要有以下几个方面:

(1)运行调度中记录、整理和统计的上下游水位、出入库流量、雨量、蒸发量、渗漏量、

水温、泥沙、水质及各部门用水、水电站水头、出力和发电量等各项指标数据。

(2)所编制的水库运行调度方案、历年发电和调度计划、各种计算成果。

(3)水文气象预报和水情测报成果及其他有关技术文件、科研成果、工作总结等。

有关重要计算成果和调度处理意见应经单位领导审查签署。

(三)与有关单位和部门的联系制度

为了互通信息,密切配合,加强协作,搞好水库调度,水库管理单位应主动与水库上下游地方政府、防汛机构、上级水利主管部门、原设计单位、水文气象部门、各用水部门及交通、通信等有关单位和部门建立联系制度,必要时要达成协议,共同遵守执行。

(四)总结制度

为了评定和考核水库的运行调度效益,不断提高运行调度水平,应建立水库运行调度总结制度。总结可在汛后或年末进行,总结内容主要包括以下几点:

(1)当年来水(包括洪水、年水量及年内变化情况)、防汛、度汛、供水、发电情况。

(2)水文气象预报成果及其误差。

(3)实际运行调度(包括防洪调度和兴利调度)指标与原计划指标的比较。

(4)防洪、发电及其他兴利等效益的评定。

(5)本年度运行调度工作的经验教训及对下年度水库调度的初步意见、建议等。

水库运行调度总结要及时上报和存档。

任务二　水库调度方案的编制

为了实现水库合理的或最优的运行调度,首先必须编制好相应的运行调度方案和运行调度计划。水库运行调度方案是在将来若干年内对水电站经济运行及其水库最优调度起指导作用的总策略和总计划;而运行调度计划则是运行调度方案在每一面临年份的具体策略或具体实施安排。本任务先介绍水库运行调度方案编制的有关问题。

一、方案编制的基本依据

在编制水库运行调度方案和调度计划时,必须收集、掌握以下有关资料和信息,以作为编制的基本依据:

(1)国家的有关方针、政策,国家和上级主管部门颁布的有关法律、法规,如《中华人民共和国水法》、《中华人民共和国防洪法》、《水库调度规程编制导则》(SL 706—2015)等,有关水利管理方面的各种条例、通则、标准、规定、通令、通知、办法及临时下达的有关指示等文件。这些文件是加强水库科学管理和法制管理的基本依据,对提高其运行管理水平和效益有直接的指导意义,必须严格认真贯彻执行。

(2)水利枢纽和水库的原规划设计或复核资料,如规划报告、设计书、计算书及设计图表等。

(3)水利枢纽和水库的建筑物及机电设备(如大坝、泄水及取引水建筑物、闸门及其启闭设备、水电站厂房及其动力设备等)的历年运行情况和现状的有关资料。

(4)电力负荷和国民经济各有关部门防洪和用水要求等方面的资料。这些资料与设计时相比可能发生变化,应从多方面通过多种途径获取。

(5)水库所处河流流域及其水库的自然地理、地形、生态和水文气象等资料。如地形图、流域水系、主河道纵剖面图,水库及库区蒸发、渗漏、淹没、坍塌、回水影响范围、土地利用、陆生和水生生物种类分布、社会经济、人群健康、污染源等资料,历年已整编刊印的水文、气象观测统计资料,河道水位—流量关系曲线,水库特性,现有水文、气象站网分布和水情测报及水文气象预报信息等有关资料。

(6)水库以往运行调度的有关资料。包括过去历次编制的运行调度方案和年度计划;历年运行调度总结及实际记录、统计资料,如上下游水位、水库来水、水库泄放水过程及各时段和全年的水量平衡计算、洪水过程及度汛情况、水电站水头、引用流量及出力过程和发电量、耗水率以及其他部门引用水资料等;有关运行调度的科研成果和试验资料等。

二、方案编制的内容

为了选定合理的水库运行调度方案,必须同时对所依据的基本资料、水库的防洪和兴利特征值(参数)、主要水利动能指标进行复核计算。所以,运行调度方案编制的内容应当包括以下三点:

(1)在基本资料方面,重点要求进行径流(包括洪水、年径流及年内分配)资料的复核分析计算。

(2)在防洪方面,要求选定汛期不同时期的防洪限制水位、调洪方式下各种频率洪水所需的调洪库容及相应的最高调洪水位、最大泄洪流量等防洪特征值和指标。

(3)在发电、灌溉、水运、给水、养殖等兴利方面,要求核定合理的水库正常蓄水位、死水位、多年调节水库的年正常消落水位及相应的兴利库容与年库容,选定有效的水库调度方法,拟定水库调度规则及建立相应的调度函数或编制相应的水库调度图、表,复核计算有关的水利动能指标,阐明这些指标与水库特征值的关系等。

三、方案编制的方法和步骤

编制和选定运行调度方案可采用优化法或方案比较法,其中优化法有很多优点,在水库调度中已得到广泛使用,但使用更普遍的是方案比较法(在若干可行方案中选择比较合理的较好方案)。下面重点介绍方案比较法编制水库兴利运行调度方案的步骤:

(1)拟订比较方案。按照水库所要满足防洪、发电及其他综合利用要求的水平和保证程度,一定坝高下的调洪库容、兴利库容的大小和二者的结合程度,水库运行调度方式等因素的不同组合,运行调度方案可能多种多样,严格来说,可有无穷多个不同的组合方案,必须从中拟订若干较为合理的可行方案作为备选的比较方案。

(2)选择各比较方案的水库调度方法(可用常规调度法,也可用优化调度法),拟定各方案的调度规则,计算和建立相应的调度函数或编制相应的调度图、表。这是运行调度方案编制的核心内容之一。

(3)按各比较方案选择的调度方法、调度规则、调度函数或调度图表,根据水库长系列来水资料,复核计算水电站及其水库的水利动能指标。如水电站保证出力和对其他兴利部门的保证供水流量及相应的正常工作保证率下水电站的多年平均年发电量，以及耗水率、水库蓄水保证率、水电站装机利用小时数、水量利用系数等。

(4)按照水库调度基本原则，对各比较方案的水利动能指标和其他有关因素，进行综合分析和比较论证，选定一个较为合理的、较好的水库运行调度方案。

任务三 水库度汛计划的编制

一、水库防洪调度方案的编制

水库防洪调度方案是指导水库进行防洪调度的依据，是完成防洪任务的基本措施。在水库的规划设计阶段和运行期间都需要编制防洪调度方案。规划阶段的编制工作结合水库调洪参数的选择来完成，运行调度期间则根据实际情况的变化每隔若干年编制一次。编制防洪调度方案必须体现防洪调度原则。下面论述运行水库防洪调度方案编制的基本依据、方案的主要内容和编制的方法步骤。

(一)防洪调度方案编制的基本依据

水库防洪调度方案编制的主要依据有：国家的有关法规、方针政策及上级关于防汛工作和水库调度的指示文件；水库及水电站的原设计资料；水库防洪任务、兴利任务及相应的设计标准；水工建筑物及其设备等的历年运行情况和现状；水库面积、容积特性曲线和回水曲线、泄流特性曲线及各种用水特性曲线等；水库设计防洪调度图、洪水资料和水文气象预报资料等。

(二)防洪调度方案的主要内容

防洪调度方案的内容视各水库的具体情况而定，但一般应包括：阐明方案编制的目的、原则及基本依据，在设计洪水复核分析计算的基础上核定水库调洪参数和最大下泄流量，核定水库调洪方式和调洪规则，核定或编制防洪调度图及提出防洪调度方案的实施意见等。

(三)防洪调度方案编制的方法步骤

防洪调度方案各项内容之间与兴利调度方案之间关系密切，影响因素甚多，因此方案编制比较复杂，有时要有一个由粗到细的反复过程。对运行水库来说，大坝高程是已定的，校核洪水位和泄洪建筑物的型式与尺寸一般也是确定的；上游的移民标准洪水位也是已定的。在这种条件下，防洪调度方案编制的一般方法及步骤如下：

(1)在分期洪水特性分析的基础上，研究进行分期洪水调度的可能性和防洪与兴利结合的程度，确定汛期各分期的分界日期，并研究各分期洪水的分布特性；根据各种防洪标准(如上下游防洪标准、大坝设计标准和校核标准等)推求各分期相应的设计洪水。

(2)根据上下游防洪要求及泄洪建筑物的型式和尺寸，拟定水库控泄的判别条件及相应的调洪规则。

(3)对汛期各分期分别拟订若干防洪限制水位 Z_{FX} 方案：对每一个 Z_{FX} 方案，用各种频率的洪水，按所拟定的判别条件及相应的调洪规则进行顺时序调洪计算，求出各种频率洪水下的最高水位 Z_m 和最大下泄流量 q_m。

(4)根据所拟订的各Z_{FX}值及用各种频率洪水计算求得的与之相应的Z_m值,绘制Z_{FX}~Z_m关系线。每一分期这种关系线的数目与水库防洪标准的数目相对应。图6-1所示为某水库的Z_{FX}~Z_m关系线。该水库汛期分为前汛期(4~6月)和后汛期(7~9月),根据上下游防洪要求采用5个设计防洪标准,相应的洪水频率为$P_{F1}=20\%$(下游防洪标准)、$P_{F2}=10\%$(上游防洪标准)、$P_{F3}=5\%$(移民标准)、$P_{SJ}=0.1\%$(设计洪水标准)及$P_{XH}=0.02\%$(校核洪水标准)。这样,每个分期各有5条Z_{FX}~Z_m关系线。

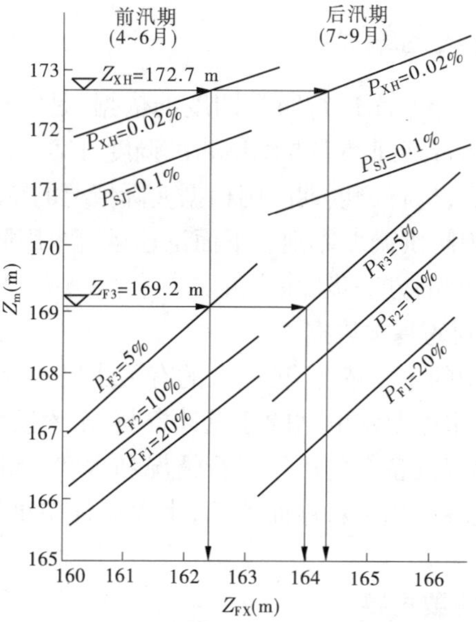

图6-1 某水库Z_{FX}~Z_m关系线

(5)确定各分期防洪限制水位Z_{FX}。各分期的Z_{FX}可根据给定的校核洪水位Z_{XH}及上游移民标准洪水位Z_{F3},利用各分期的Z_{FX}~Z_m关系线,并结合考虑有关因素经综合分析确定。根据图6-1已知的$Z_{XH}=172.7$ m和$Z_{F3}=169.2$ m在相应的Z_{FX}~Z_m关系线上能够查得防洪限制水位Z_{FX}:前汛期都为162.6 m,后汛期分别为164.6 m和164.25 m(取低值)。所以,162.6 m和164.25 m分别为前、后汛期允许的最高防洪限制水位。但考虑到延迟泄洪时间、动库容等对调洪的种种不利因素及开展预报调度等有利因素,并要留有一定余地,最终分析确定的Z_{FX}前汛期为162.5 m,后汛期为164 m。

(6)防洪调度核定演算。主要包括:①根据各分期最后确定的Z_{FX},分别对各种频率设计洪水按与第(3)步同样的方法进行调洪演算,核定与Z_{FX}相应的各种频率设计洪水的最高调洪水位Z_m、调洪库容V_T(或V_F)与最大控制泄量q_m;②由最后一场洪水的水库蓄水过程线决定防洪调度线;③由汛期初的Z_{FX}与正常蓄水位Z_{ZH}之间的库容决定防洪与兴利结合库容V_1。

(7)绘制水库防洪调度图。由水库各种最高调洪水位Z_m、各分期防洪限制水位Z_{FX}、防洪调度线及由这些线所划分的各调洪区,构成水库防洪调度图。

(8)编写防洪调度方案实施意见,最终形成防洪调度方案文件,并呈报主管部门审批。不宜实施分期防洪调度的水库,其编制方法与分期防洪调度方案的做法完全相同。

二、水库当年度汛计划的编制

由于通信手段的现代化和计算机的广泛应用,目前我国不少大中型运行水库均在不同程度上结合水文气象预报进行水库的防洪预报调度。因此,水库年度防洪调度的实施工作,原则上是按照预先编制的防洪调度方案和利用长期水文预报制订的当年防洪度汛计划进行。按照它们规定控制各时期的水库水位和泄量,在具体的防洪调度及操作中,则利用中短期预报,分析当时的雨情和水情,在一定范围内灵活地实施操作调度,以求得更大的综合效益。下面介绍实施水库当年度汛计划的一些基本内容。

(一)汛前准备工作

为保证水库本身和上下游防洪安全,汛前必须做好防洪度汛的准备工作。其主要内容有:建立防洪指挥机构,组织防汛抢险队伍,做好水文测站的水情测报准备和洪水预报方案的编制修订;根据当年具体情况,制订当年度汛调洪计划和对水库调洪规程、制度及各种使用图表进行检查,必要时应进行补充修正;对水库工程和设备进行全面检查修理;准备必要的防汛器材和照明通信设备;有计划地将水库水位消落至防洪要求的防洪限制水位等。

(二)水库当年度汛计划的编制

每年汛前,水库调度管理部门应根据水库防洪任务、当年水文气象预报资料及汛期各方面对水库调度提出的要求,按水库防洪调度方案制订符合当年情况的水库度汛调洪计划。这个计划在内容、编制方法及步骤上基本与水库防洪调度方案相同。防洪调度方案是对近期若干年起指导作用的,而当年度汛计划则是防洪调度方案在当年的具体体现。当年的度汛调洪计划一般包括如下内容:根据平时工程观测资料和近期质量鉴定的结果、以往运行中达到的最高库水位及其历时和当年库区的有关要求,规定当年水库的允许最高蓄洪水位(在一般情况下,它不得高于经核定的设计洪水位);根据防洪调度方案中核定的设计洪水标准、下游防洪标准及以往运行经验,参考当年水文气象预报资料,确定水库当年各种防洪标准及相应的设计洪水;规定汛期各时期的防洪限制水位、错峰方式及汛末蓄水位等。以上各项,如水库各方面情况无大的变动,可采用防洪调度方案成果;如出现大的变动,则应重新计算确定。

任务四 水库调度的评价与考核

一、水库调度考核目的及意义

中华人民共和国成立以后,为满足社会经济发展的需求,不同开发目标或综合利用水库相继建设完成,这些水库不同程度地承担着发电、防洪、灌溉、防凌、供水、航运、减淤等任务。随着水库的建成投运,如何运用水库完成相关开发任务,并最大程度地发挥效益,是一个需要解决的问题。

水库调度考核的目的就在于通过对水库各项运行目标制定合理的运行标准,并采取必要的奖惩手段,激励有关部门和个人采取有效措施,努力实现运行目标。随着电力体制的改革和市场化的推进,水库的经济运行工作将更加重要,因此对水库调度工作进行全面考核是水库调度适应改革、适应市场经济的重要途径和出路。通过水库调度考核,可以提高水库调度人员的专业业务水平,及时总结工作经验,从而促进水库的安全经济及优化运行达到更高水平。

二、发电调度的主要考核指标

目前,发电调度考核所采用的主要考核指标包括节水增发电量、水能利用提高率。这两个指标能够较全面地反映水库经济运行状况。

(一)节水增发电量与水能利用提高率

节水增发电量是反映水库经济运行的一项绝对指标,它是考核运行期的实际发电量与理论电量之差。理论电量是指在考核期内,水电站如果按照既定的常规调度图及有关调度原则运行后可发的电量。

水能利用提高率是反映水库经济运行的一项相对指标,指考核时段水电站节水增发电量占理论发电量的百分比,可用于比较不同水电站之间经济运行情况,目前已被列为水电站争创一流企业的重要考核指标。

由于不同调节性能水库,其节水增发电量能力有明显差异,因此不同水库水能利用提高率的比照标准也不同,表6-1的考核指标仅供参考。

表6-1 水库年度水能利用提高率考核指标

水库调节性能	调度水平优劣		
	优秀	良好	合格
周调节及以下(%)	1.5~2.0	1.0~1.4	0.5~0.9
季、年调节(%)	2.0~3.0	1.5~1.9	0.5~1.4
多年调节(%)	3.0~4.0	2.0~2.9	0.5~1.9

(二)理论电量的计算

计算考核指标的关键是理论电量,而理论电量能否正确计算,取决于基本资料及重要计算参数是否准确。

1. 基本资料的收集与重要计算参数的审定

基本资料包括:水库水量损失与水头损失,综合利用用水要求;水库库容、面积、尾水位流量、水头损失、机组出力限制等关系曲线,电站设计保证率与保证出力,水库发电调度图等。

重要计算参数包括:①综合出力系数。各电站可根据历史资料及运行现状科学合理地确定。②水电站负荷率。水电站合理的负荷率与所在电网的结构、电网负荷特性、负荷预测、停机方式、火电实际调峰状况、电价政策、网内其他水电站来水蓄水情况以及水电站本身机组状况、电网的安排等有密切关系。因此,水电站负荷率一般通过对历史资料的认真分析和计算,并经过充分协商和论证确定。

2.“水位差电量”计算问题

所谓“水位差电量”，是指在按调度图或有关调度原则进行理论电量计算时，考核期末的计算水位与实际水位存在差异，因此存在着相应的电量差，即“水位差电量”。根据对“水位差电量”处理方式的不同，分连续计算法和折算计算法。连续计算法不考虑“水位差电量”对考核结果的影响，每个考核期在起算时，都以上一考核期末的计算结果为初始条件进行计算。该方法是目前争议较少的一种计算方法。折算计算法则要考虑“水位差电量”对考核结果的影响，在下一考核期再起算时，以上一考核期末的实际或计算结果为初始条件进行计算。折算时应坚持实际水位向计算水位靠拢的原则。如实际水位高，则应将多余水量按照合理的耗水率折算为电量，并加入到考核期实际电量；如实际水位低，则应将超用水量按照合理的耗水率折算为电量，并从考核期实际电量中扣除。折算时所用耗水率应为考核期平均耗水率。使用折算计算法后，应注意对其后效性进行处理。当某水电站确定使用折算计算法进行考核计算时，应根据初始水量差在第二考核期内的实际作用，对第二考核期的实际电量进行必要的修正。

3. 理论电量上限问题

每个水电站的可调出力随着水库水位的变化而变化，因此不同水位下的可调出力存在上限值。同时水电站在电网中都不同程度地担负着调峰、调频任务，因此水电站理论电量对应不同水位及调峰、调频力度，具有上限值。所以，在计算水电站理论电量时，考核期内任何一个计算时段的理论电量应小于或等于该时段内的理论电量的上限值。如果计算的理论电量大于理论电量的上限值，则该计算时段的理论电量取理论电量上限值。

理论电量上限值 E_{max} 的计算公式为

$$E_{max} = N_k T \gamma \tag{6-1}$$

式中　N_k——计算时段平均可调出力，kW；

T——计算时段长，h；

γ——电站发电负荷率（%）。

（三）不同调节性能水库水能利用考核方法

由于各种水库的规模不同，调节性能差异很大，运行规律也多种多样，因此各种调节性能水库的节水增发电量计算办法也有所差别。

1. 日调节性能水库

日调节水库的调节性能较差，在进行发电考核计算时，其水库的调节性可不予考虑。理论计算电量时，上游水位可采用固定值进行计算；如取死水位与正常高水位的平均水位或取近 3 年上游平均水位，也可根据水库运行具体情况确定计算值。水电站综合出力系数 K 值可采用前期运行实际结果或采用近 3 年的平均值进行计算。计算时段应以日为单位。

日理论电量严格按水库出、入库平衡计算，计算公式为

$$E_{\text{Ⅱ}} = 24K(\overline{Z}_{SY} - \overline{Z}_{XY})\overline{Q}_{rk} \tag{6-2}$$

式中　$E_{\text{Ⅱ}}$——日理论电量，kW·h；

K——综合出力系数；

$\overline{Z}_{SY}$——水库上游计算考核水位，m；

$\overline{Q}_{rk}$——日均入库流量,m^3/s;

$\overline{Z}_{XY}$——对应于日均入库流量的下游水位,m。

按式(6-2)计算的日理论电量如果大于日理论电量的上限值,则应取其上限值。将考核期内所有日理论电量进行累加,即得考核期内的理论电量。

2. 季、年调节及其以上性能水库

季、年调节水库计算时段一般为旬,多年调节水库也可采用月。计算理论电量应按照调度图及有关调度原则进行计算。计算理论电量时,考核期内任何一个计算时段的理论电量应小于或等于该时段内的理论电量的上限值。不过,多年调节水库的综合出力系数 K 值变化范围较大,因此计算中应考虑水位等因素对 K 值的影响,并根据考核期具体情况对其加以修正。

3. 梯级水库

梯级水库运行存在以下两种情况:一是各自单独运行,各水库运行目标互不影响;二是联合运行,即通过各梯级水库联合运行以完成相关目标任务。对于第一种情况,各水库的水能考核应单独进行,其方法同前。对于实施联合运行的梯级水库,应及时完成梯级联合调度图的编制工作。梯级水库调度考核办法不太成熟,以下是几项考核原则:

(1)梯级中各水库理论电量计算时应使用连续计算办法。

(2)在梯级中起主要调节作用的水库,其考核计算必须按梯级联合调度图及有关梯级调度原则进行理论电量的计算。

(3)梯级中非主要调节性能水库考核计算时,可按梯级调度图及有关梯级调度原则进行计算,也可以作为单一水库进行计算。具体采用哪种办法,应视实际情况决定。

(4)由于梯级水库间存在较大的补偿调度效益,因此应根据具体情况,采用合理的计算办法对节水增发电量在各水库间进行公平分配。

(四)提高节水增发电量的有效措施

在任何一项管理工作中,人的主观能动性对工作成效起着举足轻重的影响,水库调度管理也不例外。在实际调度中,调度人员可以通过以下各种有效手段节水增发电量:

(1)建立水库调度自动化系统。建立规模合理、技术先进、运行可靠的水库调度自动化系统,对于调度人员及时掌握各种水情信息并进行准确决策是十分重要的,也是开展节水增发电工作必备的基础工作。

(2)大力开展优化调度工作。在建立水库调度自动化系统的基础上,积极开发针对性强、方便实用的决策支持软件,大力开展水库优化调度工作,努力提高水库运行效益。

(3)做好次洪水节水工作。在一次洪水过程中,抓住预发、满发、拦洪尾(俗称"节水三部曲")三个重要环节,做好次洪水节水增发电工作。预发指洪水未发生时,在已经掌握大量水情、雨情信息并具备准确预报的基础上,提前加大水电站发电量,腾库迎峰;满发是指在洪水过程中,采取一切措施,保证水电机组稳发满发;拦洪尾是指在洪水过程即将结束时,提前关闭泄水闸门,拦蓄洪尾。实践证明,次洪水"节水三部曲"是一项非常有效的节水增发电措施。

(4)梯级联合调度。在梯级水库间实施相互补偿的联合调度,能够充分发挥梯级水库的整体效益,也是提高水能利用率的重要措施之一。

(5)跨流域补偿调度。各流域的水情特征大多不同,来水往往不同步。实际调度中可以充分利用这些差异,积极开展跨流域补偿调度,实现水电大幅增发。

(6)综合手段。结合实际调度经验,不断总结分期控制水库水位、汛前降低库水位、重复利用库容、降低机组空耗、超蓄、超发等有效的节水增发措施和途径,也可取得巨大的社会效益和经济效益。

三、水库调度其他考核指标

传统常规的水库调度方案常用耗水率、水量利用率、水库水位等指标来评定其综合运行效益,表示其水库调度水平。

(一)耗水率

耗水率 q_0 是指水电站每发 1 kW·h 电量所需耗用的水量。水电站耗水率的大小在一定程度上可以反映出水库运行的整体水平。

q_0 的大小与水电站的运行水头关系密切,同时与水电站机组的工况、运行状态有关。对同一年份的不同水电站来说,发同样的电,高水头水电站的 q_0 比低水头水电站的 q_0 小;对同一水电站的不同年份来说,当发电量相同时,平均水头高的年份的 q_0 要小。为便于在年际之间及各水电站之间比较,可采用相对耗水率指标 K_q 以消除水头的影响,即

$$K_q = q_{0,SJ}/q_{0,JS} \tag{6-3}$$

式中　$q_{0,SJ}$——实际耗水率,$m^3/(kW \cdot h)$,等于实际运行的发电用水量除以相应的实际发电量;

$q_{0,JS}$——计算耗水率,$m^3/(kW \cdot h)$,根据实际来水按上级批准的调度图或调度函数及其他调度方法和相应调度规则计算得出的发电用水量除以相应的计算发电量求得,它为考核的标准。

K_q 一般大于1,若调度得好,可降为1,甚至小于1。相对耗水率越小,说明水库的运行越经济,具体优劣评判标准见表6-2。

表6-2　相对耗水率指标 K_q 优劣评判标准

调节性能	时段	调度优劣		
		优秀	良好	合格
周调节及以下	日、旬、周、年	<0.95	0.96~0.97	>0.98
季、年调节	月、年	<0.94	0.95~0.97	>0.98
多年调节	月、年	<0.93	0.94~0.97	>0.98

(二)水量利用率

水量利用率 α_w 是指水库发电用水量与相应时期来水量的比值。水量利用率是衡量水库的入库水量被水库利用的程度,在一定程度上可以反映出水库调度的优劣。α_w 值愈大,说明对来水利用得愈充分。

水库的调节性能、洪水特性、流域的水文特性、装机容量、电网运行等因素对水量利用

率都有重要影响,因此利用该指标对水库调度进行考核具有很大的局限性。为提高水量利用率,应力求合理调度水库,开展经济运行,尽量减少弃水。为便于在年际间或各水电站之间比较水量利用程度和水库调度水平时消除非人为因素的影响,可采用相对水量利用率 K_a,即

$$K_a = \alpha_{w,SJ}/\alpha_{w,JS} \tag{6-4}$$

式中 $\alpha_{w,SJ}$——根据实际运行的发电用水量和来水量计算的实际水量利用率(%);

$\alpha_{w,JS}$——根据实际运行的来水量和按上级批准的调度图、调度函数或其他调度方法及相应调度规则计算出的用水量而求得的计算水量利用率(%),是考核的标准。

K_a 是相对值,一般小于1,若调度得好,可等于1,其优劣评判标准见表6-3。

表6-3　相对水量利用率指标 K_a 优劣评判标准

调节性能	时段	来水类型	调度优劣		
			优秀	良好	合格
周调节及以下	月、年	丰	>0.92	>0.9	>0.85
		平	>1.00	>0.95	>0.90
		枯	>1.10	>1.0	>0.95
季、年调节	月、年	丰	>0.92	>0.92	>0.90
		平	>1.05	>0.95	>0.92
		枯	>1.10	>1.05	>0.95
多年调节	月、年	丰	>0.98	>0.95	>0.90
		平	>1.10	>1.00	>0.98
		枯	>1.15	>1.05	>1.00

(三)水库水位

水位考核可以用于对径流式水电站运行的简单评价,也可用于评价水库蓄水状况。日调节性能水库以超过正常高水位与死水位的平均水位的概率 q 作为考核标准。

$$q = \frac{N_C}{N_0} \times 100\% \tag{6-5}$$

式中 N_C——考核期内水库平均水位超过正常高水位与死水位的平均水位的次数(注:计算中,水位采样频率不低于30 min/次);

N_0——同期水库水位总次数。

年调节性能和多年调节性能的水库以汛末水库蓄水程度 X 作为考核标准。

$$X = \frac{V_C}{V_{YX}} \times 100\% \tag{6-6}$$

式中 V_C——汛末水库蓄水的可调水量(汛末水库蓄水量——死库容),m^3;

V_{YX}——水库的兴利(有效)库容,m^3。

水库水位考核优劣评判标准如表 6-4 所示。

表 6-4 水库水位考核优劣评判标准 (%)

调节性能	等级		
	优秀	良好	合格
日调节	>85	>85	>50
季、年调节	>95	>90	>85
多年调节	>90	>85	>80

(四)水文预报考核

水文预报分为短期预报和中长期预报。短期预报一般指降雨径流的洪水预报,其考核内容主要是对洪水预报方案精度的等级评价,主要评价指标有确定性系数、洪峰流量、峰现时间预报合格率。中长期预报是指预见期较长,必须在降雨尚未发生,甚至降雨的天气过程尚未形成之前作出的预报。由于中长期预报方法不是很成熟,预报精度较低,仅对水库调度起到指导作用,其详细考核办法参见《水文情报预报规范》(GB/T 22482—2000)

确定性系数用以描述洪水预报过程与实测洪水过程之间的吻合程度,其计算公式为

$$DC = \frac{\sum_{t=1}^{T}[Q_{YB}(t) - Q_{SJ}(t)]^2}{\sum_{t=1}^{T}[Q_{SJ}(t) - \overline{Q}_{SJ}]^2} \tag{6-7}$$

式中 DC——确定性系数(保留两位小数);

T——一次洪水流量个数;

$Q_{YB}(t)$、$Q_{SJ}(t)$——t 时刻流量的预报值和实测值,m^3;

$\overline{Q}_{SJ}$——实测洪水过程流量的均值,m^3。

洪峰流量、峰现时间预报合格率(QR)为合格预报次数与预报总次数之比的百分数,表示多次预报总体的精度水平。洪峰流量预报的许可误差为实测洪峰流量的 20%。峰现时间预报的许可误差为预报时刻至实测洪峰流量出现时刻之间时距的 30%,若许可误差小于 3 h 或一个预报时段长,则以 3 h 或一个预报时段长作为许可误差;若一次预报的误差小于许可误差,即为合格预报。

考核计算时,要求使用不少于 10 年的水文气象资料,其中应包括大、中、小各种代表性年份,并保证有足够代表性的场次洪水资料,湿润地区不少于 50 次,干旱地区不少于 25 次。当资料不足时,应使用所有洪水资料。洪水预报方案建立后,应进行精度评定和检验,衡量方案的可靠程度,确定方案的精度等级。方案的精度等级按表 6-5 标准划分。精度评定必须用参与洪水预报方案编制的全部资料。精度检验应引用未参加洪水预报方案编制的资料(不少于 2 年)。当检验精度等级低于评定精度等级时,应分析原因,当情况不明又无法增加资料再检验时,洪水预报方案应降级使用。

表6-5 洪水预报方案精度等级划分标准

精度等级	甲	乙	丙
合格率 QR(%)	$QR \geq 85.0$	$85.0 > QR \geq 70.0$	$70.0 > QR \geq 60.0$
确定性系数 DC	$DC > 0.90$	$0.90 \geq DC \geq 0.70$	$0.70 > DC \geq 0.50$

当一个预报方案包含多个预报项目时,预报方案的合格率为各预报项目合格率的算术平均值;当主要项目的合格率低于各预报项目合格率的算术平均值时,以主要项目的合格率等级作为预报方案的精度等级。

(五)洪水调度考核

1999年水利部批准发布了《水库洪水调度考评规定》(SL 224—1998)。《水库洪水调度考评规定》(SL 224—1998)是由国家防汛抗旱总指挥部办公室等单位,依据《中华人民共和国防洪法》、《水文情报预报规范》(SL 250—2000)、《综合利用水库调度通则》及其他有关法律、规范编制的,其有关规定是目前水库洪水调度考评的依据。水库洪水调度中常用的考核指标为次洪水最高洪水位、次洪水最大下泄流量。

次洪水最高洪水位是按一次洪水实际最高洪水位与按规定的洪水调度规则进行调洪计算求得的最高洪水位的相对位置进行考核,以次洪水最高水位指数 H_B 为考核对象。

$$H_B = \frac{V_{SJ} - V_{JS}}{V_F} \tag{6-8}$$

式中 V_{SJ}——实测次洪水最高水位相应库容,m^3;

V_{JS}——次洪水相应洪水频率(或按调洪规则计算的)最高水位相应库容,m^3;

V_F——有防洪库容的水库为防洪库容,无防洪库容的水库为调洪库容,m^3。

次洪水最大下泄流量是按该次洪水实际最大下泄流量与根据规定的洪水调度规则进行调洪计算求出的最大下泄流量进行考核,以最大下泄流量指数 Q_B 为考核对象。

$$Q_B = Q_{SJ}/Q_{JS} \tag{6-9}$$

式中 Q_{SJ}——次洪水实测最大下泄流量,m^3/s;

Q_{JS}——根据批准的调洪规则计算的最大下泄流量,m^3/s。

洪水调度考评项目和标准见表6-6。

表6-6 洪水调度考评项目和标准

等级	好	一般	差
指数 H_B 范围	$H_B \leq 0$	$0 < H_B \leq 0.02$	$H_B > 0.02$
指数 Q_B 范围	$Q_B \leq 1.0$	$1.0 < Q_B \leq 1.10$	$Q_B > 1.10$

(六)气象预报考核

气象预报分为短期预报和中长期预报。由于受人类认识自然规律的限制,中长期气象预报结果仅可供水库中长期运行参考,但短期气象预报对水库的防汛、发电、蓄水有显著的作用。

短期气象预报一般为定性(见表6-7)预报而不作定量预报,其考核标准为降低或增加一个档次即为合格。例如,预报24 h内有大雨,实际为中雨或暴雨即为合格,气象预报考核对象为预报合格率,以汛期发布短期气象预报的合格次数占预报总次数的百分比表示,其考核标准如表6-8所示。

表6-7　气象预报降雨量定性划分

24 h降雨量(mm)	0.1～9.9	10.0～24.9	25.0～49.9	>50.0	>100.0	>200.0
降雨量的定性划分	小雨	中雨	大雨	暴雨	大暴雨	特大暴雨

表6-8　气象预报考核标准

预报内容	优秀	良好	及格	不及格
24 h预报	$P\geq 85\%$	$85\% > P\geq 75\%$	$75\% > P\geq 65\%$	$P < 65\%$
48 h预报	$P\geq 80\%$	$80\% > P\geq 70\%$	$70\% > P\geq 60\%$	$P < 60\%$
72 h预报	$P\geq 75\%$	$75\% > P\geq 65\%$	$65\% > P\geq 55\%$	$P < 55\%$

以上各项指标既用于对水库调度和运行管理技术经济效果的评价,更主要的是用于对各级水库调度管理机构和单位管理工作的考核。一般考核工作在年末逐级进行,主要是上级主管部门对水电站及水库管理单位考核;而后者也可在其内部对其下属各分场、车间、科室考核,但考核指标体系可根据各单位实际自行拟定。

应当指出,上述指标体系自颁发以来,对水电站及水库管理水平的提高起到了一定的促进作用,但仍需进一步完善,特别应着重探讨评价和考核水库运行调度和管理更全面、更科学的综合指标与方法。

复习思考题

1. 何谓水库运行调度方案和运行调度计划?二者有何区别与联系?试述运行调度方案编制的基本依据、内容及一般步骤。
2. 试述水库运行调度计划制订的内容与步骤。
3. 水库调度规程与工作制度各包括哪些内容?它们对水库运行调度有何意义?
4. 制订水库当年度汛计划一般包括哪些内容?
5. 评价与考核水电站及其水库运行调度与管理工作采用什么办法和指标?

项目七　水库群调度简介

任务一　水库群调度的基本知识

一、流域及库群规划简述

中华人民共和国成立以来,很多流域都兴建了一些大中型水库,形成了水库群,对社会建设发挥了很大作用。随着社会的发展,农业、工业、城镇及交通运输等国民经济各个部门日益增长,对水资源的要求也越来越高。因此,合理开发利用水资源,科学地进行水库调度,显得更加迫切和重要。

例如黄河,水沙调控体系的核心内容是"体系",要充分体现水库的联合调度。所谓联合调度,就是实现"1 +1 >2",即整体合力发挥得更充分,以解决黄河未来的水沙关系不平衡问题。专家分析指出,建立完善的水沙调控体系将实现真正意义上的黄河上、中、下游统一调控,推进流域一体化管理进程。按照水沙调控体系建设的目标,通过科学实施干、支流水库群的联合调度,也将有利于维持黄河的健康生命,它能够促进实现黄河水、沙的跨时空调节,为调水调沙、小北干流放淤创造合适的水沙条件,能够保持干流水库长期的调水调沙库容,同时也能最大限度地优化水资源配置,确保黄河不断流。

为了明确水库群的调度工作,需要具备流域规划的一些基本知识。下面仅简述中小流域的规划问题。

(一)中小流域制定综合利用规划应遵循的原则

(1)要综合分析、统筹兼顾。治理和开发河流,要综合利用、综合治理、综合开发、综合平衡。综合利用是指水利、动力和土地资源的全面安排综合使用,而且力争每项工程措施同时为几种治理要求服务;综合治理是指治山、治水、治沙和治碱等统一考虑;综合开发是指上、中、下游统一考虑,大、中、小型工程结合;综合平衡是指人力、财力、物力全面分析,开发利用与实际可能要相平衡,做到耗费小、收益快、经济效益大。

(2)树立全局观点。从流域的实际情况和特点出发,分清主次,明确轻重缓急,分期分批逐步开发,尽可能增加国民经济的总效益。

(3)要有政策观念。拟订开发治理方案时,要注意符合相关政策,保证发展方向正确。在经济技术上可行的各种方案中,选出较优方案。

(4)要有发展观点。一定要考虑到社会建设、国民经济高速发展对开发河流的新要求,要考虑流域之间引水对本流域的影响。

(二)流域综合利用规划的基本内容和步骤

(1)调查研究、确定规划方针及开发治理任务,收集有关资料:流域自然地理方面的资料,如流域的地理位置、面积、地形地貌,河长、坡降等;水文气象资料,如降雨量、蒸发量、气温、风向、冰霜期、日照,以及河流的水位、流量、洪水、年径流量、泥沙等;地质、水文地质和土壤资料,如岩石的种类、分布、性质和结构,地下水的分布、储量、水质和流向,土壤的种类、分布和性质等;社会经济情况方面的资料,如城镇分布,工业、农业、林牧渔业、交通运输、科学文化等的现状和发展规划。

分析研究上述情况,明确流域特点,确定规划的方针和治理开发的主要任务。

(2)编制综合利用规划方案。根据流域的规划治理方针和任务,拟订出工程技术措施的各种方案,包括防洪、灌溉、水力发电、水土保持、航运等。干支流、上下游统一考虑,布置水库群,确定水利水电骨干工程,拟定出近期规划和远期规划。

(3)进行技术经济分析,选择较优方案。对各种规划方案进行水文水利计算,解决防洪与兴利之间的矛盾,并对各方案中大中型水利工程作经济分析,估算工程量、投资(包括淹没损失)、效益,通过分析比较,选出较优的开发方案。

(4)提出规划方案和实施步骤,推荐近期工程。

(三)流域综合利用规划方案的拟订

在调查研究的基础上,根据规划原则和内容,结合实际需要与可能,认真分析河流特性,作出既符合流域自然规律又适应建设需要的规划方案。由于各流域的自然情况和社会经济差异很大,所以治理开发的任务也不相同。但是,中小流域综合利用规划方案,大体上有以下两类。

1. 以防洪、灌溉为主的规划方案

在丘陵山区,山坡低缓,河槽两岸地势平坦,土地肥沃,有发展农业生产的良好条件,但是往往水源缺乏,又易受洪涝灾害。因此,流域治理的开发,应以防洪、灌溉为主。在水土流失严重的干旱流域,一般应以水土保持、发展灌溉为重点。

防洪、除涝是流域治理开发的重要内容。要分析洪水特性、洪涝灾害的形成和影响,因地制宜地拟订防洪治涝方案。一方面采取修库拦洪、洼地蓄洪、引水分洪、挖河排洪等工程措施;另一方面采取生物措施,在山丘上植树造林,保持水土,防风固沙,涵养水源。一些经济发达国家的情况说明,森林覆盖率达30%以上,而且分布均匀,才能起到调节气候、防御自然灾害、保证农业稳定发展的作用。森林还可以改善自然条件,防止环境污染,起到保持生态平衡的生物效应。我国的森林覆盖率较低,而且分布很不均匀。如果水土流失严重,会使水库淤积,减少水库寿命。因此,在流域治理开发中,植树造林应列入重要项目。

在流域中下游平原易涝地区,应该从实际出发,拟定治涝措施。根据作物排水要求,采取降低地下水位和排除地面水的方式,如挖深沟排水,修筑台田,防止盐渍化;开挖截流沟,将山丘坡面水撇入河道,做到高水高排,低水低排;还可利用湖泊、洼淀、沟塘,以及稻田滞蓄涝水。

灌溉规划要根据流域内水土资源及地形情况,划分灌区,确定灌溉面积,研究灌区供水量,充分利用当地水源。拟出环山干渠,使库塘相连"长藤结瓜""井渠结合",实现大面积自流灌溉。少数地方必要时,可配合机电抽水灌溉。形成蓄、引、提相结合的水利灌溉系统,使流域发展成为旱涝保收、稳产高产的农业生产基地。

图7-1为某流域库群示意图,该流域是重要的粮棉生产基地,所以治理开发的重点以

灌溉为主,结合防洪、发电、养殖、航运等。流域中下游为丘陵平原地区,适宜发展灌溉。上游为山区丘陵,水源充沛,有良好的筑坝库址,修建甲、乙、丙三座大型水库骨干工程,控制流域面积共计1 259 km^2,每年拦蓄径流量约4亿m^3。近期灌溉面积达70多万亩。远期规划修建丁库,进一步控制调节径流,修筑南北干渠,结合中小型水库和塘坝蓄水,形成"长藤结瓜"自流灌排的水利系统,灌溉面积可发展到100万亩以上。

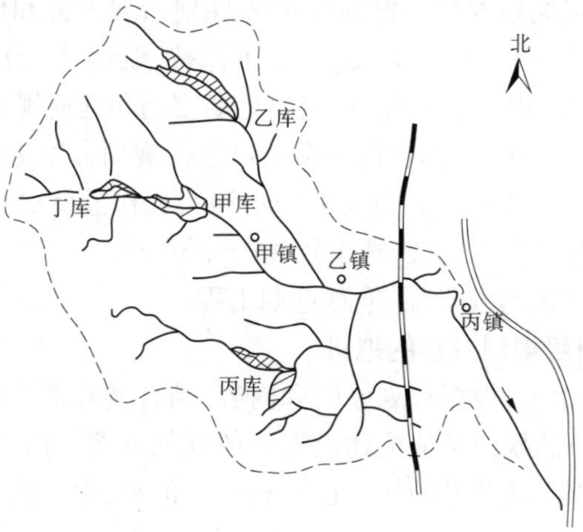

图7-1　某流域库群示意图

防洪方面,近期防洪标准为10年一遇洪水,保护农田15万多亩,使16万多人口免受洪灾。随着流域治理工作的完善,防洪标准将逐步提高。利用灌溉水发电,装机容量1万多kW,年发电量约3 000万kW·h。山丘、平原、河渠道路两旁加强绿化,发展用材林和经济林。山、水、林、田、路统一布局,形成旱涝保收、绿树成荫、花果遍野、风景秀丽的鱼米之乡。

2.以发电为主的规划方案

在山区河谷狭窄,耕地较少,落差比较集中的小河流,水利资源的开发应以发电为主。

根据河流地形、地质情况,在干流和主要支流上,布置若干大中型骨干控制工程,解决发电、灌溉、防洪、航运等综合利用问题。

布置梯级水电站方案,水能开发方式可以为混合式、引水式、堤坝式,要因地制宜地利用落差,尽可能地使各级水电站"首""尾"相连。从水库调节性能和水能利用考虑,应在上游布置库容大的水库,以有利于整个河流的梯级开发。中下游各梯级水电站有条件时也应建库蓄水,以增大调节性能。如果无中高水头坝址,修建低水头水库有时也是必要的。

布置梯级水电站不仅要考虑水能的开发利用,而且要注意淹没损失问题。对于重要的农业区、工矿区、交通干线、名胜古迹往往不能淹没。对于灌溉、防洪、航运、渔业、水土保持、植树造林等水土资源的综合利用问题,在全流域要统筹安排,做到上、中、下游和"点、线、面"相结合,全面考虑,合理布局。

中华人民共和国成立以来,我国许多中、小河流实现了梯级水电站开发方案,取得了丰富的规划设计、建筑施工、管理运行方面的经验。例如,四川省龙溪河梯级水电站为四级开发(见图7-2),贵州省猫跳河梯级水电站为六级开发。这些梯级水电站主要任务是发电,同时也兼顾防洪、灌溉等任务。

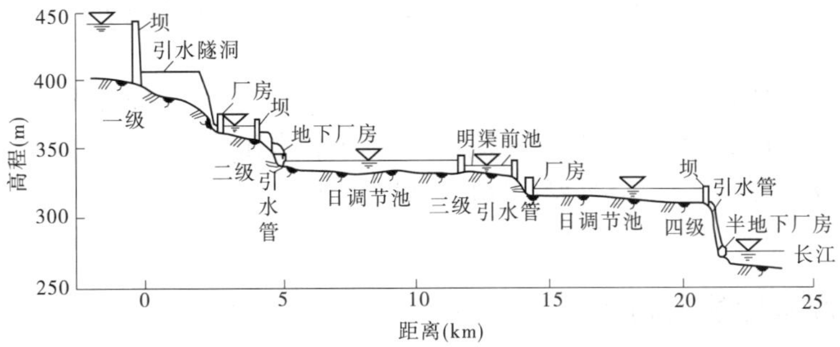

图 7-2 龙溪河梯级水电站布置示意图

上述库群规划的一些原则和要求,完全适用于库群调度工作。

二、水库群调节计算的目的与途径

水库群大致可分为三种布置情况:

(1)串联水库群,也称梯级水库群。在河流上下游布置梯级水库,互相之间有水力联系,如图 7-1 所示的甲库、丁库。

(2)并联水库群,如图 7-1 所示的甲、乙、丙库,水库之间没有直接的水力联系,但可以承担共同的防洪、灌溉、发电等任务。

(3)混联水库群,如图 7-1 所示的甲、丁、乙、丙库为串联水库群与并联水库群混合联结的较为复杂的水库群。

水库群所控制的流域面积、涉及范围、发挥的作用更加广大。水库群调节计算的目的在于充分发挥库群的联合作用,更合理地调节天然径流过程,解决河流来水与用水之间的矛盾、兴利与防洪之间的矛盾,更有效地治理、开发河流,利用水土资源,以适应国民经济发展的需要。具体来说,通过库群联合运用与各水库单独运用相比较:在防洪方面,可以提高总的防洪效益,减少水害;在灌溉方面,可以提高总的设计灌溉供水量,扩大灌溉效益;在发电方面,可以提高总的保证出力,增加发电量。

由于河流特性、气候特征、水文情况的差异,各水库入库径流的时间和数量都不相同,各水库的库容大小也不一样,因此进行库群之间的径流调节,主要途径是采用联合工作、取长补短、互相补偿的方式。

如图 7-1 所示甲、乙、丙、丁四库,共同承担下游 100 万亩农田的灌溉任务,其中甲库的库容最大,具有多年调节性能,这样则可利用甲库的库容在丰水年多蓄水,枯水年多供水,以提高四库的总枯水流量。这种利用库容进行的径流补偿调节,称库容补偿调节。

如图 7-2 所示,一级电站有多年调节库容,可拦蓄较多的水量。当汛期一至四级电站之间的区间径流量较大,则可充分利用区间径流发电,一级电站水库则尽可能拦蓄上游径流,少放水;汛后区间径流小时,则加大一级电站的发电供水。对三四级电站来说,则起径流补偿作用,故称补偿调节,它提高了各梯级电站的总保证出力和发电量。

水库群所承担的主要任务不同,其调节计算方法也不同。

任务二　水库群的兴利调度

兴利库群主要是指以灌溉或给水为主的水库群,这类水库群也兼有防洪、发电等综合利用。兴利库群的调度是通过库群径流调节,确定各水库所需要的合理库容,以及蓄水和供水的时间次序等问题,以充分发挥库群的联合作用和各水库的潜力,使水库群总的效益最大。

一、串联水库的兴利调节

(一)从上游水库开始向下游逐级调节

梯级水库中每个水库都负有灌溉的任务,具有相对的独立性。因此,各水库的兴利调节都以满足本水库供水要求为主。虽然上、下梯级间的水利联系不很密切,但上一级水库经过径流调节后,改变了河川天然径流情况,必将影响下一级水库。对于这种情况,拟采用自上而下逐级调节的方式。

(1)各梯级水库供水保证率相同时,调节计算的步骤如下:

①对上游第一级水库,根据兴利库容和设计枯水年的来水、供水过程线,进行兴利调节计算,其方法与单库相同。

②求第二级水库的入库流量过程线。用第一级水库调节后的出库流量过程线,减去所消耗的水量,再加上一至二级的区间同频率流量过程线,即为所求。

③对第二级水库的入库流量过程线和供水过程线进行兴利调节计算,方法仍与单库相同,得第二级的调节流量过程线。

④依次逐级计算。

(2)各梯级水库的供水保证率不同时,调节计算有两种情况:一是上游保证率高于下游,如上游为工业给水工程 $P=90\%$,下游为灌溉工程 $P=80\%$,上游水库按本身要求的 $P=90\%$ 年来水量进行调节;当调节计算下游水库时,而上游水库的设计年来水量,需要应用上游水库 $P=80\%$ 年来水量进行调节所得出的下泄流量过程,再加上 $P=80\%$ 的区间来水,作为下级水库的入库流量,进行调节计算求得下游水库的兴利库容。二是上游供水保证率低于下游,如上游 $P=80\%$,下游 $P=90\%$,则上游水库本身按 $P=80\%$ 进行径流调节;当 $P=90\%$ 时,根据上述方法,推求下游水库 $P=90\%$ 枯水年的入库流量过程线,作调节计算。

(二)从下游水库开始向上游调节计算

当下游的灌溉供水任务大,因地形地质条件或淹没损失等限制,下游水库不能满足综合利用供水要求,故需要上游再修建水库,对下游作补偿调节。上游水库主要是配合下游水库共同承担供水任务,而本身并无独立供水任务,或只有附带少量任务。这种情况,串联水库各库容需要统一考虑,合理分配。通过自下而上进行调节计算,可选择其中上下水库总库容较小,而总效益较大的方案。其步骤如下:

(1)确定下游总灌溉供水过程线。

(2)求出上下游水库及区间的设计年径流过程线。

(3)拟定下游水库的兴利调节库容 $V_{兴下}$。如果灌区较大,需水量较多,则所拟定的库容要能够足以调节区间径流。对年调节水库,在设计枯水年能蓄存非灌溉期的区间天然来水量;对多年调节水库,要能蓄存设计枯水段非灌溉期的区间天然来水量。若 $V_{兴下}$ 拟得过小,调节性能差,可能导致上游水库兴利调节后难以满足总的灌溉任务。

(4)推求下游水库为满足下游总灌溉供水过程所需要的入库流量过程线。

(5)用下游水库所需要的入库流量过程线,减去区间流量过程线,即得上游水库应补偿的水量过程线,再加上它本身附带的少量供水过程,得出上游水库的供水流量过程线。

(6)用上游水库的设计年径流量与供水流量过程进行径流调节,求出上游水库所需的兴利库容 $V_{兴上}$。

同理,可求出另一组上、下游库容,然后作技术经济比较,择优选用。

【例 7-1】 某河布置上下串联水库,如图 7-3所示。下游灌溉农田 50 万亩,推求上、下两库的兴利库容。

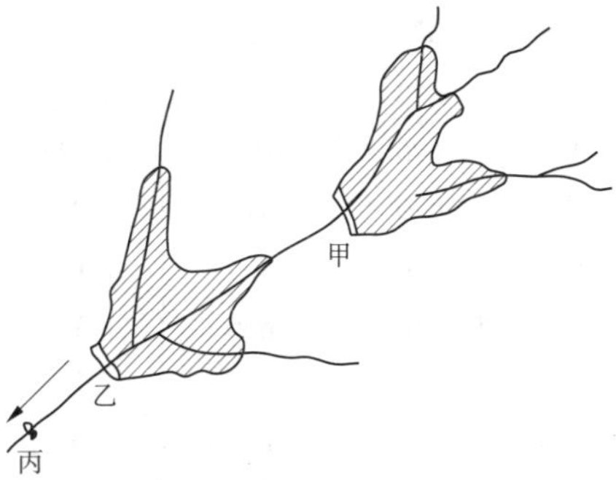

图 7-3 某河流串联水库布置示意图

解:(1)根据灌溉面积与当地灌溉制度,求得下游总灌溉用水过程线,如表 7-1 中第①栏所示。

(2)求出上、下游水库及区间的设计年径流($P=80\%$)过程线,如表 7-1 中第②、③、④栏所示。

(3)拟出下游水库的兴利库容 $V_{兴下}$,并推求为满足50 万亩农田灌溉供水要求,所需要的入库流量过程线,如表 7-2 所示。为了使下游水库能够足以调节区间径流,设计枯水年区间来水全部用于灌溉,不足水量由上库补偿(初步考虑上库均匀补偿),则灌溉总供水量减去区间来水总量,得上库补给总水量[22 500 − 14 460 = 8 040(万 m^3)],平均分配到各月,得表 7-2 中第②栏。

表 7-1 某河灌溉供水量及上、下水库区间设计年径流量($P=80\%$) (单位:万 m^3)

月份		1	2	3	4	5	6	7	8	9	10	11	12	全年
灌溉供水量	①	1 320	1 507	1 727	1 388	2 259	2 348	3 300	3 244	1 415	1 032	1 480	1 480	22 500
下库天然来水量	②	529	472	1 517	1 298	2 807	5 990	6 638	1 788	690	878	1 084	509	24 200
上库天然来水量	③	212	189	607	479	1 123	2 396	2 655	714	276	351	434	204	9 640
区间天然来水量	④	317	283	910	719	1 684	3 594	3 983	1 074	414	527	650	305	14 460

经过调节计算得表 7-2 第⑧栏,水库月末蓄水量的最大值,即为保证灌溉,能够调节区间径流,在上游水库补偿调节的情况下,下游水库所需的兴利库容 $V_{兴下}$ = 3 365 万 m^3。

(4)对上游水库进行调节计算。如表 7-3 所示,上游水库供水量见第⑤栏,包括向下游水库补偿水量第③栏和本库附带的供水量第④栏。经调节计算得第⑧栏,月末蓄水量的最大值 3 148 万 m^3,即为上游水库所需的兴利库容 $V_{兴上}$。

在得出上述一组 $V_{兴下}$、$V_{兴上}$ 后,再重新拟定几个 $V_{兴上}$,经调节计算,得出相应的 $V_{兴下}$。

得出几组上、下游库容值后,进行技术经济比较,择优选用。

表 7-2　下游水库兴利调节计算($P=80\%$)

月份	下游水库入库水量(万 m^3)			下游总灌溉供水量(万 m^3)	来水量 - 供水量		月末蓄水量(万 m^3)	弃水量(万 m^3)
	上游水库补给水量	区间来水量	合计		+	-		
①	②	③	④	⑤	⑥	⑦	⑧	⑨
1	670	317	987	1 320		333	701	
2	670	283	953	1 507		554	147	
3	670	910	1 580	1 727		147	0	
4	670	719	1 389	1 388	1		1	
5	670	1 684	2 354	2 259	95		96	
6	670	3 594	4 264	2 348	1 916		2 012	
7	670	3 983	4 653	3 300	1 353		3 365	
8	670	1 074	1 744	3 244		1 500	1 865	
9	670	414	1 084	1 415		331	1 534	
10	670	527	1 197	1 032	165		1 690	
11	670	650	1 320	1 480		160	1 530	
12	670	305	975	1 480		505	1 025	
合计	8 040	14 460	22 500	22 500	3 530	3 530		

表 7-3　上游水库兴利调节计算($P=80\%$)

月份	水库来水量	上游水库供水量(万 m^3)			来水量 - 供水量		月末蓄水量(万 m^3)	弃水量(万 m^3)
		向下游水库补偿水量	本身供水量(灌溉2万亩)	合计	+	-		
①	②	③	④	⑤	⑥	⑦	⑧	⑨
1	212	670	53	723		511	920	
2	189	670	60	730		541	379	
3	607	670	69	739		132	247	
4	479	670	56	726		247	0	
5	1 123	670	90	760	363		363	
6	2 396	670	94	764	1 632		1 995	
7	2 655	670	132	802	1 853		3 148	700
8	714	670	130	800		86	3 062	
9	276	670	57	727		451	2 611	
10	351	670	41	711		360	2 251	
11	434	670	59	729		295	1 956	
12	204	670	59	729		525	1 431	
合计	9 640	8 040	900	8 940	3 848	3 148		

对于以灌溉为主，且灌区遍布上、下游的多级梯级水库，径流调节计算的途径，基本上与两级水库相同，自下而上逐级计算盈亏水量，经调节计算求出各级库容。最下游水库所拟定的库容值有几个方案，则可求出几组各个水库的库容，然后对这几组梯级库容分配方案进行技术经济比较，择优选用。

上述自上而下和自下而上的两种调节计算方法，都是根据水量平衡原理逐级计算的。一般自上而下的调节计算常用于梯级以发电、航运、供水为主的情况。自下而上的调节计算，常用于梯级水库以灌溉为主，灌区遍布上、下游的情况，这样可充分利用上、下游各级水库的调节能力和区间径流，以发挥上游水库的补偿作用，有利于灌溉、发电、航运等综合利用。

上面讲述的串联水库水利计算为年调节。如果灌溉用水量大于设计枯水年的年径流量，则需要水库拦蓄丰水年的水补给枯水年。梯级水库中，要用一库或多库进行多年调节。因为多年调节改变了河川年径流的年际变化规律，故梯级水库多年调节计算主要是如何考虑水库经多年调节后对下库入库流量的影响问题，也就是如何推求下游各级梯级水库的入库流量频率曲线问题。求出某一梯级的入库流量频率曲线之后，该水库的调节计算就和单一水库相同了。

总之，梯级水库的径流调节，必须考虑水文、水力、水利三方面的相互联系，这些统称为梯级水库联合运用的水利计算问题。

二、并联水库的兴利调节

如图 7-4 所示，甲、乙两并联水库共同承担丙处的灌溉和其他供水任务，其兴利调节计算的步骤如下：

(1)编制丙水库设计枯水年的总需水流量过程线图(表)。

(2)推算甲、乙、丙水库的区间流域在设计枯水年区间来水量的可利用值，即区间可利用的流量过程线。

(3)从总需水流量过程线中减去区间可利用的流量过程线，得甲、乙两水库的共同供水流量过程线，如图 7-5 中的 1 线所示。

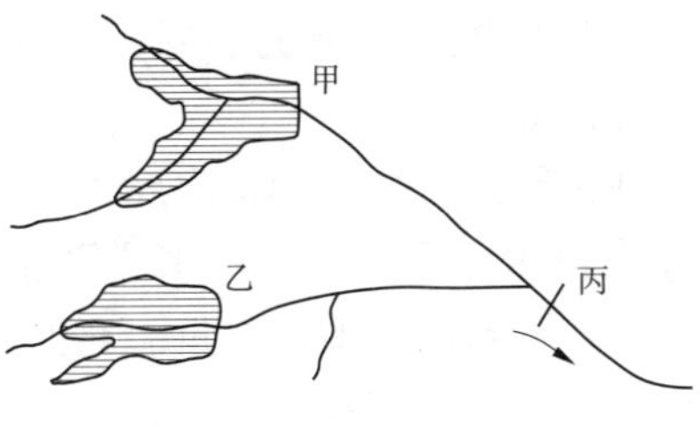

图 7-4　某河流并联水库布置示意图

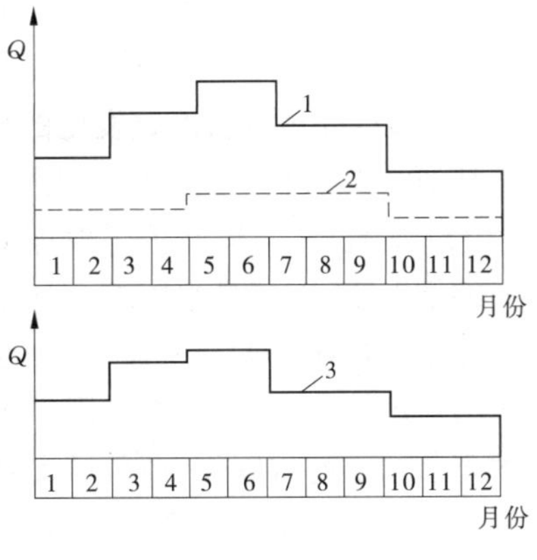

图 7-5　推求甲水库供水流量过程示意图

(4)确定补偿水库和被补偿水库。以库容较大，调节性能好，对供水没有特殊限制的水库作为补偿水库(甲库),库容较小的水库作为被补偿水库(乙库)。先对较小水库按本身的有利方式进行兴利调节计算,其调节流量过程线如图7-5中的虚线2所示。

(5)从甲、乙两水库总供水流量过程线——1线中减去乙水库的调节流量过程线——2线,得甲水库的供水流量过程线,如图7-5中的3线所示。

(6)对甲水库进行兴利调节计算。根据甲水库来水与供水进行兴利调节计算的方法与单一水库相同。如果水库的设计枯水年来水量 $W_{P,甲}$ 大于年供水量 $W_{供,甲}$,可进行年调节;若 $W_{P,甲} < W_{供,甲}$,则需进行多年调节。

如果有三个以上的并联水库,先对较小水库进行调节计算,不足水量由中水库调节,再不足的水量由较大水库补偿调节。总之,并联水库兴利调节的原则是,先调节较小水库,最后用较大水库进行补偿调节。

在规划设计并联水库时,应对较小水库拟出几个方案,分别进行水利计算,通过技术经济比较,综合分析,然后统一研究确定各并联水库的工程规模特征值。

三、水库群兴利调度的组合问题

(一)以灌溉为主的水库群统一调度原则

单纯的灌溉水库群是很少的,一般大中型水库都兼有发电任务。如果主要任务是灌溉和供水,发电用水较少,则不一定考虑各水库水头变化引起的电能损失,主要考虑各水库和水量合理分配,减少弃水,提高供水保证率,确定适当的蓄水放水次序。

(1)以灌溉为主的串联水库群调度原则。以灌溉为主的串联水库,上游的梯级水库放水可被下游水库再调节,而下游水库的供水量可由上游各梯级补给。因此,为提高水量利用率,减少梯级的总弃水量,蓄水时应首先蓄满上游各梯级水库,最后蓄满最下游的梯级水库。供水对应使下游水库先供水,最后由最上级水库供水。这样可利用下游梯级水库腾出的库容调蓄区间径流,发挥水库群的联合作用。

(2)以灌溉为主的并联水库群调度原则。在供水期,库容较小、调节性能较差的水库,按本身单独运用的有利方式进行供水,不足水量由调节性能较高的大水库补给。在蓄水期,调节性能高的或汛期结束较早的水库应先蓄水,保证较大水库正常蓄水,以免影响供水;调节性能低的或汛期结束较迟的水库,可迟后蓄水,避免早蓄而产生弃水。

(二)以灌溉为主,兼顾发电的水库群调度

从河流的水利开发目标和主要任务确定水库群以灌溉为主兼顾发电,在调度中仍然要考虑主要任务。然而,为了发挥工程潜力,尽可能地照顾各方面的需要,在不影响主要任务的情况下,应提高水库综合利用程度,使总的经济效益最大。

在水库群统一调节工作中,会遇到灌溉与发电的矛盾。例如,梯级水库为了提高灌溉用水的保证程度,往往上游水库先蓄水,下游水库先供水。但是对发电来说则相反,下游水库先蓄水上游水库先供水,可提高利用的落差,增加不蓄电能增发电量。在保证灌溉照顾发电的原则下统一调度,可拟订若干方案,应用过去的观测资料,进行水利计算,择优选用既满足灌溉要求,又使发电效益较大的方案。

当灌溉与发电能够结合时,水库供水先经过发电,再灌溉。可先研究发电方面的蓄放水次序,然后检验能否满足灌溉需要。若不能满足,则视河流来水情况,调整发电用水量。

当来水量偏丰时，可增加发电用水以满足灌溉要求；当来水量偏枯时，可改变或调整各水库的供水次序，以满足灌溉供水要求。

当灌溉引水与发电不能结合时，如水库上游灌溉自库内引水，为满足灌溉和发电两方面的要求，可拟订一些统一调度方案，进行水利计算，择优选用。也可以先由水电站群蓄放水次序判别式（参考其他教材），判定各库蓄放水次序，若与灌溉要求的蓄放水次序基本符合，即可进一步确定两者的蓄供水量；若不相符，一般应根据水库群任务的主次关系决定。

（三）兴利水库群的调度工作

兴利水库群无论是串联水库群还是并联水库群，调度工作基本上都是相同的。具体综述如下：

（1）根据本水库群的特点，按上述情况确定统一调度原则。

（2）由调度原则拟订几种调度方案，对各方案进行水库群水利计算。

（3）由水利计算成果，绘制水库群中各水库的年调度图，即水库群统一调度下的各水库调度图。

（4）以各水库调度图作为指导本水库调度工作的基本依据。在实际工作中要开展水文测报和水文预报工作，随时向水库群调度中心汇报情况。

（5）调度中心根据各水库的调度图、实际调度线、水库水情、需水等实际情况，作出决策，随时指导各水库的调度工作，实现统一调度。

【例7-2】　某水库群调度方案的选择。

解：某河水库群布置，如图7-6所示。干流上修建甲、丙两座串联水库，下游支流上修建并联水库乙，三座水库均以灌溉和工业供水为主，兼顾发电等综合利用。

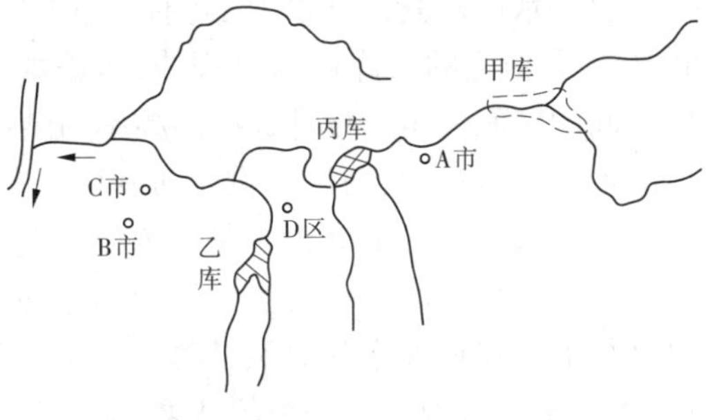

图7-6　某河水库群布置示意图

过去，曾以灌溉、工业供水拟定统一调度方式，即丙库先供水、后蓄水，以致丙库长期处于低水位运行，灌溉供水期库水位常低于发电要求的最低水位，因此甲库下泄水量和甲、丙区间来水量的不蓄电能损失很大，降低了总的发电效益。

后来，经过分析比较决定采用在满足工农业供水的前提下，尽量增加以发电效益为目标的调度原则，重新拟定统一调度方式。按三库的调节能力，确定丙库为被补偿水库，乙库为补偿水库，甲库为最后补偿水库。所以，考虑丙库调度方案尽可能有利于发电，即采用先蓄、后供的方式，尽量保持高水位运行，从而大大增加了不蓄电能。

在供水方面：三库的工业供水比较分散，常采用分片负责、调剂余缺、就近解决的方法。如甲库供A市,丙库供B、C两市,乙库供D区。农业灌溉用水大部分集中于乙、丙两库下游,甲库除满足甲、丙区间灌溉用水外,对乙、丙两库灌溉用水进行补偿调节。

根据上述原则,拟订一系列三库联合控制运用方案,进行水利计算。按初步选用的方案,在满足工农业用水的条件下,比过去的方案每年增加2 000多万kW·h电能。

任务三　水库群的防洪调度

流域防洪系统联合调度主要以水库群防洪调度体现。在研究水库群防洪调度问题时,必须考虑到与其他防洪工程措施(如堤防、河道整治、分蓄洪工程等)及防洪非工程措施(如洪水预报、防洪优化调度等)联合运用和统一调度。水库群的防洪调度原则上与单库一样,但由于区间洪水比重大,各部分洪水组成多变,或各库入库洪水不同步,使库群防洪调度的计算较为复杂。

一、水库群自身安全的洪水调度

当水库群遭遇设计标准洪水或校核标准洪水时,应保障各水库安全运行。原则上讲,对水库群,特别是并联水库群,考虑各水库安全的调洪方式与单一水库保大坝安全的调洪方式基本上相同。串联水库由于上、下梯级水库存在水力联系,因此在制定各水库保坝安全的洪水调度方式时,应从以下几种情况及上、下游水库之间的影响考虑:

(1)当水库上游存在设计标准较低的水库时,研究该水库保坝安全的调洪计算应考虑上游水库一旦失事可能造成的影响,并采取相应的保坝措施。

(2)当水库上游有设计标准较高的水库时,研究该水库设计标准和校核标准的保坝安全的调洪计算,可分别计入上游水库对其入库洪水的调控作用的有利影响。具体做法是,对于上述设计标准及校核标准相应的入库洪水过程线,考虑如下两种洪水的地区组合:一是上游水库至本水库之间的区间发生与设计标准同频率的洪水,上库发生相应的入库洪水,经上游水库调节后的下泄流量过程,与区间洪水过程组合得到下库入库洪水,然后进行下库保坝安全的洪水调节计算;二是洪水组合是上库发生与下库设计标准同频率的入库洪水,上、下库区间发生相应洪水,经上库调洪后下泄流量过程与区间相应洪水过程组合成下库入库洪水,再进行下库保坝安全的调洪计算。从上述两种洪水地区组合推求的下库保坝安全的调洪计算结果中选取偏于安全的结果,作为下库的调度方案。

(3)若水库下游有防洪标准较低的水库,在研究本水库的调洪方式时,应考虑到在发生超下游水库校核标准洪水时,尽可能减轻对下游水库的不利影响。

(4)若水库下游有设计标准较高的水库,研究本水库保坝安全的调洪方式应防止本水库一旦失事可能对下游水库产生连锁反应的严重后果,有条件时,可按下游水库校核洪水的相应洪水,研究本水库可能采取的保坝安全措施。

综上可见,对于存在水力联系的梯级水库,原则上应尽可能考虑到水库群的整体安全。由于上、下游水库水工建筑物等级不同而可能出现不同的安全标准(如上述几种情况所示),对于这些可能出现的情况,总的要求是不应由于上、下游水库之间的不利影响而降低任一级水库的安全标准,而应设法对于设计标准较低的水库采取补救措施,尽可能确保标准较高的水库的保坝安全运行条件。

二、并联水库群的防洪调节与调度方式

并联水库群一般应采用防洪补偿调节的调洪方式。通常可将调节洪水性能较好（防洪库容与所控制的洪水比值相对较大）、控制洪水来源所占比重较大的水库定为补偿调节水库；将调节性能较差、控制洪水来源所占比重较小的水库定为被补偿水库。对于有两个以上的并联水库群，可按上述相对指标安排补偿次序。上述补偿指标最差的水库可按其自身条件（包括考虑支流水库自身下游防洪及其他综合利用要求）拟定单库运行的调洪方式然后考虑补偿指标次差水库的防洪补偿调节的调洪方式，该水库应根据下游河道安全泄量要求，视未控区间洪水流量及被补偿水库下泄流量的组合洪水过程，按水库防洪库容的调控能力适当控泄。同理，可逐级进行防洪补偿调节，补偿指标最好的水库将作为最后进行防洪补偿调节的水库。这种按补偿次序进行并联水库群联合调洪的方式适用于各库洪水基本同步、洪水地区分布相对稳定的情况。若各库洪水不同步、洪水地区分布不稳定，则应根据实际洪水发生情况，合理确定各水库之间的相互补偿关系。

如图 7-4 所示，甲、乙两水库共同承担丙处的防洪任务，要求两库密切配合对区间洪水互相进行补偿调节，其目的是在设计防洪标准的情况下，一方面使丙处泄流量小于安全泄量 $q_{安}$，另一方面要满足各水库本身的防洪要求。

（一）分析设计洪水的组成

在防洪调度计算之前，经水文计算求出丙处设计洪水过程线及其各组成部分。丙处洪水由哪些地区组成，其比例和规律怎样，在时间、空间、数量上可能遭遇的情况，对水库群防洪来说是很重要的，也是很复杂的。

如果丙处百年一遇洪水，可由甲、乙的区间各种不同频率的洪水组合而成，但是极限情况有两种：一种是甲处发生百年一遇洪水，而乙处发生相应的洪水；另一种是乙处发生百年一遇洪水，甲处发生相应的洪水。第一种情况乙处的相应的洪水可用下式求得

$$\sum Q_{乙} = \sum Q_{丙1\%} - \sum Q_{甲1\%}$$

当甲、乙与丙的区间流域洪水需要考虑时，可按 $Q_{区} = Q_{甲}(F_{区}/F_{甲})/2$ 计算或其他方法求出。式中，$F_{甲}$、$F_{区}$ 分别为甲库以上及甲、乙与丙的区间的流域面积。

（二）求总防洪库容 $V_{防,总}$

如果甲、乙到丙处相应于防洪标准的区间设计洪峰流量不大于丙处的安全泄量，则仍可根据丙处的设计洪水过程线，按 $q_{安}$ 控制，求出所需要的总防洪库容 $V_{防,总}$。在实际调度中，由于补偿调节的误差，防洪库容不可能得到充分利用，故设置 $V_{防,总}$时需再增加 10% ~ 30%。

（三）防洪库容的分配

甲、乙两并联水库如何分配 $V_{防,总}$，要先确定各库的防洪库容。若丙处发生设计洪水，乙丙区间（即丙流域面积减去乙坝址流域面积）也发生同频率洪水，而乙处流域发生相应洪水。设乙库相当大，自完全控制乙坝以上洪水。根据乙、丙区间同频率洪水，按丙处为安全泄量泄洪的情况计算，得出甲库所需要的防洪库容就是甲库必需的防洪库容。同理，

乙库的必需防洪库容,应根据甲、丙区间(丙处流域面积减去甲库流域面积)发生相应于设计标准的洪水,按丙处为安全泄洪的情况下计算得出的。

由总防洪库容 $V_{防,总}$ 减去两库必需防洪库容之和,得出两库应共同分担的防洪库容。至于如何分配,一般原则为:

(1)干流水库较支流水库、距防护点近的较距防护点远的水库、洪水比重大的水库较比重小的水库,应多分担一些共同承担的防洪库容。

(2)按各水库总兴利损失最小的原则分配。在初步方案拟订时,尽量利用防洪与兴利可能结合的共同库容。如不够再对调节性能较高、本身防洪要求较高、发电水头较低的水库多分配一些。

(3)按总计算支出最小分配。在满足下游防洪要求的前提下,各分配方案的计算支出最小,以确定最优方案。各方案兴利效益的差值,用替代方案的投资和运行费折算。

在某些洪水分配情况变化剧烈的河流,有时求出的总必需防洪库容,可能超过所需要的总防洪库容 $V_{防,总}$,则以甲、乙两库总的必需防洪库容,作为它们的 $V_{防,总}$,此时两库也就无须再分担防洪库容了。

(四)防洪调度方式

1. 固定下泄流量的方式

若各水库属于同一暴雨区,洪水基本上同步,且区间流域面积很小,防护点的洪水主要来自各库,可采用固定下泄流量的方式进行洪水调节。它与单库固定下泄流量的防洪调度方式类似,即根据防洪等级标准的不同,可分为一级或多级固定下泄流量。所不同之处,应按前述方法拟定的各库防洪库容,分别规定各库的分级判别条件和下泄流量。

2. 补偿调度方式

由于各水库洪水的多变性,以及区间洪水的影响,为了有效地发挥库群的防洪作用,需要对区间洪水或水库之间进行补偿调节。现以两库共同防洪的补偿调度为例说明。

1)先后补偿法

如图7-4所示,甲、乙两水库上游洪水具有一定程度的同步性。它们共同承担丙处的防洪任务,首先,选择调洪能力大、控制洪水比重大的水库(如乙库),作为防洪补偿调节水库,另一水库(如甲库)作为被补偿水库。然后,对甲库按其本身的防洪及综合利用要求,进行洪水调节,求出下泄流量过程线 $q_{甲} \sim t$,将此过程线沿河道进行洪水演进计算,确定洪水流量传播时间与河槽调蓄作用后,再和甲、乙与丙的区间洪水过程 $Q_{区} \sim t$ 同时间迭加,得$(q_{甲}+Q_{区}) \sim t$ 线。

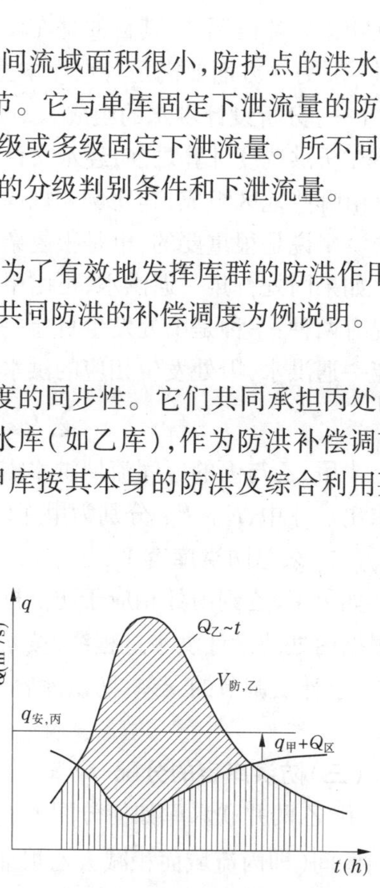

图7-7 确定补偿调节水库的防洪库容

在乙库处,相应于防洪标准的洪水过程线 $Q_{乙} \sim t$ 上,绘一条丙处的安全泄流量 $q_{安,丙}$ 线,然后将$(q_{甲}+Q_{区})$线倒置于 $q_{安,丙}$ 线下面(见图7-7),此线与乙库洪水过程线$(Q_{乙} \sim t)$所包围的面积,即为乙库为了丙处防洪,又考虑了甲库调洪和区间洪水作用后,所应用的防洪库容值 $V_{防,乙}$,如图7-7

中的斜线阴影部分所示。乙库下泄流量过程如图 7-7 中的竖线阴影部分所示。

2）随机补偿法

此法应用于甲、乙两并联水库的洪水比重相差不大，且同步性较差的情况。它不先决定两库的补偿调节次序，而是根据洪水发生的情况及预报值，再决策两库蓄水泄水次序和补偿调节关系。

如图 7-4 所示，当丙处发生设计洪水时，乙库发生同频率洪水，甲库发生相应洪水，则乙库按满足自身防洪要求的方式进行调洪，甲库根据区间和乙库泄洪情况对丙处进行补偿调节。又如，甲、乙两库根据预报发生的洪水相近，但乙库来洪比甲库早，则应先调蓄乙库，使甲库尽量腾出库容，以迎接迟到的洪峰，这种情况即乙库先作补偿调节蓄满防洪库容，然后甲库进行补偿调节后，蓄满防洪库容。

三、串联水库的防洪调节与调度方式

对于串联水库，由于上游水库距防洪控制点较远，且其下泄流量可由下级水库再调节，因此若梯级水库各库洪水基本上同步，应先蓄上游水库，后蓄下游水库，以达到防洪库容最充分利用的效果。串联水库泄洪次序一般与水库蓄洪运用次序相反，并以最下一级水库的泄量加区间流量不大于防洪控制点安全泄量为原则，尽快腾空各水库的防洪库容。若各水库洪水组合遭遇多变，则应根据洪水实际发生情况确定水库的运用次序，例如一般可以根据降雨信息，确定在暴雨中心上游的水库先蓄洪，暴雨中心下游的水库后蓄洪。若暴雨洪水主要发生在梯级水库最下一级至防洪控制点的区间，那么一般可采用先蓄上游水库，后蓄下游水库的运用次序。

（一）串联水库的防洪库容

串联水库与并联水库一样，在进行防洪调节计算之前，需要分析计算设计洪水的组成，求出总防洪库容，再分配各水库所承担的防洪库容。

如图 7-3 所示，甲、乙两串联水库共同承担丙处的防洪任务。如果乙库到防洪控制站丙处，相应于防洪标准的区间设计洪峰流量，小于丙处的安全泄流量 $q_{安,丙}$，则可根据丙处的设计洪水过程线，按 $q_{安,丙}$ 控制用单库方法求出所需要的总防洪库容 $V_{防,总}$，再以（1. 1 ~ 1. 3）$V_{防,总}$ 分配到各水库。

为满足丙处设计防洪要求，当甲、乙区间的河段本身无防洪要求时，则乙库必须承担的防洪库容由甲、乙及乙、丙区间的同频率洪水按 $q_{安,丙}$ 控制，经调洪计算得出。例如，乙库的实际防洪库容小于这个必需防洪库容，当甲、丙区间出现设计洪水时，即使甲库不放水，也不能满足丙处的防洪要求。由于甲库的泄水可由乙库控制，因此甲库并无必须承担的防洪库容。

$V_{防,总}$ 减去必需防洪库容，得两库应共同分担的防洪库容。根据实践经验，梯级水库分担防洪库容时，使库容较大、本身防洪要求高、水头较低、梯级的下一级、距防护区较近的水库多承担一些防洪库容比较有利。

（二）串联水库的防洪调度方式

防洪调度方式主要是指怎样进行各水库之间的防洪补偿调节，以及对各水库的蓄洪泄洪次序作出决策。如图 7-3 所示，如果甲、乙两水库调洪性能相差较大，应以调洪性能较高的水库为补偿水库,调洪性能较低的水库按单独运行方式调节洪水。如果甲、乙两水库的调洪能力相差不多,当丙处发生设计洪水时,需根据甲库的入库洪水和甲、乙区间洪水的组合情况决定蓄泄次序。一般来说,在丙处发生大洪水时,需要甲、乙两水库拦洪错峰,若甲库拦蓄的洪量对减轻丙处水灾确有作用,则先蓄甲库比较有利。当甲库泄量减小到不能再小时,才适当应用乙库拦洪。若甲库和甲、乙区间同时遭遇到较大洪水,需根据较准确的洪水预报,并考虑乙、丙区间洪水的影响,可采取两库分担丙处洪水的补偿调节方式,再结合两库防洪库容大小,确定总蓄洪量和两库各分配的蓄洪量。

若甲、乙区间也有防洪要求,则甲库的泄洪、乙库的蓄洪在上述防洪调度中也应结合考虑。

多库防洪调节以及调度方式的原则是一致的,可参照上述方法进行。

在工作中可选择实测的(或模拟的)若干次典型暴雨洪水,分别进行水文分析、库群防洪调节,并编制出调度方案,以做到胸有成竹。当实际发生洪水时,可参考所编的一些方案,进行库群防洪调度。

任务四　水库群调度关键技术研究的前沿问题简介

水库群系统除具有单一水库的兴利与防洪功能外,其内部还具有关联性和补偿性,使得调度管理能够从流域整体出发,统筹兼顾各方面的因素,充分开发利用水资源,提高水资源利用率。其关联性体现在上、下游水库径流的水力联系和它们之间由水位差形成的电力联系;补偿性包括由各级水库库容差异引起的防洪补偿和其协调蓄放水带来的水文补偿。

纵观水库调度研究发展的历程,可以划分为三个主要阶段:单库或小规模水库群的优化求解技术研究、大规模水库群调度中长期尺度下的多目标决策分析,以及耦合预报信息的实时调度研究。三个阶段在时间轴上有所交织,充分反映了具有时代特征的水库调度实践需求与科技发展趋势。中国工程院王浩院士对水库群调度研究的前沿问题做了很全面的研究、总结及梳理。

一、变化环境下气象水文预报技术

受气候变化、自然变迁(自然)和人类活动(社会)的综合影响,全球大气、陆表生境发生了重大变化。大气变暖、厄尔尼诺等现象导致流域降水量和蒸发量发生显著改变,洪涝、干旱等极端事件不断凸显。人类活动使地表下垫面发生较大改变,同时流域内土壤、植被、地形等物理因素亦相应发生变化,进而导致流域河川径流发生突变。如何在这种变化环境下提高气象水文的预报精度和有效预见期,成为困扰气象与水文人员的难题和挑战。首先,围绕多源降水观测数据融合方面,其研究和应用的重点在于对最新卫星遥感降雨产品的全面评估与长期检验。其次,水文模型作为水文预报的核心也在不断发展和完善,即从水文循环理论上提高模型模拟流域对人类活动影响的响应能力。

变化环境下的气象水文预报技术应关注以下几个方面:

(1)降水。尤其是预报降水数据精度的进一步提高。数据精度不仅指预报结果的准确性，还包括数据的时空分辨率，时空分辨率的不断精细也能更好地契合分布式水文模型的需求。

(2)水文模型结构的改进及不确定性分析。要从科学层面上研究高强度人类活动对流域洪水过程的影响机制及其不确定性，并研究参数率定和数据同化的高效计算方法，以不断适应变化环境的影响。

(3)水文预报误差的描述方法及其可靠性分析。综合考虑水文预报中的种种不确定性来源，研发集合预报方法可降低预报的不确定性，从而能为后续的防洪调度、水资源管理决策提供更好的支撑。

二、面向生态环境的水库群调度

传统的水库调度可以促进水资源的统一管理和高效利用，同时也会扰动流域的生态系统和天然水文情势，引起一系列河流生态环境问题，包括河道径流量减少、水环境质量恶化、生物多样性锐减、湿地萎缩等问题。尽管目前的生态调度研究与技术日益成熟，但多数都是针对河流生态的简单调度模拟或是数量较少的水库群影响下的生态调度研究。然而，世界各国尤其是像我国这样的发展中国家，流域内梯级水库建设已成为国家发展不可或缺的能源支柱之一。大规模的水库建设严重干扰了河流生态，加剧了河流的阻断效应，使得天然径流更为坦化，河流生物自然生态系统进一步被破坏，如何在梯级水库群联合调度中实现河流生态的保护，变得更为重要与迫切。

面向生态的梯级水库群调度是解决这一问题的有效途径。其核心思想是通过水库的调度方式增加流态的多样性，增加生境的多样性，增加水生态系统的多样性。相比于单一水库的生态调度，面向生态的梯级水库群调度是一种降低大坝的建设和运行对河流生态系统负面影响的措施，该措施相对费用较低，可以帮助改善传统的水库调度方式，合理运行大坝设施，部分恢复自然水文情势，修复大坝上、下游河流的生态系统结构和功能。它不仅考虑河流生态系统的需求，同时兼顾水资源开发利用中的社会、经济和生态环境利益，保护天然生态环境，实现人水和谐。

三、大规模水库群联合防洪体系

大规模水库群联合防洪调度的核心为洪水资源化，是国内外专家学者新的研究热点之一。流域水库群洪水资源化联合调度是在新的流域水资源规划管理需求下，将防洪减灾与抗旱兴利有机地结合起来，利用科学的管理方法和技术手段，安全、合理地利用洪水资源，有效提高洪水资源利用率，使水资源综合效益最大。流域水库群联合调度涉及水库群汛期联合防洪、汛限水位优化设计、汛末联合蓄水、水资源优化配置等多个方面。

流域水库群汛期联合防洪调度是以水库自身防洪安全和承担防洪任务为目标，合理利用水库群防洪库容，有计划地调控河道径流过程，使流域防洪效益最大化。

流域水库群汛限水位优化设计是在流域水文情势、水利枢纽规模等发生重大变动的情景下，以不降低水库防洪指标为前提，对水库原汛限水位进行极限风险模拟，得到最高安全汛限水位，实现流域水库群汛限水位的优化设计。

流域水库群汛末联合蓄水是针对巨型水库群系统汛末竞争性蓄水问题进行流域整体

规划调节,统筹流域上、下游各水库蓄水次序和时间,建立统一、协调的流域巨型水库群联合蓄水方案。

流域水库群水资源优化配置综合考虑流域水文气象、下游用水需求和水库运行方式等因素,在兼顾各水库防洪、发电和生态等自身运用的基础上,充分考虑流域水资源供水需求,制定面向流域水资源优化配置的水库群联合优化调度方案。

四、风、光、水多能互补调度

风电和太阳能发电作为缓解化石燃料危机和解决环境污染问题的首选新能源,受到越来越多的关注。风、光资源在时空上的随机性、间歇性所导致的风、光出力的频繁波动,极大地加剧了电网调峰、调频的压力,对电力系统的安全稳定运行影响较大,限制了电网对风、光电的消纳能力。水电能源具有调节速度快、能源可存储等优点,能有效缓解间歇性能源出力波动给电力系统带来的影响。水电与风、光电联合电力外送,是目前解决大规模间歇性能源电力外送的有效途径之一。

水库群系统是一个巨大的储能系统,利用风、光、水发电的丰枯互补特性,能够有效地解决风电、光电大规模集中上网的消纳难题,破解风光资源的随机性、波动性和间歇性的弊端。在枯季,是风电和光伏多发季节,可通过水能的快速启停功能保障风电和光伏的优先送出;在雨季,是风电和光伏的少发季节,水电可充分利用汛期来水多发或满发。通过风、光、水多能互补运行的优化调度方式,将波动频繁发电曲线改善为近乎直线的平稳输出,可以保障电网的安全稳定运行,使得优质清洁能源发挥最大效用。

五、"水－能源－粮食安全"纽带作用下引导的水库群调度

在淡水资源日渐短缺、粮食供给变化不定及能源需求日益旺盛的背景下,单独的水安全、能源安全及粮食安全系统研究是行不通的,三者之间存在相互依赖、相互冲突的复杂关系,需要将"水－能源－粮食安全"作为一个整体纽带统一管理。随着大规模的水利工程建设,人为过度干预淡水资源,导致三者的脆弱平衡关系容易破坏,故以"水－能源－粮食安全"的纽带作用下引导的水库群调度具有举足轻重的意义。

六、多主体博弈下的互补调度机制

流域水库群联合调度是实现流域水资源综合利用与管理的基础,而协调好各方利益主体是流域水库群联合调度顺利进行的关键。水库群联合调度的利益主体呈现多元化的趋势,利益主体大到流域管理机构、地方政府;小到水库管理局、水文站;此外还涉及电力调度、航运交通、环境监管机构等部门。但是,整个流域水库群联合调度目标与不同利益主体下水库群联合调度目标可能协调一致,也可能相互矛盾。

七、大数据时代的水库群调度通用平台

《中华人民共和国国民经济和社会发展第十三个五年规划纲要》提出加快推动数据资源共享开放和开发应用,实施国家大数据战略。随着水利信息化建设的不断完善,水库群调度系统涉及的相关数据呈爆炸式增长,步入了大数据时代。

研究基于大数据的水库群系统调度技术，集成水库群系统涉及的海量、多源、异构数据，分析挖掘水库群系统调度大数据并形成支撑水库群系统调度日常管理业务的大数据产品，能够为水库群调系统的预报、调度、决策、评价等各个环节的理论与技术发展提供重要的验证与支撑，是未来水库群系统调度研究的另一重要的研究方向。大数据时代的水库群调度研究主要包括两个方面：大数据集成技术与大数据挖掘分析技术。

复习思考题

1. 水库群有哪几种基本形式？
2. 什么是兴利库群？
3. 水库群防洪调度的主要内容是什么？
4. 怎样拟定水库群联合调洪方式？
5. 串联水库的防洪调度方式有哪些？
6. 怎样进行水库群自身安全的洪水调度？
7. 水库群调度研究的前沿问题分为哪几个方面？

项目八　水库优化调度及自动化系统简介

任务一　概　述

一、水库优化调度的基本内容

用时历法绘制的水库调度图进行水库调度是生产单位普遍采用的水库调度方法,其优点是以实测资料为依据,概念清晰、使用方便,具有一定的客观性和可靠性。但是在任何年份,不管来水的丰枯,只要在某一时刻的库水位相同,就采取完全相同的水库调度方式是有缺陷的。实际上各年来水变化很大,如不能针对面临时段变化的来水流量进行水库调度,则很难充分利用水能资源,达到最优调度以获取最大的效益。另外,水库在实际运行期间,各综合需水部门对水库的要求,也并非固定不变,依前述方法做出的调度方案,并非是最优调度方案。因此,在水库实际运用过程中,就应该考虑某一具体时刻水库来水情况和用水特点,使水库的综合效益最大,即研究优化调度问题。可见,水库优化调度的基本内容是根据水库的入流过程,遵照优化调度准则,运用最优化方法,寻求比较理想的水库调度方案,使发电、防洪、灌溉、供水等各部门在整个分析期内的总效益最大。

二、水库优化调度的数学模型

水库的优化调度就是在水库枢纽工程的参数已定的条件下,根据不同的来水和用水情况,确定发挥效益最大或不利影响最小的优化操作方法。一般是把各种要素通过一定的简化和假定后,用数学形式来描述表达,就可以得到水库优化调度的数学模型。该模型通常是由最优化的目标函数和约束条件两部分组成的。最优化的目标函数即最优化问题优化目标的数学表达式,一般以效益或费用的形式表达,而与最优化准则有关。约束条件则反映各种设备能力和运行的各种限制要求。

(1)最优准则。它是衡量水库运行方式是否达到最优的标准。对于单目标或以某一目标为主的水库,最优化的目标和准则可能比较简单,如以发电为主的水库,最优准则可以是在合理满足其他部门用水要求的前提下,电力系统计算支出最小,或者电力系统总耗煤量最小,或者年发电量最大等。对于以防洪为主的水库,其最优准则可以是在合理考虑其他综合利用要求下,削减洪峰后的下泄成灾流量最小;或者超过安全泄量的加权历时最短等。对于多目标水库群或复杂的水利系统,则应以综合性指标最优为好,如国民经济效益最大或国民经济费用最小等。

(2)目标函数。水库优化调度的具体目标函数应根据优化目标准则而定。一般的表达形式可写成

$$Z = \max f(x_i, s_j, p_k) \tag{8-1}$$

式中　x_i——决策变量,$i=1,2,\cdots,n$;

s_j——状态变量,$j=1,2,\cdots,m$;

p_k——系统参数,$k=1,2,\cdots,k$。

目标函数取极大化(max)或极小化(min)依拟定的准则而定。若以效益为指标,则取极大化;若以成本或费用为指标,则取极小化。而极大化和极小化只要改变一下符号就可以互换。

(3)约束条件。水库优化调度中的约束条件一般包括水库蓄水量(或蓄水位)、水库泄水能力、水电站装机容量、下游防洪要求及水量平衡和能量平衡的限制等,通常都以数学函数方程表示,组合成一组约束条件方程组。

水库优化调度的目标函数和约束条件方程组所组成的数学模型,按照输入、输出的不同,目标函数和约束条件的差异,又可分为静态模型和动态模型、确定性模型和随机模型、线性模型和非线性模型。若所研究的问题与时间无关,时间因素不作为变量考虑的模型,就称为静态模型;若参数变化、状态转移与时间有关,时间因素需要作为一个变量考虑的模型,就称为动态模型;若在一定的时空范围内,输入和模型中的参数均采用确定值,通过优化求得的效益指标也是确定值,就称为确定性模型;若模型中的某些变量考虑了它的不确定性而作为随机变量处理,因而优化所得的效益指标只能是期望效益,就称为随机模型;当模型中的所有数学方程都是线性时,就称为线性模型;当模型中全部或部分数学方程是非线性时,就称为非线性模型。

进行水库调度时常将水库蓄水量(或蓄水位)作为状态变量。调度开始时的蓄水量即初始状态,一般为已知。当沿时间坐标取定计算时段(或阶段),则水库调度的任务就是确定时段内水库的供水量、蓄水量和泄水量。同时决定时段末水库的蓄水状态。一般将每一阶段所采取的蓄泄决定称为决策。各阶段取一种决策组成的时间序列称为策略。一种策略实际上就是一种调度方案。

由于每一阶段水库所采取的蓄泄决定即决策不仅直接影响本阶段的输出,而且通过状态转移影响其他阶段的输出,因此水库调度实际上是一个多阶段决策过程,各阶段是互相联系、互相影响的。水库优化调度的基本内容就是根据水库的入流过程,通过最优化方法对水库调度的数学模型求解,以寻求优化的控制运用方案。水库照此优化方案蓄泄运行,可使防洪、灌溉、发电等部门所构成的总体在整个计算周期的效益最大而不利影响最小。从数学观点看,寻求水库优化调度方案就是求解包含时间因素的多阶段决策过程的优化问题。

任务二　最优化技术简介

最优化技术是研究和解决最优化问题的一门学科,其主要内容是建立一个最优化的数学模型和对模型进行求解。

最优化技术包括古典的微分法、拉格朗日乘数法、变分法、数学规划法和动态规划法等。前三种方法,由于方法本身的局限性而无法求解大型的、复杂的系统问题。数学规划法和动态规划法的内容又相当丰富,因此本书仅对动态规划法的基本内容作一简要介绍。

动态规划法是解决多阶段决策过程最优化的一种方法。所谓多阶段决策过程,是指根据时间与空间特性,可将问题的整个过程划分为若干个阶段,在每一个阶段都有相应决策的过程。在每一个阶段,问题由初始状态,经过某种决策,变为终点状态。这个终点状态,又是下一个阶段的初始状态。如此重复,经历所有的阶段,而能使整个过程取得最优效益的多阶段决策过程,称为多阶段决策过程。

动态规划的最优化原理是:一个过程的最优决策具有这样的性质,即不论其初始状态和初始决策如何,其后的诸决策必须对于初始决策所形成的状态构成一个最优策略。换句话说,就是不管以前的决策如何,面临时刻所采用的决策一定要使余留时期的策略最优。

最优化原理,结合水库优化调度的情况,就是将水电站某一运行时间(如水库供水期)按时间顺序划分为 $t_0 \sim t_n$ 个时刻,划分成 n 个相等的时段(如月)。设以某时刻 t_i 为基准,则称 $t_0 \sim t_i$ 为以往时期(或过去时期),$t_i \sim t_{i+1}$ 为面临时期,$t_{i+1} \sim t_n$ 为余留时期,如图 8-1 所示。水电站在这些时期的运行方式可由各时段的决策函数——出力及水库蓄水情况组成的序列来描述。如果水电站在 $t_i \sim t_n$ 内的运行方式是最优的,那么包括在其中的 $t_{i+1} \sim t_n$ 内的运行方式也必定是最优的。如果已对余留时期 $t_{i+1} \sim t_n$ 按最优调度准则进行了计算,那么面临时期 $t_i \sim t_{i+1}$ 的最优调度方式可以这样选择:使面临时期和余留时期所获得的综合效益符合选定的最优调度准则。

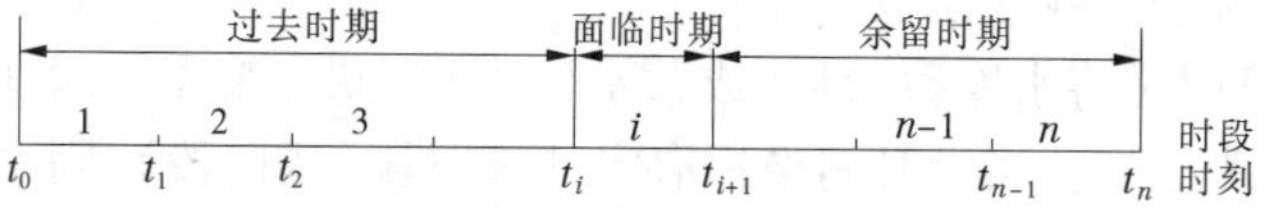

图 8-1　时段划分示意图

动态规划的概念和基本原理比较直观,容易理解,方法比较灵活,常为人们所采用,所以在工程技术、经济、工业生产及军事等部门都有广泛的应用。许多问题利用动态规划去解决,常比线性规划或非线性规划更为有效。不过当维数(或者状态变量)超过 3 个时,解题时需要计算机的储存量相当大,或者必须研究采用新的解算方法。这是动态规划的主要弱点,在采用时必须留意。

动态规划是靠递推关系从终点逐时段向起点方向寻求最优解的一种方法(俗称逆序法)。然而,单纯的递推关系是不能保证获得最优解的,一定要通过最优化原理的应用才能实现。

根据上面的叙述,启发得出寻找最优运行方式的方法,就是从最后一个时段(时刻 $t_{n-1} \sim t_n$)开始(这时的库水位常是已知的,如水库供水期末的库水位是死水位),逆时序逐时段进行递推计算,推求前一时段(面临时期)的合适决策,以求出水电站在整个 $t_0 \sim t_n$ 时期的最优调度方式。很明显,对每次递推计算来说,余留时期的效益是已知的(如发电量已知),而且是最优策略,只有面临时期的决策变量是未知数,所以是不难解决的,可以根据规定的调度准则来求解。

对于一般决策过程,假设有 n 个阶段,每阶段可供选择的决策变量有 m 个,则有这种过程的最优策略实际上就需要求解 $m \times n$ 维函数方程。显然,求解维数众多的方程,不但需要花费很多时间，而且也不是一件容易的事情。上述最优化原理利用递推关系将这样一个复杂的问题化为 n 个 m 维问题求解，因而使求解过程大为简化。

如果最优化目标是使目标函数极大化，则根据最优化原理，可将全周期的目标函数用面临时期和余留时期两部分之和表示。对于第一个时段，目标函数 f_1^* 为

$$f_1^*(s_0, x_1) = \max[f_1(s_0, x_1) + f_2^*(s_1, x_2)] \tag{8-2}$$

式中 s——状态变量，下标数字表示时刻；

x——决策变量，下标数字表示时段；

$f_1(s_0, x_1)$——第一时段状态处于 s_0 做出决策 x_1 所得的效益；

$f_2^*(s_1, x_2)$——从第二时段开始一直到最后时段（即余留时期）的效益。

对于第二时段至第 n 时段及第 i 时段至第 n 时段的效益，按最优化原理同样可以写成以下的式子

$$f_2^*(s_1, x_2) = \max[f_2(s_1, x_2) + f_3^*(s_2, x_3)] \tag{8-3}$$

$$f_i^*(s_{i-1}, x_i) = \max[f_i(s_{i-1}, x_i) + f_{i+1}^*(s_i, x_{i+1})] \tag{8-4}$$

对于第 n 时段，f_n^* 可写为

$$f_n^*(s_{n-1}, x_n) = \max[f_n(s_{n-1}, x_n)] \tag{8-5}$$

以上就是动态规划递推公式的一般形式。如果从第 n 时段开始，假定不同的时段初状态 s_{n-1}，只需确定该时段的决策变量 x_n（在 $x_{n1}, x_{n2}, x_{n3}, \cdots, x_{nm}$ 中选择）。对于第$n-1$时段，只要优选决策变量 x_{n-1}，一直到第一时段，只需优选 x_1。前文已说过，动态规划根据最优化原理，将本来是 mn 维的最优化问题，变成了 n 个 m 维问题求解，以上递推公式便是最好的说明。

为加深对方法的理解，下面举一个经简化过的水库调度例子。

某年调节水库 11 月初开始蓄水，来年 4 月末放空至死水位，供水期共 6 个月，如每个月作为一个阶段，则共有 6 个阶段。为了简化，假定已经过初选，每阶段只留 3 个状态（以圆圈表示出）和 5 个决策（以线条表示），由它们组成 $S_0 \sim S_6$ 的许多种方案，如图 8-2 所示。图中线段上面的数字代表各月根据入库径流采取不同决策可获得的效益。

用动态规划优选方案时，从 4 月末死水位处开始逆时序递推计算。对于 4 月初，3 种状态各有一种决策，孤立地看以 S_{51}—S_6 的方案较佳，但从全局来看不一定是这样，暂时不能做决定，要再看前面的情况。

将 3、4 月两个月的供水情况一起研究，看 3 月初情况，先研究状态 S_{41}，显然是 S_{41}—S_{52}—S_6 较 S_{41}—S_{51}—S_6 为好，因前者两个月的总效益为 12，较后者的为大，应选前者为最优方案。将各状态选定方案的总效益写在线段下面的括号中，没有写明总效益的均为淘汰方案。同理，可得另外两种状态的最优决策。S_{42}—S_{53}—S_6 优于 S_{42}—S_{52}—S_6 方案，总效益为 14；S_{43}—S_{53}—S_6 的总效益为 10，对 3、4 月来说，在 S_{41}、S_{42}、S_{43} 三种状态中，以 S_{42}—S_{53}—S_6 这个方案最佳，它的总效益为 14（其他两个方案分别为 12 和 10）。

再看 2 月初的情况，2 月是面临时期，3、4 月是余留时期。余留时期的总效益就是写在括号中最优决策的总效益。这时的任务是选定面临时期的最优决策，以使该时段和余留时期的总效益最大。以状态 S_{31} 为例，面临时期的两种决策中以第 2 种决策较佳，总效

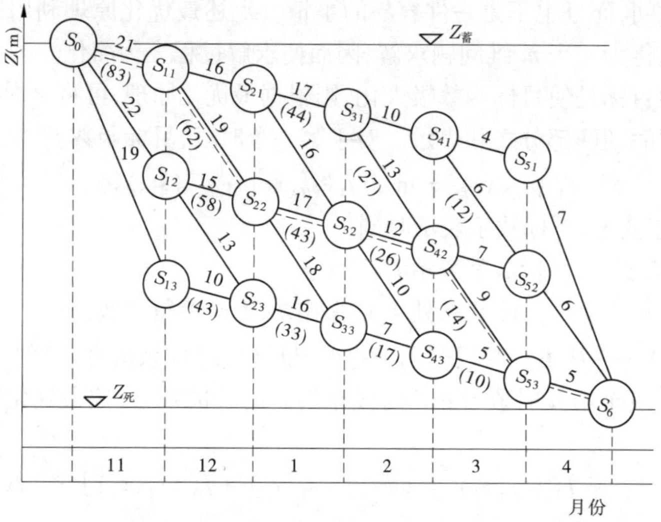

图 8-2　动态规划法水库优化调度的简化例子

益为 13 + 14 = 27;对状态 S_{32},则以第 1 种决策较佳,总效益为 26;同理可得 S_{33} 的总效益为 17。

继续对 1 月初、12 月初、11 月初的情况进行研究,可由递推的办法选出最优决策。最后决定的方案是 S_0—S_{11}—S_{22}—S_{32}—S_{42}— S_{53}—S_6,总效益为 83,用虚线表示在图 8-2 上。

应该说明的是,如果时段增多,状态数目增加,决策数目增加,而且决策过程中还要进行试算,则整个计算过程是比较繁杂的,一定要用计算机来进行计算。

任务三　单一水库优化调度

水库的优化调度,其完整的概念应当包括水量、水能、水质和库容的最优利用。为单一目标服务的单一水库,优化调度研究的途径主要是通过建立调度过程的数学模型来进行。根据径流描述的方法,水库调度的数学模型又分为确定性模型和随机性模型。

一、防洪水库优化调度

(一)最优准则

水库的防洪任务一般包括有减免下游防护地区的洪水灾害,防止库区的洪水淹没损失和保证一定频率洪水的安全下泄。因此,作为衡量水库防洪操作优劣程度的标准,常用的准则有以下三种:①最大削峰准则;②最短成灾洪水历时准则;③最小洪灾损失或最小防洪费用准则。

(二)数学模型

数学模型中的目标函数随最优准则的不同而不同。以最大削峰准则为例,在入库洪水、区间洪水、防洪库容、下游允许安全泄量和溢洪道泄流能力等均为已知的情况下,按最大削峰操作,就是要在蓄满防洪库容的条件下尽量使下泄流量均匀。在数学上可以证明,

下泄流量尽量均匀,等价于下泄流量的平方和最小。于是,目标函数为

无区间洪水时

$$\min\left[\sum_{t_0}^{t_d} q^2(t)\Delta t\right] \tag{8-6}$$

有区间洪水时

$$\min\left\{\sum_{t_0}^{t_d}\left[q(t)+q_{区}(t)\right]^2\Delta t\right\} \tag{8-7}$$

式中　t_0、t_d——超过下游安全泄量的成灾时期始、末;

$q(t)$——待求的泄流过程;

$q_{区}(t)$——区间洪水过程。

实际应用时,时段 Δt 可选 1 d、5 d 等。

(三)主要约束条件

(1)防洪库容约束:

$$\sum_{t_0}^{t_d}(Q_t - q_t)\Delta t = V_{防} \tag{8-8}$$

式中　Q_t——时段 Δt 内的平均入库流量;

q_t——时段 Δt 内的决策的下泄流量;

$V_{防}$——防洪库容。

(2)防洪策略约束:

无预泄时

$$\left.\begin{aligned} q_t &\leqslant Q_t \\ q_t &\leqslant q_{安}\end{aligned}\right\} \tag{8-9}$$

有预泄时

$$q_{安} \geqslant q_t \tag{8-10}$$

式中　$q_{安}$——下游的安全泄量。

当 $q_{安}$ 较大,以致汛限水位闸门全开的泄量 $q_{汛} < q_{安}$ 时,则式(8-9)、式(8-10)左端应以 $\min(q_{安}、q_{汛})$ 代替。式(8-9)、式(8-10)是为遇下游防洪标准洪水时的要求。当遇到大坝设计洪水或超标准洪水时,为了保证大坝安全,q_t 应大于 $q_{安}$,则式中不等号应作相应改变。

二、水电站水库优化调度

(一)最优准则

水电站水库运行的最优准则,一般应包括发电的经济效益最大和供电的质量最高两个方面。经济效益最大的准则,对单一水电站水库来说,最常用的是调节周期(年)内发电量最多。而对于水、火电站组成的混合电力系统,常用的是在满足系统负荷的情况下,系统总的年运行支出最小或等价的系统年煤耗量最小。

(二)优化调度的理论基础

当水电站以发电量最多作为最优准则时,优化调度的理论基础可由出力公式 $N = KqH$ 和电能公式 $E = \sum N_i\Delta t$ 来分析。从公式可以看出,在河川径流及调节库容已定的

情况下,出力的大小和发电量的多少取决于出力系数 K、发电引用流量 q 和发电水头 H 的大小。因此,优化调度的着眼点也就在于出力系数、引用流量和水头的最优利用上。

出力系数与机型、引用流量和水头有关。对一定机型,优化调度实质上是研究流量和水头的最优利用,即在研究长期最优调度时,视 K 为某常数。在求出逐月或逐旬最优平均出力的基础上,再考虑 K 与 q、H 的关系,研究机组间的最优负荷分配,即研究短期厂内经济运行问题。

水量的最优利用主要表现在尽量减少或防止弃水上。对于调节程度不高的不完全调节和季调节水库,流量的最优利用,除枯水年份外,一般远较水头利用的效益为大,也更重要。因此,除约束条件满足基本要求外,应把流量利用作为第一位考虑的因素。对于调节程度较高的水库,弃水机会少,故水头利用的效益可能更重要,只是在接近满蓄和来水较丰的年份,流量与水头利用的效益可能仍同等重要。

(三)确定性数学模型

单一发电水库,当入流为确定型,以计算期内总电能最大为最优准则时,目标函数为

$$\max\sum_{i=1}^{n}N_i = \max\sum_{i=1}^{n}N_i(Z_{i-1},Z_i) \tag{8-11}$$

式中 N_i——i 时段的平均出力,为时段引用流量 q_i 和水头 H_i 的函数。

由于 q_i 和 H_i 又为时段始末水库库水位 Z_{i-1} 与 Z_i 的函数,故 N_i 也是 i 时段始末库水位 Z_{i-1} 与 Z_i 的函数。

(四)约束条件

(1)水位限制

$$Z_{死}\leqslant Z_i\leqslant Z_{正}(或\ Z_{限})$$

(2)出力限制

$$N_{保}\leqslant N_i\leqslant N_{装}$$

(3)引用流量限制

$$q_{\min}\leqslant q_i\leqslant q_{\max}$$

(4)水量平衡限制

$$Q_i - q_i = \Delta V(Z_{i-1},Z_i)/\Delta t \tag{8-12}$$

式中 $Z_{死}$、$Z_{正}$、$Z_{限}$——水电站水库的死水位、正常蓄水位和防洪限制水位;

$N_{保}$、$N_{装}$——水电站保证出力和装机容量。

任务四 水库调度自动化系统简介

一、概述

水库调度(简称水调)自动化系统是电网调度自动化的一个重要组成部分,主要进行与水库运行有关的监视、预报、调度及管理。该系统基于对历史资料的收集整理,通过实时水文、气象和水库运行信息的自动采集,利用数据库管理技术,进行水文预报、调洪演算、优化调度和水务综合管理等,提供满足防洪、发电及其他综合利用要求的水库调度决

策方案，同时支持水电厂和电网的经济调度。根据统一调度、分级管理的原则，水调自动化系统分为四级，即国调水调自动化系统、网调水调自动化系统、省调水调自动化系统和水电厂（站）水调自动化系统。

水电厂（站）水调自动化系统是以水电站群、梯级（流域）水电厂水库为研究对象，以现代化的硬件设施为基础，以先进的计算机操作平台和软件开发工具为手段，以成熟的水文预报、水库调度方法为技术保障，为仿真环境下研制分级分层次的水库调度高级应用软件，并通过人机交互界面实现水调自动化系统的集成。

水调自动化系统的研究领域包括水库调度基本理论、水库调度自动化系统及水调软件系统的开发，其核心是水调软件系统。它主要研究水库中长期发电调度、短期发电调度、厂内经济运行、洪水预报、防洪调度和数据库与信息管理等有关内容。

我国水库调度自动化系统是在水情自动测报系统的基础上发展起来的。水情自动测报系统也叫水文自动测报系统，应用遥测、通信和计算机技术，完成江河流域降雨量、水位、流量、蒸发量、闸门开度等数据的实时采集、报送和处理。早期的水情自动测报系统档次普遍较低，满足不了实际生产的需要，缺少较好的洪水预报和水库调度等指导水库实时运用的应用软件，使不少水库调度工作缺少系统性和科学性。近年来，我国水调自动化系统建设、研究与应用取得了长足的发展，水情信息预报、调度模型研究、“3S”技术应用不断加强，水调自动化综合功能日臻完善，“数字流域”管理正在逐渐形成。

二、水库调度自动化系统的组成

水电站水调自动化系统由数据子系统、模型子系统和决策及信息服务子系统构成。它的总逻辑结构如图 8-3 所示。某水调自动化系统结构框图如图 8-4 所示。

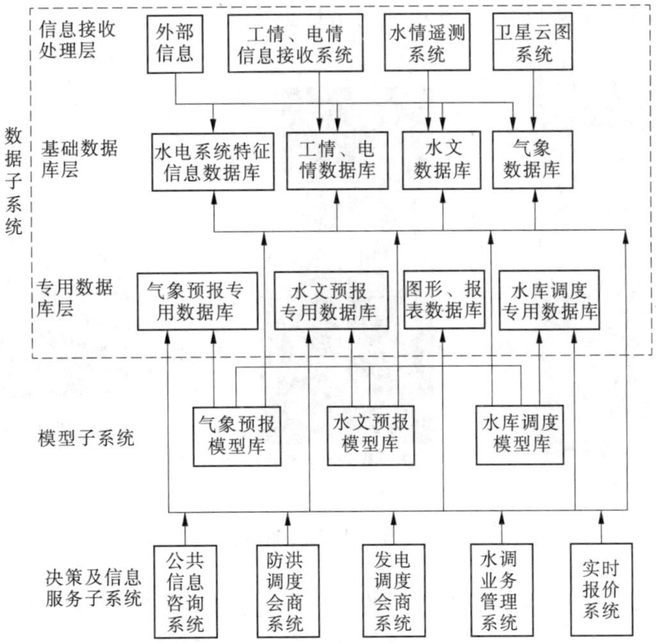

图 8-3　水调自动化系统总逻辑结构

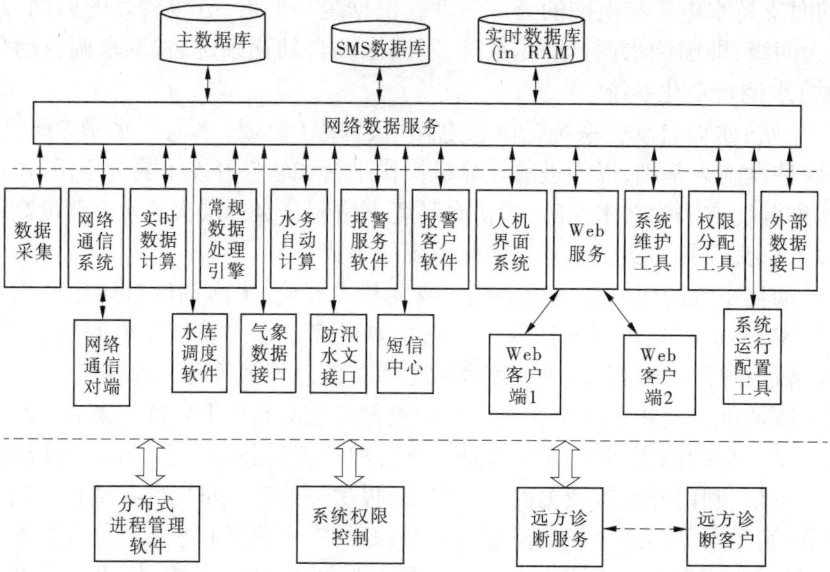

图 8-4 某水调自动化系统结构框图

(一)水雨情遥测系统

水雨情遥测系统是应用遥测、通信和计算机等技术,完成水雨情信息的实时收集、处理(如水位遥测系统,见图 8-5),为水利水电工程防洪、发电及其他综合利用目标优化调度服务的系统,是水库调度自动化系统的重要组成部分。它是系统运行的基础,它的输出信息是水调自动化系统的信息来源。该系统主要是解决水雨情信息的自动采集问题,以及按照规范要求将所采集的信息写入到网络数据库中。

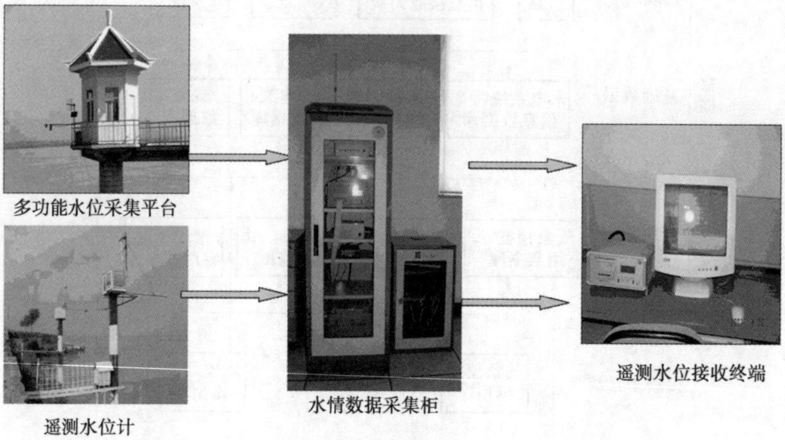

图 8-5 水位遥测系统

水雨情遥测系统主要由一个中心接收站、一个或多个中继站及若干个遥测站组成,通过一定的通信手段连接起来形成一个信息传输网络,并利用中心站的计算机软件实现实时水雨情信息的采集、处理及存入数据库。

（二）水调计算机网络系统

计算机网络系统是水调自动化系统信息存储、传输的载体，也是信息共享，并保持数据的一致性、完整性的重要保证。

水调自动化计算机网络系统主要由以下几部分组成：

（1）网络服务器，包括网络管理服务器、文件服务器、数据库服务器、邮件服务器、远程访问服务器以及 WWW 服务器。

（2）网络链接交换设备，包括快速 Ethernet 交换机、ATM 交换机、网桥、网关、路由器、光缆及双绞线以及各种接口设备。

（3）通信子网，主要由宽带通信链路组成。

（4）网络工作站，主要包括图形工作站、微型计算机、打印机、数据采集等桌面设备。

（三）水库数据库系统

数据库是水调自动化系统的核心之一，水库调度数据库系统对数据的完整性、独立性、共享性、响应速度、安全性和保密性、规范性和统一性等都有具体要求。数据库系统的设计、开发与管理任务主要包括数据字典与表结构设计、数据查询与提取、数据库维护（输入、修改、删除等）和数据库运行管理。

（四）水库调度软件系统

水库调度软件系统是水调自动化系统的核心，主要完成基础信息查询、发电调度、洪水预报和业务管理等主要功能。

（五）水库调度会商系统

以实时气象和水雨工电情信息、水文预报及洪水调度、发电调度成果等为基础，通过并行提供有关信息、候选决策方案与相应的评价指标和决策后果等形式，借助于大屏幕投影，给领导、专家和调度人员提供决策支持。

（六）水调信息发布系统

某些水调信息，如水文气象基础数据、流量数据、预报成果、调度成果等，可以通过 Web 发布到 Internet，供授权用户查询。

水调自动化系统组成的拓扑图如图 8-6 所示。

三、水调自动化系统的主要功能

水调自动化系统的主要功能包括：实时信息采集/处理、实时监控、基础信息查询/维护、中长期预报子系统、实时洪水预报、防洪调度、发电调度、防洪/发电调度会商、水调业务管理等。整个系统的功能结构如图 8-7 所示。它为提高水电厂的发电效益，兼顾防洪、供水与浇灌等综合效益奠定了强有力的基础。

（一）数据采集与处理

依据数据通信应用协议，从水情测报系统、EMS 系统、气象部门、水文部门、人机界面、MIS 系统等采集实时水文数据、实时电网及机组信息、水库大坝监测信息、气象信息、发电计划、实际负荷曲线、调度指令、防洪信息、网络通道及网络设备的运行状态、水工和机械设备工况等。

根据采集到的数据信息、文件信息、图像信息等进行合理性检查和记录处理，将实时

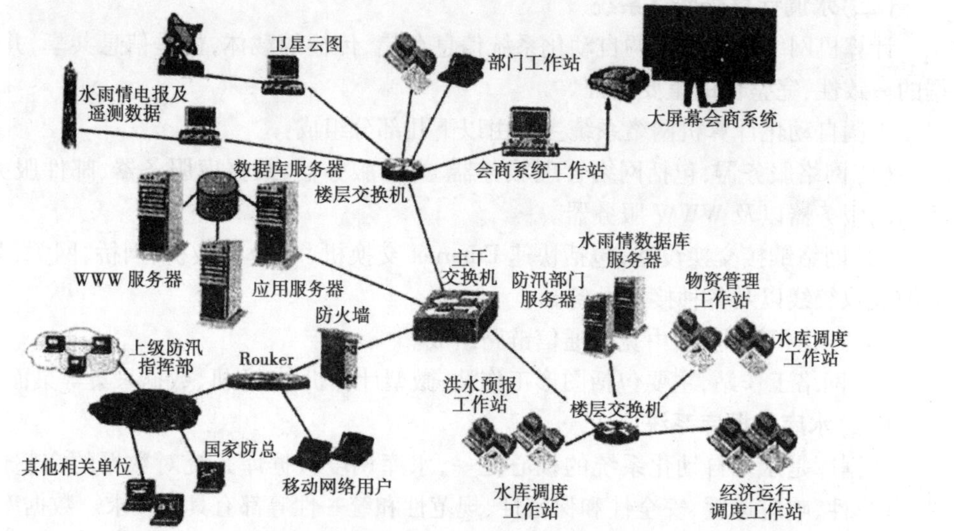

图8-6　水调自动化系统组成拓扑图

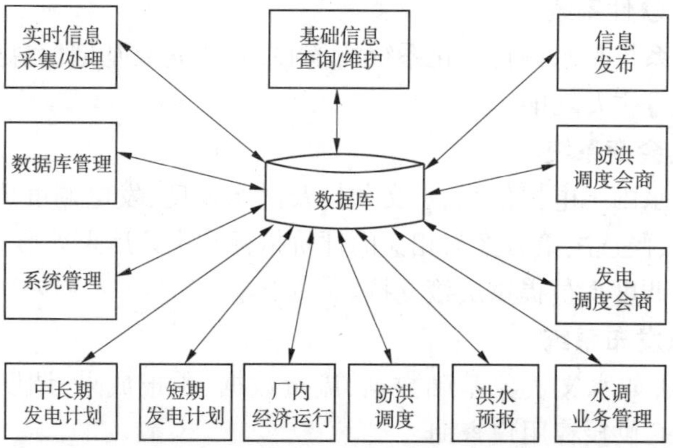

图8-7　水调自动化系统的功能结构

数据整理成时段数据、流量、功率等数据统计。允许有权限的人工数据、虚拟数据输入,数据修改、增删,或数据导出、导入。

(二)安全监控和报警

通过人机联系手段,实时动态地监视系统内各流域水雨情、电站各项监测参数、闸门和网络运行状态,对异常数据,系统自动发出警报,并发出声、光、语音报警信息,自动启动电话和传呼系统功能,及时报告值班人员进行处理,同时进行实时记录,以备查证。

(三)数据查询及维护

提供图、表方式显示和打印各流域或水系实时和历史水情信息、水文特征值、实时洪水预报、水库调度结果等数据。可按不同的条件和数据组合方式查询数据库中的全部信息,并按要求进行维护。

(四)中长期径流预报

中长期径流预报是根据水库的流域水系、降水径流、流域气象、水文要素等历史数据来预报月、季、年的降水或径流量。中长期预报子系统一般采用气象部门常用的统计模型和水文部门常用的具有完整理论基础的时间序列分析模型。预报方法通常有物理成因分析法、数理统计分析法、成因分析和统计计算相结合的方法。

（五）实时洪水预报

实时洪水预报是指在联机的水情自动测报系统中使用实时数据进行洪水预报，它要求满足预报的实时性、高精度和预见性，同时能处理各种复杂的异常情况。实时洪水预报子系统主要涉及产汇流计算，河道洪水演进与预报等计算步骤，因此子系统应用了降雨径流模型、河道洪水演算模型、实时校正模型等水文专家模型。在预报模型方面，目前我国测报系统采用最多的是新安江模型，其他还有超渗产流模型、水箱模型、萨克拉门托模型等。在作业预报过程中，可以根据误差信息，运用卡尔曼滤波、误差预测、模型参数动态识别等现代系统方法对预报估计值或水文预报模型中的参数进行及时校正。现代洪水预报子系统还增加了基于图形界面的专家交互式预报功能，增强了预报的灵活性，预报员能直接深入掌握预报实施过程中的信息，并可对多模型平行预报的结果作出科学合理的判断。

（六）水库防洪调度

防洪调度以实时洪水预报结果为基础，实现防洪调度方案的制订、防洪形势分析及防洪决策的辅助计算。防洪调度分为常规调度和优化调度，其中常规调度分为水位控制、泄量控制、预报预泄和补偿调节等四种模式。优化调度方案是在满足各种约束条件下，追求一定防洪目标的洪水调度方案。防洪调度子系统提供人机交互方式，根据调度人员拟订的调度方案，实现水库（群）或防洪系统的调洪演算和河道洪水演进模拟仿真，计算相应的调洪过程和统计指标，为洪水调度提供决策支持。

（七）发电调度

根据从 EMS 中获得的实时发电负荷、日发电量、各机组运行状态等信息和从实时洪水预报子系统中获得的入库流量，以系统分析为基础进行优化调度，提供多种发电调度的辅助决策支持。水库群调度模型在调度周期上划分为长期调度、短期调度和实时滚动优化等三个层次，各层次模型相对独立。发电调度还应包括厂内经济运行和水、火电联合调度。

（八）调度会商

以实时信息、预报调度模型、风险分析为基础，适当考虑电力市场竞价上网环境，通过模拟预报调度、未来预演仿真及并行提供候选决策方案、相应的评价指标和决策后果等有关信息，为领导、专家、调度人员提供预报和调度等多方面的群体会商环境。

（九）水务计算管理

水库调度业务管理系统主要是针对规范性、日常使用频率较高的业务项目，建立自动化功能模块程序，以实现水调日常业务自动化。主要包括：绘制各种过程线、关系曲线；收集各水电站运行实况及全网汇总表；各水电站节水增发电量、水库运行调度考核指标的统计；编制常规调度的电网年、季、月、日运行方式；对实时信息、历史资料等数据进行整理、统计、分析，加工生成必要的图表和文字；节水增发电量计算；电站弃水、水量利用分析、水头利用分析；调峰电量、低谷电量，丰、枯电量统计；各种时段的电站效益、电网水电效益计算；报表编辑、图形编辑、报告编辑、电子文件传输。

(十)数据库管理

根据数据种类不同,可分别建立水情、水务、水文预报和水库调度、机组运行工况等分类数据库。数据库能灵活地对数据进行修改、插入、删除、统计等维护工作,同时具备数据自动转储能力。由于系统运行在网络环境下,因此既要考虑数据的安全性和完整性,还要根据用户对象,赋予不同的数据库使用权限。

(十一)系统管理

为了保证数据库的安全,可将水调管理人员分为两类:系统管理员和水调管理员,两者均需要通过口令访问水调管理模块。

(十二)信息发布

水文气象信息、统计信息、发电信息、预报成果、调度成果等,可以通过 Web 发布到 Internet 或 Intranet,授权用户可用浏览器方式查询数据、图表。

任务五　中小型水库智慧水利管理系统简介

水利管理系统的主要管理对象是江河湖泊、水资源开发利用等建设的水利基础设施,服务对象是经济社会。我国地域广阔,水系多而复杂,水利工程点多、面广、量大、种类多,经济社会发展对江河和水利工程安全高效运行要求很高。传统水利管理系统已经难以满足新时代经济社会发展提出的专业化、精细化、智能化管理要求。水利必须以流域为单元、以江河水系为经络、以水利工程为节点,通过智慧水利构建起现代水利基础设施网络平台,满足新时代经济社会发展新要求。智慧水利管理系统,就是利用互联网、云计算、GIS、AI 等先进技术,逐步实现“信息技术标准化、信息采集自动化、信息传输网络化、信息管理集成化、业务处理智能化、政务办公电子化”的一种综合网络平台。通过对水文信息、工情信息及管理等信息的感知,借助互联网实现各类信息的全面共享与互联互通,利用数据挖掘、仿真模拟、决策分析、自动控制等技术实现防洪涝防潮台、水资源高效利用、水生态环境保护及现代化水利行业管理服务等领域科学预则预警、评估决策,从而全面提高水利精细化管理能力和水平,提升对自然灾害、突发事件的应急决策能力,提升科学管理水平,带动水利现代化进程。以重庆市水库动态监管及预警系统为例简介如下。

该水库自动化监测预警系统(水库动态监管系统)是一套由多通道动态监测装置、多线程接收系统及水库综合信息管理信息系统构成的低成本水库自动化监测与动态监管及预警整体解决方案。系统的主要功能是将水库的水位、降雨量、水温、气压、实时现场图像、大坝安全信息、白蚁防治信息等加密后实时或定时动态地传输到管理部门的服务器,经解密校验后自动存入后台数据库 WMS(Web Management System),并由水库综合管理信息系统对数据进行管理、查询和显示。系统还具有预警和自动报警机制,水库一旦出现问题(如库水位超过汛限水位,或低于死水位或监测到大坝安全监测异常,或有白蚁侵袭等)系统将发出预警信息或自动报警,并会将报警信息发送到相关人员的手机上。预警信息可以通过短信息、广播、电话和网络发布等多种方式。只要工作电脑与 Internet 相连,系统就可以智能地完成对水库实时水雨情及工情信息的采集、传输、存储、管理、查询、显示及预警的全过程监视和管理。

一、系统结构

系统结构主要包括数据服务器、路由器等硬件设备，水库动态监控管理系统软件和预警信息发布系统软件，如图 8-8 所示。其中水库实地监测管理部分主要由水库动态监管遥测终端机、水雨情监测单元、大坝渗流监测单元和表面变形监测单元 、白蚁监测单元、视频监控单元等构成。系统采用 GPRS/CDMA 数字移动通信网络作为数据无线传输平台。

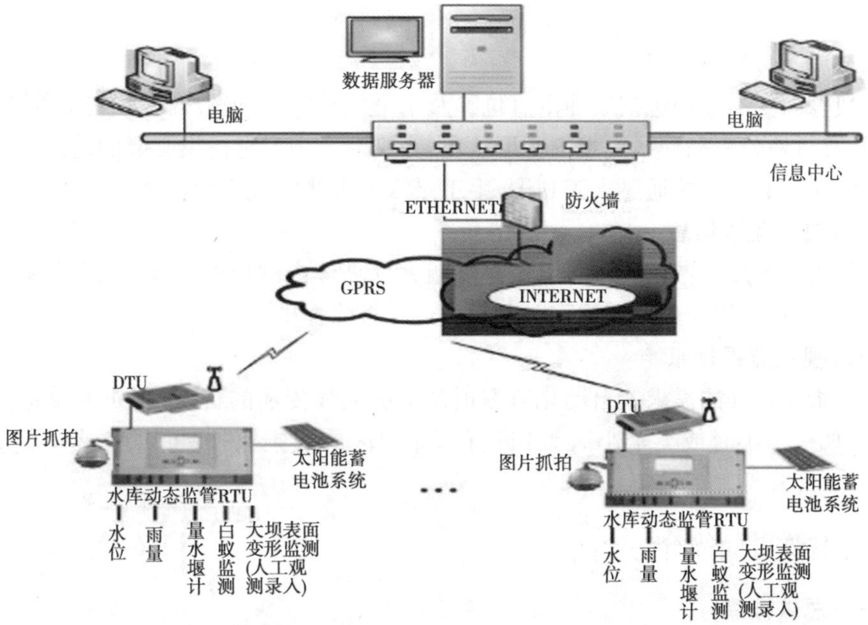

图 8-8　水库动态监管系统结构示意图

水库动态监管遥测终端机数据采集设备：

(1)雨量信号：增量式(翻斗式)雨量计。

(2)水位信号：水位计类型为浮子式(格雷码)/串行接口/模拟(两线或三线制 4 ~ 20 mA)接口等可选。

(3)量水堰计信号：串行/模拟接口量水堰计类型可选，分辨率为 0.5 mm(量程 250 mm)。

(4)白蚁监测仪输入：可接入多个白蚁监测管信号。

(5)摄像头图像信息采集输入：可接入 2 路串口摄像头，130 万像素，最大分辨率为 1 280 × 1 024；图片格式为 JPEG。

二、主要监测内容

(一)水文监测信息

水库水文信息监测，不仅可以针对该水库进行预警，如库水位超过汛限水位或低于死水位，系统自动报警，对防汛抗旱决策管理起到技术支持的作用，而且还可以起到加强雨情、水情监测预报,提高水文监测和预报精度的作用。水文监测主要包括:库水位、坝区降雨量、库容。

(二)大坝安全信息

1. 大坝渗流监测

实时监测大坝渗流状况是大坝渗流监测信息系统至关重要的内容,它关系到大坝的安全状况。

具备实施条件的水库渗流量监测一般采用三角堰进行观测,量水堰计密封安装于三角堰处。

2. 大坝表面变形监测

大坝表面变形监测包括表面垂直位移及水平位移监测,通过对大坝变形的监测,可以为准确、及时地分析和预报大坝的变形状况,为判断大坝安全提供必要的信息。

水库动态监管系统通过人工观测、手工录入的方法实现变形监测。

(三)白蚁监测信息

水库监测中加入白蚁监测可以实时监测大坝坝体内的白蚁活动状态,为在白蚁刚刚活动,还没有对大坝造成致命损伤时及时发现和根除提供重要的依据。

(四)视频监视信息

根据水库管理的需求及自动化监测预警系统无线传输的特点,用户可设定一定的时间间隔(如一个小时或半个小时等)进行水库坝区的视频抓拍,可以监视水库大坝整体状况。

三、主要界面简介

(一)总体概貌

在整个地区的地图上显示每个监测水库站点分布,每个测点的通信状态和报警状态以不同的颜色标注,使之一目了然(见图8-9)。

图8-9 水库动态监管系统主界面

（二）实时监测信息

鼠标移动到概貌图上任意一个水库站点将显示水库当前的主要实时监测信息。如鼠标移动到高洞子水库时，显示的结果如图 8-10 所示。

· 当前水位：水库最新的坝前水位。

· 时段雨量：水库大坝区域最近一个整点时间段的降雨量。

· 当日雨量：水库大坝区域本日累计降雨量。

· 渗流量：水库最新监测的渗流量。

· 白蚁监测：最新时段白蚁监测管的状态。

图 8-10　某水库站点显示界面

（三）实时水文监测信息

图 8-11 中以水尺的方式形象地显示了当前库水位、当日水位趋势图、最近整点时段的降雨量柱状图。

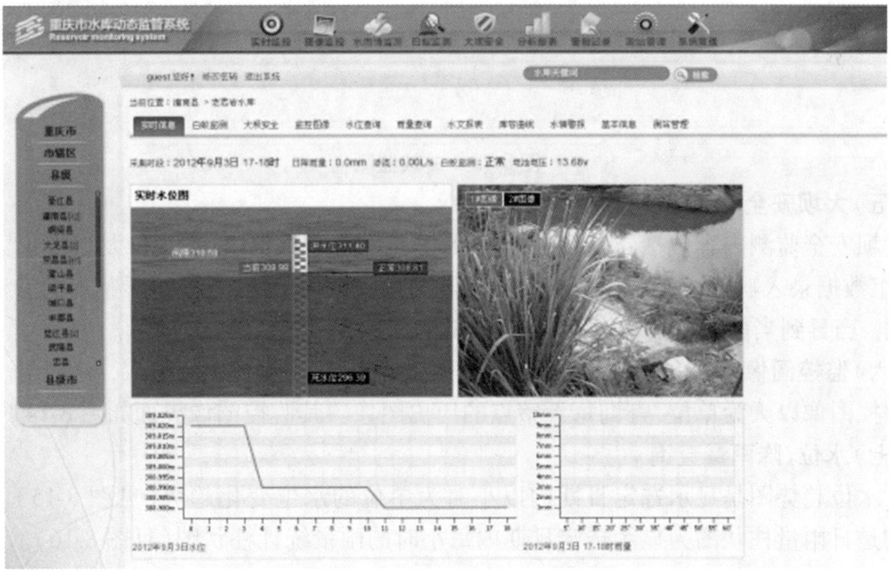

图 8-11　实时水文信息界面

(四)白蚁监测

白蚁检测管布置图形象地显示了当前各点的状态[见图8-12(a)]和记录查询[见图8-12(b)]。通过查询每天整点的历史数据,对每个白蚁监测点进行年度分析,即可提出是否需要加药处理的建议措施。

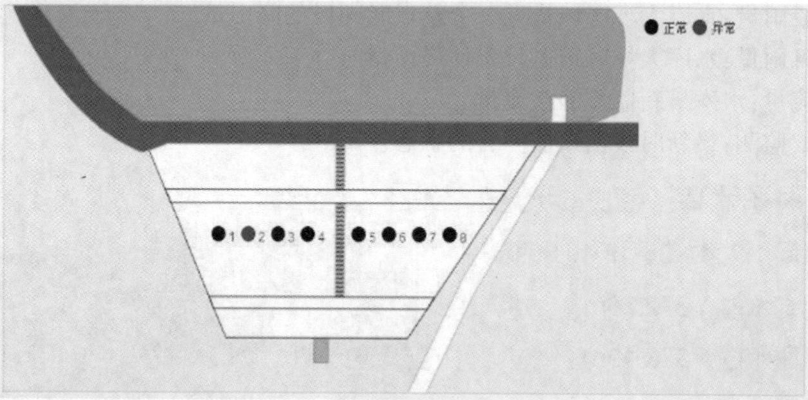

(a)

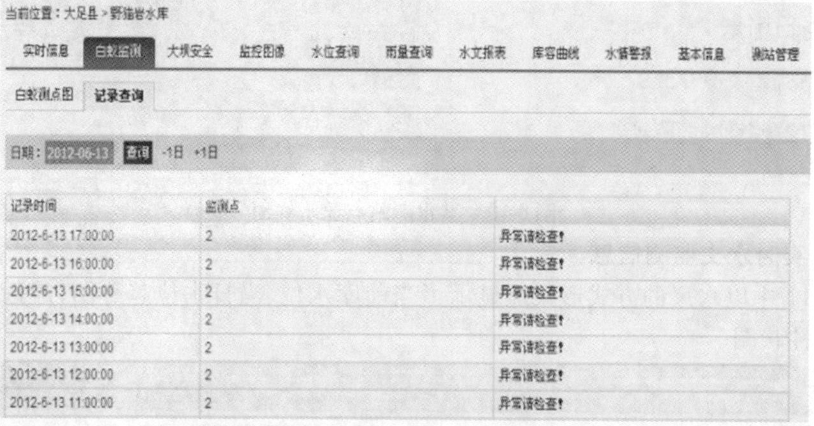

(b)

图8-12　白蚁监测

(五)大坝安全

大坝安全监测内容包括:渗流监测、变形测点布置[图8-13(c)]和大坝变形人工读数、手工数据录入功能[图8-13(d)]。渗流监测是以天为单位,查询每天整点的渗流量历史数据。当日到当前为止的渗流量曲线图如图8-13(a)、图8-13(b)所示。

(六)监控图像

监控图像以天为单位,查询每天整点的历史图像。其监控图像界面如图8-14所示。

(七)水位、降雨量查询

日水位趋势图是显示选定日期内以小时为单位的水位变化趋势(见图8-15)。降雨量查询是日雨量柱状图为显示选定日期内每小时的雨量统计柱状图(见图8-16)。

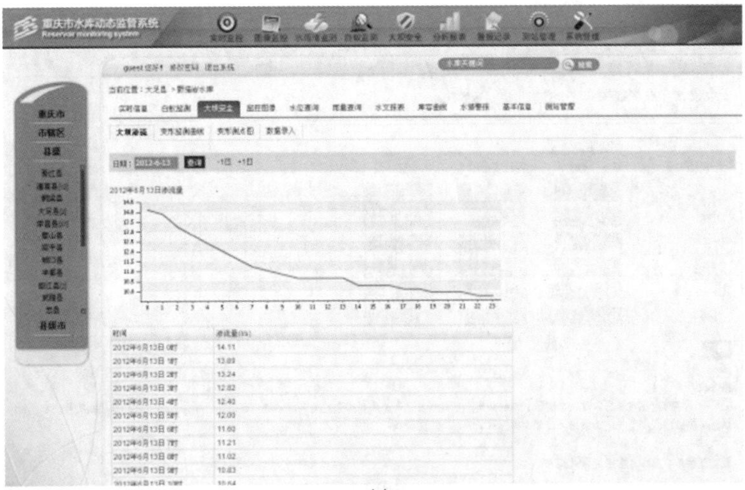

(a)

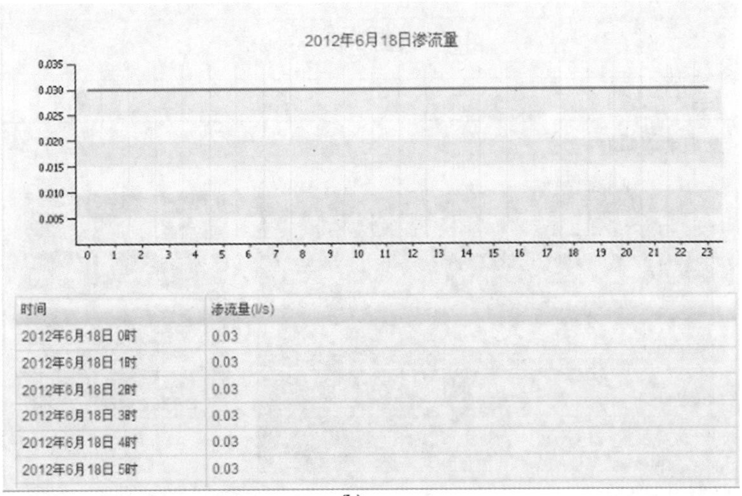

(b)

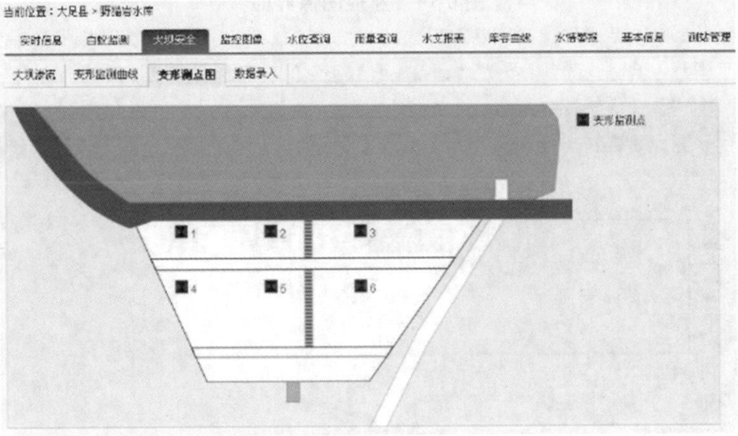

(c)

图 8-13　大坝安全监测界面

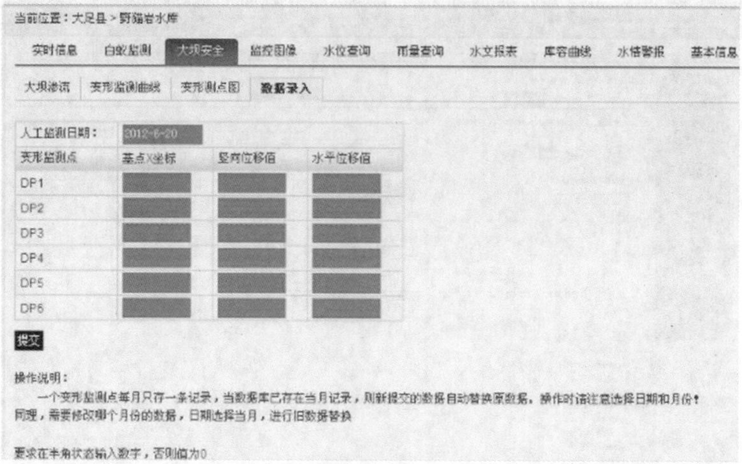

(d)

续图 8-13

图 8-14　监控图像界面

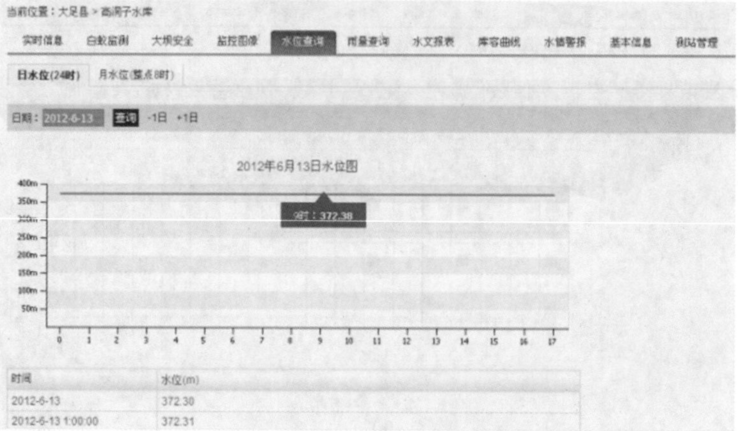

图 8-15　日水位趋势图

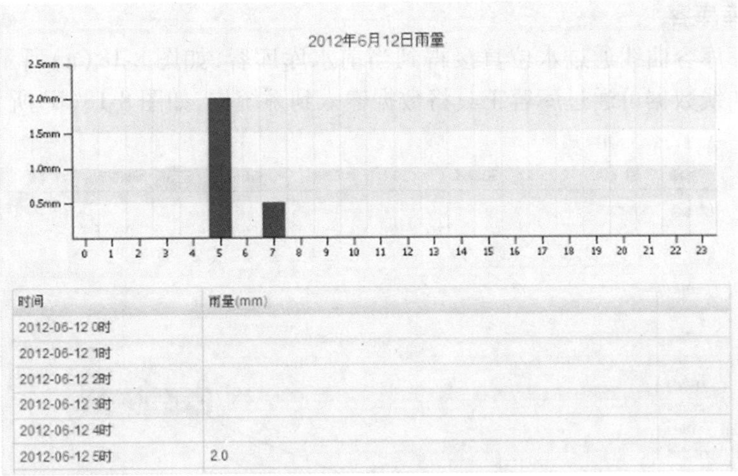

时间	雨量(mm)
2012-06-12 0时	
2012-06-12 1时	
2012-06-12 2时	
2012-06-12 3时	
2012-06-12 4时	
2012-06-12 5时	2.0

图 8-16　日雨量柱状图

(八)水文报表

可查询某站点日、月水文报表[见图 8-17(a)、图 8-17(b)]。

野猪岩水库2012年6月12日综合日报表

日期	雨量(mm)	净流量(l/s)	水位(m)	库容(万m3)	自动监测	电池电压(V)
2012-6-12 0时		10.45	335.29	2.453	异常	13.06
2012-6-12 1时		10.27	335.29	2.453	异常	13.05
2012-6-12 2时		10.08	335.29	2.453	异常	13.03
2012-6-12 3时		10.27	335.29	2.453	异常	13.01
2012-6-12 4时		10.45	335.29	2.453	异常	12.99
2012-6-12 5时	0.5	14.56	335.30	2.468	异常	12.98
2012-6-12 6时	1.5	8.48	335.30	2.468	异常	12.96
2012-6-12 7时		33.25	335.30	2.468	异常	12.96
2012-6-12 8时		21.45	335.30	2.468	异常	13.03
2012-6-12 9时		18.19	335.31	2.483	异常	13.13
2012-6-12 10时		18.19	335.31	2.483	异常	13.45
2012-6-12 11时		18.45	335.31	2.483	异常	13.45
2012-6-12 12时		18.71	335.31	2.483	异常	13.90
2012-6-12 13时		19.51	335.31	2.483	异常	14.10
2012-6-12 14时		19.24	335.31	2.483	异常	13.56
2012-6-12 15时		18.98	335.31	2.483	异常	13.37

(a)日水文报表

野猪岩水库2012年6月综合月报表

日期	雨量(mm)	净流量(l/s)	自动监测	8时		20时		日均水位(m)	电池电压(V)
				库容(万m3)	水位(m)	库容(万m3)	水位(m)		
2012-6-1	5.0	0.60		1.556	334.63	1.595	334.66	334.66	14.16
2012-6-2	1.5	45.52		1.620	334.68	1.633	334.69	334.70	14.17
2012-6-3	12.0	32.88		1.723	334.76	1.825	334.84	334.87	13.46
2012-6-4	0.5	0.60		1.915	334.91	1.966	334.95	334.96	14.16
2012-6-5		45.97		2.017	334.99	2.059	335.02	335.02	14.15
2012-6-6	0.5	44.19	异常	2.074	335.03	2.147	335.08	335.09	14.04
2012-6-7	4.0	30.36	异常	2.205	335.12	2.293	335.18	335.18	14.16
2012-6-8		45.97		2.322	335.20	2.351	335.22	335.22	14.56
2012-6-9		16.20	异常	2.366	335.23	2.380	335.24	335.24	14.17
2012-6-10	3.0	42.88	异常	2.410	335.26	2.424	335.27	335.27	14.17
2012-6-11	0.5	22.32	异常	2.439	335.28	2.453	335.29	335.29	14.80
2012-6-12	2.0	33.25	异常	2.468	335.30	2.497	335.32	335.32	14.10
2012-6-13		14.11	异常	2.512	335.33			335.33	14.17
2012-6-14									
2012-6-15									

(b)月水文报表

图 8-17　某站点日、月水文报表

（九）水库库容

借助水库库容曲线通过水位直接得到当前水库库容，如图 8-18(a)所示。每个水库的水位库容曲线数据可通过库容工具将数据输入到系统中，如图 8-18(b)所示。

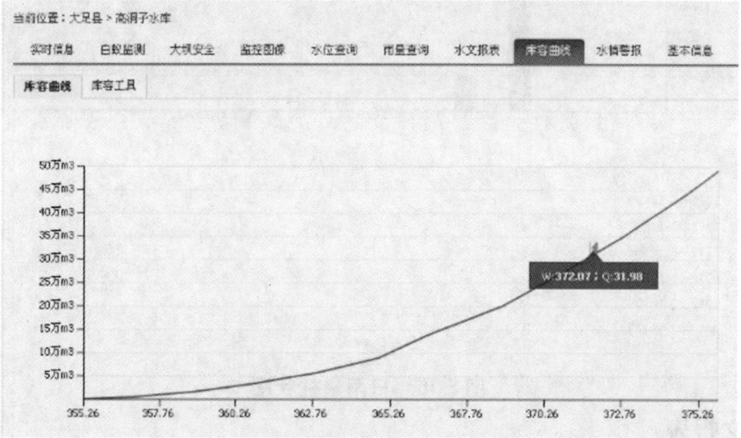

(a)

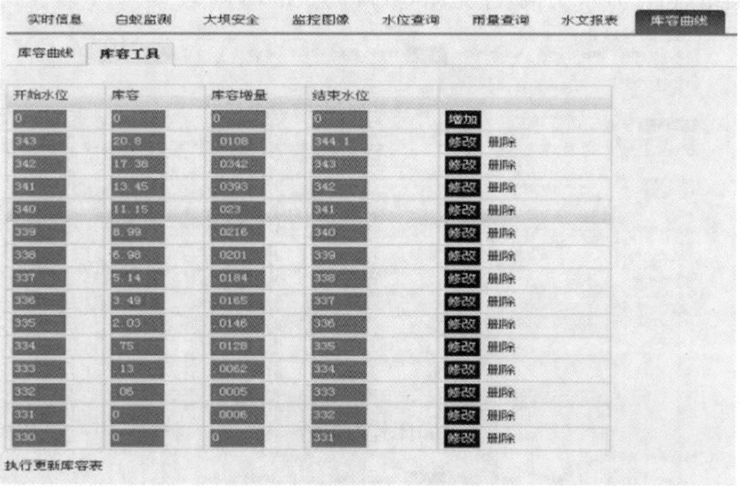

开始水位	库容	库容增量	结束水位	
0	0	0	0	增加
343	20.8	.0108	344.1	修改 删除
342	17.38	.0342	343	修改 删除
341	13.45	.0393	342	修改 删除
340	11.15	.023	341	修改 删除
339	8.99	.0216	340	修改 删除
338	6.98	.0201	339	修改 删除
337	5.14	.0184	338	修改 删除
336	3.49	.0165	337	修改 删除
335	2.03	.0146	336	修改 删除
334	.75	.0128	335	修改 删除
333	.13	.0062	334	修改 删除
332	.06	.0005	333	修改 删除
331	0	.0006	332	修改 删除
330	0	0	331	修改 删除

执行更新库容表

(b)

图 8-18　库容曲线

（十）水情警报

水情警报主要是水位报警和雨量报警记录查询。

水位报警包括四级报警：历史最高水位报警、汛限警戒水位报警、抗旱水位报警、历史最低水位报警，也可根据用户需要进行设置。雨量报警可设置多个时段雨量阈值报警，如图 8-19 所示。

（十一）测站管理

测站管理是管理区域内所有测点的基本运行状态，包括区域内所有站点的设备运行状态和通信状态。监测设备信息显示水库站点的主要传感器和电源、通信设备的基本信息；电池电压记录显示水库站点的蓄电池电压变化状况；防盗报警事件记录显示水库站点

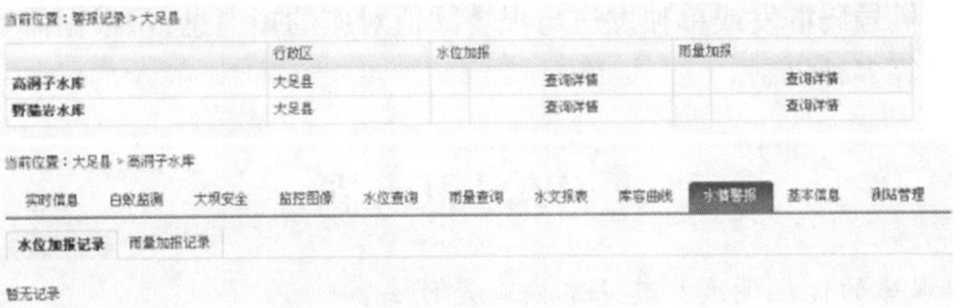

图 8-19　水情警报界面

的防盗报警事件历史查询记录(见图 8-20)。

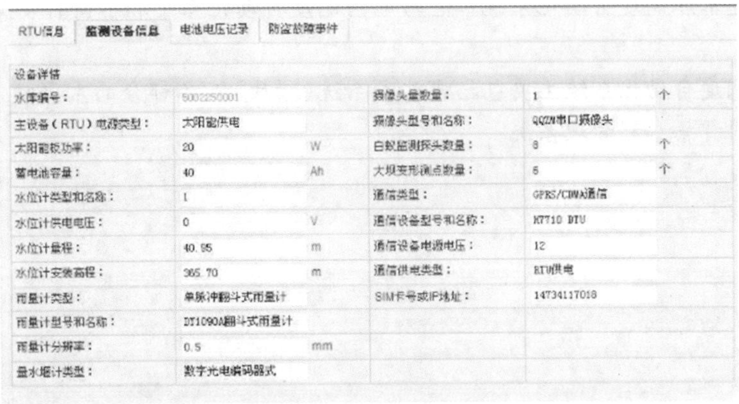

图 8-20　测站管理界面

(十二)地图模式切换

地图模式包括街道图、地形图和影像图,如果水库有白蚁或超警戒值水位等异常情况,会通过报警小窗口的文字展示和水库图例闪烁的方式对用户进行提醒。地图模式切换界面如图 8-21 所示。

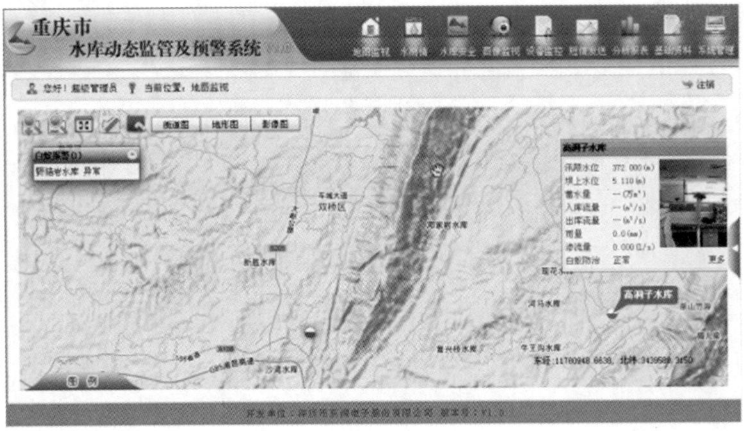

图 8-21　地图模式切换界面

(十三)短信平台

系统可通过短信平台,实现预警机制。系统将设定指定参数的预警阈值,当这些参数,如水文参数、大坝安全监测参数或防盗报警参数达到设定阈值时,系统将根据预警逻辑,向指定的手机号码群发或单独发送与报警阈值对应的短消息,可根据需要实现重复发送,或要求回复等多种机制。

复习思考题

1. 什么叫水库的优化调度?其基本内容是什么?

2. 解释多阶段决策过程的含义。

3. 水库优化调度数学模型由哪些内容构成?

4. 什么是水库调度自动化系统?它与电网调度自动化系统和水情自动测报系统有何关系?

5. 水库调度自动化系统主要包括哪些子系统(模块)?各部分的主要功能是什么?

6. 什么叫智慧水利管理系统?

附 录

附录一 《水库调度规程编制导则》(SL 706—2015)解读

一、编制水库调度规程的目的、意义

目的:规范水库调度规程编制的任务、原则和内容,保证水库调度规程的编制质量。

意义:水库调度作为水库控制运用的重要非工程措施之一,在保证防洪安全,增加洪水资源可利用量,充分发挥水库灌溉、发电、航运等兴利综合效益等方面发挥了重要的作用。但现阶段对于水库调度规程编制的内容、要求和格式尚未形成规范化的编制指导依据。开展《水库调度规程编制导则》编制工作,对于提高我国水库大坝安全管理水平,保障水库大坝安全,满足社会日益增长的水资源的需求,建立生态健康的河流流域环境等均具有重大的现实意义。

二、水库调度规程适用范围

水利部建管司 2012 年 442 号文中明确导则适用于已建大中型水库、坝高 15 米以上或总库容 100 万 m^3 以上小型水库。

《水库调度规程编制导则》审查会,将标准的适用范围规定为:已建大、中型水库调度规程的编制,具备调度条件的小型水库可参照执行。

三、水库调度规程编制依据

1.0.4 水库调度规程编制应以经审查批准的水库设计文件确定的任务、原则、参数、指标为依据。当水库调度任务、运行条件、调度方式、工程安全状况等发生重大变化,需要对水库调度规程进行修订时,应进行专题论证,并报原审批部门审查批准。对设计文件不完整的水库,应根据水库实际运用情况和工程安全运用条件,分析确定调度条件和依据,经原规划设计审批单位和有关防汛指挥部门审定后使用。

四、水库调度规程编制原则

1.0.5 水库调度规程应坚持“安全第一、统筹兼顾”的原则,在保证水库工程安全、服从防洪总体安排的前提下,协调防洪、兴利等任务及社会经济各用水部门的关系,发挥水库的综合利用效益,将灾害降低到最小,争取效益最大,并兼顾梯级调度和水库群调度运用的要求。

1.0.6 水库调度应采用先进成熟的技术和手段,研究优化调度方案,提高水库调度的科学技术水平。

1.0.7　水库调度规程是水库调度运用的依据性文件,应明确调度任务,提高水库调度的计划性和预见性。各项调度的主要内容应包括调度任务与原则、调度条件与调度依据、调度方式等。水库调度规程内容可根据水库承担的任务或特殊需要相应增减。

1.0.8　编制水库调度规程应收集与水库调度有关的自然地理、水文气象、社会经济、工程情况及各部门对水库调度的要求等基本资料,并对收集的资料进行可靠性分析和合理性检查。

五、水库调度规程编制单位及责任单位

1.0.9　水库调度规程应按"责权对等"原则明确水库调度单位、水库主管部门和运行管理单位及其相应责任与权限。

1.0.10　水库调度规程宜由水库主管部门或水库运行管理单位组织编制。水库主管部门或水库运行管理单位应委托有相应规划设计资质的单位编制。

六、水库调度规程审查流程

1.0.11　水库调度规程应按管辖权限由县级以上水行政主管部门审批。调度运行涉及两个或两个以上行政区域的水库,应由上一级水行政主管部门或流域机构审批。水库汛期调度运行计划应由有调度权限的防汛抗旱指挥部门审批。

七、导则主要内容及章节编排

第一章　章节安排

《水库调度规程》章节应根据水库任务和功能安排:第一章:总则;第二章:术语;第三章:调度条件及依据;第四章:防洪与防凌调度;第五章:灌溉与供水调度;第六章:发电、航运、泥沙及生态用水调度;第七章:综合利用调度;第八章:水库调度管理;第九章:附则(包括规程实施时间或有效期限、修订条件、调度矛盾的协调及其裁决方式、解释权归属等内容);附录。

第二章　《水库调度规程》编制参考大纲(附录A)

1　总则

1.1　水库调度规程的编制目的和编制依据。

1.2　水库调度规程的适用范围。

1.3　水库概况。

1.4　水库设计功能。

1.5　水库调度目标和任务。

1.6　水库调度原则。

1.7　水库调度责任部门(水库调度单位、水库主管部门、水库运行管理单位)及相应职责权限等。

1.8　其他应说明的共性规定。

2 **调度条件与依据**

2.1 水库安全运用条件。

2.1.1 水工建筑物的安全运用条件。

2.1.2 水工金属结构设备的安全运用条件。

2.1.3 工程安全监测与巡视检查要求。

2.2 基本资料。

2.3 水文气象情报与预报要求。

2.3.1 水文气象情报站网及观测。水文气象情报站网及观测包括站网布置、观测内容、观测时间与频次、观测要求、精度要求、数据传输与存贮等。

2.3.2 水文气象预报(长、中、短期)的内容、方法、方案和精度要求,以及预报应收集的资料等。

3 **防洪与防凌调度**

3.1 防洪调度任务。

3.2 防洪调度原则。

3.3 防洪调度时段。防洪调度时段包括前汛期、主汛期、后汛期的起止时间。

3.4 防洪限制水位。

3.5 防洪控制断面。

3.6 各类防洪调度方式及其相应的水位或流量判别条件。

3.7 泄水设施运用调度。

3.8 防凌调度任务。

3.9 防凌调度原则。

3.10 防凌调度时段。

3.11 各类防凌调度方式。

4 **灌溉与供水调度**

4.1 灌溉与供水调度任务。

4.2 灌溉与供水调度原则。

4.3 取水水位和用水量。

4.4 各供水对象的用水权益、供水顺序、供水过程及供水量。

4.5 各供水对象变化的判别条件。

4.6 特殊干旱年的应急供水方案和相应的调度原则和方式。

5 **发电调度**

5.1 发电调度任务。

5.2 发电调度原则。

5.3 发电调度与其他调度的关系。

5.4 汛期与枯水期发电调度方式。

5.5 机组安全运行要求。

6 **航运调度**

6.1 航运调度任务。

6.2　航运调度原则。
6.3　通航水位、水位变幅与流速等要求。
6.4　航运调度方式。
6.5　洪水期限航或停航规定。

7　泥沙调度

7.1　泥沙调度任务。
7.2　泥沙调度原则。
7.3　泥沙调度时段。
7.4　泥沙调度及与其他调度的结合方式。
7.5　排沙水位及其控制条件(减少库区淤积时),或调水调沙库容及其判别条件(减少下游淤积时)。
7.6　泥沙调度方式。
7.7　泥沙监测要求。

8　生态用水调度

8.1　生态用水调度任务。
8.2　生态用水调度原则。
8.3　生态用水调度的泄放流量要求。
8.4　生态用水调度方式及控制条件。

9　综合利用调度

9.1　综合利用调度目标、任务主次关系及对水量、水位和用水时间的要求。
9.2　各任务相应的调试方式。
9.3　正常来水或丰水年份的调度原则及调度方式。
9.4　枯水年份的调度原则及调度方式。
9.5　梯级水库或水库群的蓄泄次序及相应调度方式。

10　水库调度管理

10.1　水库调度计划、水库调度方案等的编制要求。
10.2　水库调度工作制度。
10.3　水库调度信息沟通机制和磋商机制。
10.4　水库调度总结。
10.5　水库调度资料整理与归档。
10.6　应急调度方案及应急调度方式。
10.7　库区及坝下游河道管理的原则、范围、责任部门、管理办法等。

11　附则

11.1　水库调度规程的实施时间或有效期限。
11.2　水库调度规程的修订条件。
11.3　水库调度矛盾的协调及其裁决方式。
11.4　水库调度规程的解释权归属等。

12　附录(包括附图与附表)

12.1 水库特征参数表。
12.2 水库工程位置图(库区、工程、下游)。
12.3 水库枢纽平面布置图。
12.4 水库泄洪、输水建筑物纵横剖面图。
12.5 水文气象统计成果。
12.6 水位~库容~泄量关系。
12.7 洪水过程线与调洪成果。
12.8 水库调度图。
12.9 闸门数量~开度~泄量关系。

第三章 调度条件及依据

3.0.1 水库调度规程应对下列内容作出说明:

1. 水库各水工建筑物的安全运用条件。

2. 水库各金属结构设备的安全运用条件。

3. 水库调度过程中的工程安全监测与巡视检查要求。

水库调度时,不能超出水工建筑物和金属结构设备的运用限制条件,否则会影响到水库大坝自身安全。

水工建筑物包括:大坝、进/出水口塔体及边坡、泄水建筑物、消力池(塘)、排沙建筑物、升船机等。

金属结构设备包括:检修闸门、工作闸门、事故闸门、拦污栅、启闭机等。

3.0.2 基本资料:

1. 特征水位:正常蓄水位、防洪高水位、防洪限制水位、死水位、设计洪水位、校核洪水位、排沙水位、防凌高水位等。

2. 特征库容:总库容、防洪库容、调洪库容、兴利库容、调水调沙库容、拦沙库容、防凌库容、死库容等。

3. 调度参数:防洪标准及安全泄量、供水量与供水保证率、灌溉面积与灌溉保证率、装机容量与保证出力、通航标准、生态基流或最小下泄流量等。

4. 运行曲线:库容曲线、泄流能力及泄流曲线、下游水位流量关系曲线、水电站水轮机出力限制线、入库水沙、冰情等。

基本资料(可作为附录或单独成册)

1. 水库特征水位与特征库容:正常蓄水位、防洪高水位、防洪限制水位、死水位、设计洪水位、校核洪水位、排沙水位、防凌高水位等;总库容、防洪库容、调洪库容、兴利库容、调水调沙库容、拦沙库容、防凌库容、死库容等。

2. 水库调度参数和指标:

1)防洪:防洪对象的防洪标准及安全泄量、警戒水位、保证水位,以及汛期预留防洪库容的分期起止时间。

2)灌溉:灌区范围及面积、作物组成、灌溉设计保证率、需水量、取水高程和用水过程。

3)供水:供水量、供水设计保证率、需水量、取水高程和需水过程。

4)发电:装机容量、多年平均发电量、保证出力、设计保证率、控制泄量、机组机型及主要运行工况参数。

5)排沙减淤:调控流量、调控库容、含沙量、泥沙级配、拦沙率、排沙比、减淤量、拦沙减淤比、调沙周期。

6)航运:通航标准,通航建筑物型式、规模和尺度,通航水位与流量,表面最大流速,水面最大比降,水位日变幅和小时变幅。

7)防凌:阐明防凌调度运用期、冰情特征值、防凌运用水位、防凌库容、防凌安全泄量。

8)生态和环境:阐明生态基流流量、环境基流流量、水质标准。

3. 自然地理资料:水库控制面积内及有关地区的地形、地质、植被、土壤分布、水系情况、污染源分布等。

4. 水文气象方面资料:水库控制面积内的降水、水位、蒸发、流量、泥沙、潮汐、气温、风向、风力和冰冻等情况,坝址上下游水文站网布设、各站雨量、水位、流量、流速、水质、含沙量和径流等特征资料,洪水传播时间及流量过程线,人类活动对径流影响等。各种频率水文分析计算成果、历年水文预报方案和编制说明以及经验总结和通讯设施。重点搜集整编暴雨洪水(冰凌)特性,历史上曾出现的大和特大暴雨洪水、高含沙洪水、冰凌洪水及河口天文大潮、风暴潮资料以及流域有关气象台站降雨预报、水库洪水预报资料等。

5. 库容曲线:原始库容曲线应采用设计提供的曲线,泥沙问题严重的水库应定期进行水库淤积测量,按泥沙淤积情况复核库容曲线,新库容曲线应报上级主管部门备案,必要时需经批准。

6. 设计洪水:采用经审批的设计洪水,包括分期洪水成果。

7. 径流资料:采用经整编的成果,包括年、月、旬、日径流系列及其保证率曲线典型年过程等。

8. 泄流能力及泄流曲线:包括各种泄水建筑物的泄流曲线。水库运行初期采用模型试验曲线,积累足够实测资料后应进行现场率定,成果报上级主管部门批准。

9. 泄洪设施及运用条件。

10. 水轮发电机组特性曲线。采用制造厂提供的资料或现场效率试验成果。

11. 不同泄洪流量下的闸门开启数量、开启高度、开启组合及操作程序等。

12. 引水系统水头损失曲线。采用设计提供的资料或现场率定成果。

13. 下游水位—流量关系曲线。采用现场实测成果。

14. 下游河道最大安全行洪能力。

15. 下游河道资料:水库下游河道堤防和分滞洪区防洪体系的构成及其使用条件。

16. 工程方面资料:水库工程的规划、勘测、设计、验收、鉴定文件、竣工文件、水库库容、面积、库区淤积变化、淹没、浸没、库岸坍塌和回水影响资料,历年检查观测、养护修理、调度运用的经验总结,水库上、下游有关工程的主要技术指标和工程质量等。

17. 社会经济资料:水库下游防洪、兴利和溃坝后影响的有关城镇、耕地、人口、工矿企业和交通干线等情况;防洪保护区、蓄滞洪区、行洪区经济社会现状,历史上洪(凌)灾害、风暴潮灾害资料及经济社会发展对防灾减灾的要求;库区土地利用和生产建设现状,下游河道堤防培修、河道整治和阻水情况以及防洪标准、安全泄量、保护范围和对水库供水、错峰要求；历年水源污染情况和危害情况；上级批准的有关文件、协议等资料。

18. 防洪非工程措施资料：水库控制面积内水雨情监测系统、大坝安全监测系统、通信网络系统、洪水预报预警系统运行情况；水库大坝和蓄滞洪区应急管理预案、防灾减灾设施现状及管理情况等。

3.0.3 水库调度规程应对下列水文气象情报与预报作出说明：

1. 水文气象情报与预报的内容、方式与要求。应充分利用水库和水文气象部门已有的水文气象站网，开展短、中、长期水文气象情报与预报工作。

2. 根据相关技术标准要求，明确水文气象情报资料和预报的精度。

第四章 防洪与防凌调度

4.1.1 水库防洪与防凌调度应按下列规定明确调度任务与原则：

1. 根据设计确定或上级主管部门核定的水库安全标准和下游防护对象的防洪标准、防洪调度方案及各特征水位对入库洪水进行调蓄，保障大坝和下游防洪安全。遇超标准洪水，应保障大坝安全，并尽量减轻或避免下游的洪水灾害。

2. 对存在冰情危害的水库，通过调度减少或免除冰情对大坝及附属建筑物安全的不利影响。有上游凌汛影响的水库，应防备凌汛或冰坝溃决洪水的影响；下游存在凌汛问题的水库，应通过防凌调度减轻或避免下游河道或水库的凌汛危害。

4.1.2 水库防洪调度应服从有调度权限的防汛抗旱指挥部门的调度，并严格执行经批准的所在流域或区域防洪规划和洪水调度方案要求；流域或区域防洪规划和洪水调度方案没有明确要求时，应在确保大坝安全和防洪安全条件下，经充分论证，提出合理的洪水调度方案。

一般在设计水库时，要提出预计的洪水调度方案，而在以后实际运行中不断修订校正，以求符合客观实际。在制订洪水调度方案时，要考虑与其它水库联合工作互相配合的可能性与必要性。其内容包括：拟定洪水调度方式、编制洪水调度计划及确定各项控制运用指标、进行面临时段的实时调度等。

4.1.3 防洪与防凌调度方式应安全可靠、简明易行，并明确提出控制断面、补偿调度、保坝调度的水位或流量等判别条件。

补偿调度、保坝调度等的判别条件可选用库水位、入库流量和库水位与入库流量双重判别等三种判别条件之一。

4.2.1 防洪调度应根据流域洪水特性、水库防洪运用标准、水库下游保护对象的防洪要求、上游洪水及与下游区间洪水的遭遇组合特性等情况，结合水库综合利用要求，明确不同频率洪水调度方式、判别条件和调度权限。

不同频率洪水可分为常遇洪水、两年一遇洪水、五年一遇洪水、十年一遇洪水、百年一遇洪水、五千年一遇洪水等。

4.2.2 对超标准洪水，应根据批准的超标准洪水防御方案，明确超标准洪水的判别条件、调度方式、调度权限、调度令下达及执行程序等。

4.2.3 当流域暴雨洪水在汛期内具有明显季节性变化规律，在保证水库防洪安全和满足下游防洪要求前提下,可实行分期防洪调度。分期防洪调度,应根据初步设计确定的分期防洪调度方案,明确不同分期的运用时间、防洪库容、汛期限制水位及调度方式;当初步设计没有分期,而根据新情况需要实行分期防洪调度时,可根据水库运用情况结合水雨情监测预报条件,经过专题论证和原审批部门批准后方可采用分期防洪调度。

对于具备分期防洪调度的水库,需编制分期防洪调度方案,并在水库调度规程中明确分期防洪调度的运用条件、调度方式。

(1)可实现分期防洪调度的条件:当流域暴雨洪水在汛期内具有明显季节性变化规律,在保证水库防洪安全和满足下游防洪要求前提下,可实行分期防洪调度。

(2)分期防洪调度的要求:分期防洪调度根据设计阶段确定的分期防洪调度方案,明确不同分期的防洪库容及汛期限制水位;当设计阶段没有分期,而根据新情况需要实行分期防洪调度时,可根据水库情况,经过专题论证和原设计审批部门审查批准后采用分期防洪调度。

(3)针对分期洪水的具体情况,可拟定各分期的防洪库容、相应的运用时间、防洪限制水位,并提出合适的不同防洪调度方式。

(4)原规划设计未考虑分期防洪调度的,可由水库调度单位会同设计单位共同编制分期防洪调度方案,经防汛抗旱指挥部审批后实施。

4.2.4 当水库具备水雨情监测预警系统,拦洪、泄洪建筑物完善时,可依据经主管部门审定的洪水预报方案制订水库洪水调度方案。洪水预报调度,应根据水库上、下游的具体情况和防洪需要,明确采用预泄调度、补偿调度、错锋调度、实时预报调度等方式的判别条件。

4.2.5 应明确水库在洪水退却过程中的退水调度方式。

4.2.6 应明确水库汛末蓄水时间、确定原则及汛末蓄水方式。

4.3.1 有上游凌汛影响的水库,应明确减缓上游冰塞、冰坝的形成和发展,降低水库冰位、缩短水库冰位上延距离的调度方式。冰凌开河时,应降低水库水位泄水排冰,并防止排冰对大坝工程的破坏。

4.3.2 下游存在凌汛问题的水库,水库本身有冰情时,应在确保大坝安全的前提下,提出防凌和排冰调度方式;水库本身无冰情时,应提出配合下游防凌调度运用,抬高下游河道封冻冰盖的调度方式。

4.3.3 梯级水库的联合防凌调度,应明确联合防凌调度的任务和要求;在冰凌开河时上、下水库应进行联合排冰调度,上水库的防凌调度和综合利用调度应为下水库的防凌安全调度创造有利条件。

第五章 灌溉与供水调度

5.0.1 灌溉与供水调度应按下列要求明确调度任务与原则:

1. 以初步设计为基础,考虑经济社会发展,保障流域或区域农业、生活、生产供水和河道内生态用水的基本需求。

2. 结合水资源状况和水库调节性能,明确灌溉供水、城镇和农村供水、工业供水、河道内生态用水等不同供水任务的次序,以及供水任务之间的协调、裁决方式。

3. 有效与节约利用水资源;发生供水矛盾时,优先保障生活用水。

5.0.2 灌溉与供水调度应明确下列内容:

1. 在满足灌溉与供水设计保证率和设计引水流量要求下,明确取水水位和用水量。

2. 以灌溉与供水为主要任务的水库,应首先满足供水对象的用水要求。当水库承担多目标供水任务时,应明确各供水对象的用水权益、供水顺序、供水过程及供水量。

3. 兼顾灌溉与供水任务的水库,且水库具有年调节及以上性能时,应绘制调度图(包括保证供水区、加大供水区、降低供水区等,并标明各区水量值及汛期限制水位线),明确各供水对象变化的判别条件。

4. 应明确特殊干旱年的应急供水方案和相应的调度原则和方式,当供水不能满足要求时,应尽量减小破坏程度。承担生活供水和重要供水目标供水的水库,可设置干旱预警水位,预留抗旱应急备用水量。

5. 水库供水调度遇干旱等特殊供水需求时,应服从有调度权限的防汛抗旱指挥部门调度,并严格执行经批准的所在流域或区域抗旱规划和供水调度要求。

5.0.3 灌溉调度应通过详细的分析计算,明确灌溉需水过程线,作为灌溉调度依据。

5.0.4 当灌区在水库下游,灌溉须从下游河道取水时,应明确下游河道取水点的最低水位要求,满足灌溉取水需要。

第六章 发电、航运、泥沙及生态用水调度

6.0.1 发电调度应明确下列内容:

1. 发电调度的任务和原则,以及发电调度与防洪、供水等其他调度的关系。

2. 根据水库调节性能、入库径流、水电站在电力系统中的地位和作用,合理控制水位和调配水量,结合电力系统运行要求,协调与其他用水部门及上、下游水电站的联合运行关系,合理确定调度方式。

3. 水轮机应按照运行特性曲线选择较好的运行工况运行。

4. 年调节和多年调节水电站的调度应根据蓄水及来水情况,采用保证出力、加大出力、机组预想出力、降低出力等不同运行方式,并绘制发电调度图,按调度图进行调度。

5. 小型水电站的发电调度应执行水行政主管部门审定的调度指标,根据入网条件确定合理的调度方式。

6.0.2 航运调度应明确下列内容:

1. 航运调度的任务与原则,在保证枢纽工程安全和其他防护对象安全的基础上,按设计要求发挥水库上、下游水域的航运效益。

2. 以航运为主要任务的水库,应根据航道水深、水位变幅或流速的要求,确定相应的调度方式;兼顾航运任务的水库,在满足主要调度任务的情况下,确定相应的航运调度方式。

3. 有船闸、升船机等过坝通航建筑物的水库,应确定过坝航运调度方式,明确洪水期为保障大坝和通航安全,对航道和过坝设施采取限航或停航的有关规定。

6.0.3 泥沙调度应明确下列内容:

1. 水库泥沙调度的任务与原则,在保证防洪安全和兴利调度的前提下,减少水库的泥沙淤积和下游河道的淤堵。

2. 多沙河流水库宜合理拦沙,以排为主,排拦结合;少沙河流水库应合理排沙,拦排结合。泥沙调度应以主汛期和沙峰期为主,结合防洪及其他调度合理排拦泥沙。

3. 为减少库区淤积而设置的排沙水位及其控制条件,或为减少下游河道淤积而设置的调水调沙库容及其判别条件。

4. 泥沙淤积监测方案,对泥沙淤积情况进行评估,为优化泥沙调度方式提供依据。

6.0.4 生态用水调度应明确下列内容:

1. 水库生态用水调度的任务与原则,在满足下游生态保护、库区水环境保护与水生物多样性保护要求的基础上,充分发挥水库各项防洪与兴利功能,使水库对下游生态和库区水环境造成的负面影响控制在可承受范围之内,并有利于逐步修复生态和环境系统。

2. 根据初步设计确定的河流生态环境保护目标和生态环境需水流量,拟定满足生态环境要求的调度方式及相应控制条件。

3. 生态用水调度的泄放流量设施和泄放流量要求。

第七章 综合利用调度

7.0.1 综合利用调度应按初步设计确定的水库开发任务,明确水库综合利用调度的目标,并按任务主次关系和对水量、水位和用水时间的要求,合理分配库容和调配水量。对设计文件不完整的水库,应按实际运行和利用需求分析论证,确定水库综合利用调度任务。

综合利用调度方式是承担防洪、兴利两种以上水利任务的水库的调度方式,除考虑以上所述防洪、兴利的调度方式外,还要着重研究处理防洪与兴利的结合及兴利各任务之间结合的问题。

7.0.2 正常来水或丰水年份,应在确保大坝安全的前提下,按照水库调度任务的主次关系及不同特点,合理调配水量。

7.0.3 枯水年份,应按照区分主次、保证重点、兼顾其他、减少损失、公益优先的原则进行调度,重点保证生活用水需求,兼顾其他生产或经营需求,降低因供水减少而造成的损失。

7.0.4 综合利用调度应统筹各调度任务主次关系,优化水资源配置,按"保障安全、提高效益,减小损失"的原则确定各调度任务相应的调度方式。

7.0.5 梯级水库或水库群调度应利用其调蓄能力,在对区域内的水雨情和径流规律、各水库开发任务和调度条件进行分析论证的基础上,确定合理的蓄泄次序及相应的调度方式。

7.0.6 初步设计没有确定河流生态保护任务和生态需水流量的水库,应结合相关调度任务兼顾生态用水调度,服从流域生态调水安排。

第八章 水库调度管理

8.0.1 水库调度单位应组织制订水库调度运用计划、下达水库调度指令、组织实施应急调度等,并收集掌握流域水雨情、水库工程情况、供水区用水需求等情报资料。

8.0.2 水库主管部门和运行管理单位应执行水库调度指令,建立调度值班、巡视检查与安全监测、水情测报、运行维护等制度,做好水库调度信息通报和调度值班记录。

8.0.3 水库调度各方应严格按照水库调度规程进行水库调度运行,建立有效的信息沟通和调度会商机制,编制年度调度总结并报上级主管部门,妥善保管水库调度运行有关资料并归档。

水库调度总结的内容和要求如下:

(1)水、雨、沙、冰情分析。

(2)水文气象预报成果及精度分析。

(3)主要洪水过程及调度情况。

(4)主要调度过程与调度措施。

(5)调度计划的实施情况。

(6)调度效果分析。包括防洪效益、发电效益、航运效益、供水效益、生态效益及其他社会效益等的分析。

(7)提出水库调度中存在的问题,并针对问题提出水库调度建议。

8.0.4 应按水库大坝安全管理应急预案及防汛抢险应急预案等要求,明确大坝安全、防汛抢险、抗旱、突发水污染等突发事件的应急调度方案和调度方式。

危及大坝安全的应急调度方案和调度方式包括遭遇超标准洪水时的水库应急调度方案和调度方式。

8.0.5 被鉴定为"三类坝"的病险水库或水库出现严重工程险情时,应复核水库的各项特征水位和泄洪设施安全泄流等调度指标是否满足安全运行要求,及时调整水库调度运行方案,并按规定履行报批手续。

8.0.6 应明确水库库区及坝下游河道管理的原则、范围、责任部门及相应的管理办法。

库区及坝下游河道管理原则包括:

(1)确保水库枢纽工程安全,服从防洪调度及枢纽本身防洪安全调度,保障水库枢纽工程正常运行。

(2)有利于库区及坝下游河道区生态环境良性循环和航运发展。

(3)按照有关政策划分的管理区域,实行"谁管理谁负责"的原则。

库区及坝下游河道管理范围包括:水库移民迁移线或土地征用线以下的水面及库岸,坝下游河道管理的范围主要包括划定的下游河道行洪区。

库区及坝下游河道管理办法包括:水库集水区域(含所设置界桩、水库集水区域内所设水文气象测报情报设施、库区测量标志、水土保持等)管理办法、排放污物管理办法、水库周围堆放物管理办法、坝轴线上下游内300 m范围内的水面及库岸管理办法等。

附录二 《某水库调度与管理规程》(参考文本)

第一章 基本原则

1.1 编制目的

某水库坝址位于×××县 ×××镇 ×××村,距×××县城×××km,是×××水系的第×级支流,是一座以发电为主,兼有防洪、灌溉、城市供水、水产养殖和旅游等综合效益的×等级工程,为保证水库大坝安全,促进水库防洪、蓄水兴利等综合效益发挥,指导水库进行科学调度,编制本规程。

1.2 编制依据

1.2.1 法律、法规及规范性文件

(1)《中华人民共和国水法》。

(2)《中华人民共和国防洪法》。

(3)《中华人民共和国水库大坝安全管理条例》。

(4)《×××省实施<中华人民共和国水法>办法》。

(5)《×××实施<中华人民共和国防洪法>办法》。

(6)《某水库各种可行性研究及设计报告》。

(7)《水库防汛抢险应急预案编制大纲》。

(8)地方政府的相关文件和会议要求。

1.2.2 规程规范

(1)《水库调度规程编制导则》(SL 706—2015)。

(2)《水库调度设计规范》(GB/T 50587—2010)。

(3)《水利水电工程设计洪水计算规范》(SL 44—2006)。

(4)《水利工程水利计算规范》(SL 104—2015)。

(5)《水库工程管理设计规范》(SL 106—2017)。

1.3 工作原则

坚持"安全第一、统筹兼顾"的原则,在保证水库工程安全、服从防洪总体安排的前提下,协调防洪、兴利等任务及社会经济各用水部门的关系,发挥水库综合利用效益。确保人民群众生命安全为首要目标,在水库调度工作中必须遵循团结协作和局部利益服从全局利益的原则,科学调度,优化配置,服从有调度权限的防汛部门领导,努力降低洪水灾害损失,确保人民生命财产和大坝安全,确保工程在设计标准内不发生事故,在发生超标准洪水时,不宣泄大于天然洪峰流量的"人为洪峰",在确保安全的前提下,实现发电效益的最大化。

1.4 适用范围

本规程规定了某电站水库调度原则、运行方式及注意事项等内容,适用于某电站水库调度的运行管理。

第二章 调度条件与依据

2.1 概况

2.1.1 流域概况

×××

2.1.2 水文、气象条件

×××

2.1.3 工程基本情况

×××,某水库电站工程特性见表1。

表 1　某电站水库工程技术特性

高程系统：×××高程

水库名称		
建设地点		
所在河流		
流域面积(km^2)		
管理单位名称		
主管单位名称		
竣工日期		
工程等别		
地震基本烈度/抗震设计烈度		
多年平均降水量(mm)		
设计	洪水标准(%)	
	洪峰流量(m^3/s)	
	3 日洪量(m^3)	
校核	洪水标准(%)	
	洪峰流量(m^3/s)	
	3 日洪量(m^3)	
水库特性	水库调节特性	
	校核洪水位(m)	
	设计洪水位(m)	
	正常蓄水位(m)	
	汛限水位(m)	
	死水位(m)	
	总库容(万 m^3)	
	调洪库容(万 m^3)	
	兴利库容(万 m^3)	
	死库容(万 m^3)	
工程运行	历史最高库水位(m)	
	历史最大入库流量(m^3/s)	
	历史最大出库流量(m^3/s)	

主坝	坝型	
	坝顶高程(m)	
	最大坝高(m)	
	坝顶长度(m)	
	坝顶宽度(m)	
	坝基地质	
	坝基防渗措施	
	防浪墙顶高程(m)	
副坝	坝型	
	坝顶高程(m)	
	坝顶长度(m)	
	坝顶宽度(m)	
正常溢洪道	型式	
	堰顶高程(m)	
	堰顶净宽(m)	
	闸门型式	
	闸门尺寸	
	最大泄量(m^3/s)	
	消能形式	
	启闭设备	
非常溢洪道	型式	
	堰顶高程(m)	
	堰顶净宽(m)	
	最大泄量(m^3/s)	
	消能形式	
电站	装机台数(台)	
	总装机容量(kW)	
	保证出力(kW)	
	多年平均发电量(kW·h)	
综合效益	供水人口(万人)	
	灌溉面积(亩)	
备注		

2.2　水库安全评价

某水库大坝安全现状描述。

2.3 水文气象情报与预报

(以下各处描述仅供参考)

1. 为了保证水文气象情报资料和预报的精度,与某气象局签订了气象合同,及时了解水清、雨情、旱情等各项气象情况,并准备在上游建一套水、雨情自动检测系统。

2. 某水库水情预报作业包括短期预报和长期预报。

3. 坝址距离上游某水库 15 km,坝址以上地形气候比较复杂,暴雨分布不均匀,预报的影响因素较多,在汛期水文预报以 24 h 内的短期预报以指导水库运行。

4. 在预报作业中,运用天气预报成果和上游某水库水情的测报系统,充分利用现有资源,提高预报质量。

5. 根据某水库入库流量预报值,进行合理的调洪演算出库流量,预报水库水位、下游水位、机组出力,并把预报结果传输给相关部门。

6. 对于入库流量的预报值,预见期为 5 h,预报精确度不低于 80%。

7. 中长期预报,运用长系列历史资料进行周波分析法进行推算,以气象部门的天气趋势预报作为参照,对汛期、枯水期分别预报,并以天气预报结果进行实时修正,预报入库流量值误差不超过 20%。

第3章 防洪调度

3.1 调度任务与原则

3.1.1 水库防洪任务

某水库防洪调度的任务:在确保枢纽工程安全度汛和保障上、下游人民群众生命财产安全的前提下,充分利用来水发电,完成公司年度安全度汛目标的同时,完成其年度高发电任务。

3.1.2 水库洪水调度原则

(1)调度方案的制订必须遵循水库设计方案的原则。

(2)防洪与发电,必须优先满足防洪的原则。

(3)优化调度方案,水库在安全运行的前提下尽可能多发电,多出效益。按上游流域内现有的配套雨量站和遥测数据的合成流量为准,作为依据进行调洪。充分利用水文、气象预报信息,在超标洪水入库之前,提前预泄腾库,严禁陡开闸门,造成下游河道人为洪峰。

(4)水库运行期间保坝的原则。

(5)某水库汛期限制水位计水库运行计划按《某水库防洪调度方案的批复》调度方案执行。

3.1.3 某水库汛期调度运用

(1)水库汛限水位:×××m;

(2)调度程序规定:由×××县防汛办下达调度指令,某电厂负责操作,调度中如发生重大问题(包括 50 年一遇以上洪水)应及时向×××州县防汛指挥部报告。

(3)发生 50 年一遇以上(含 50 年)大洪水时,水库在保证大坝安全的条件下,最大限度地减轻洪水对下游造成的损失,在洪水来临前,提前将水位预泄至×××m 以下,尽量减轻洪水对大坝的威胁。

(4)发生20年一遇的洪水时,将水库下泄流量控制在×××m^3/s以内,水库最高蓄水位控制在×××m以内。

(5)发生10年一遇及以下的洪水时,水库下泄流量控制在×××m^3/s以内,水库最高蓄水位控制在×××m以内。

(6)发生5年一遇的洪水,下泄流量控制在×××m^3/s。

3.2　洪水调度方式

3.2.1　入库洪水的判别

根据现有条件,通过天气预报定性预测入库洪水,通过水文预报定量预测入库洪水,其中,水文预报方案通过集雨面积、降雨过程及各站实际降雨结合前期影响雨量来判别洪峰的大小。

3.2.2　闸门运行方式

某水库电站由泄洪闸完成泄洪和调节库水位工作,冲砂底孔门一般作为冲砂,具体方式为:

(1)闸门按照先开表孔闸门再开底孔闸门的原则操作。

(2)闸门按均匀原则操作。

(3)洪水消退后,闸门操作按照"先关底孔闸门,后关表孔闸门,对称均匀关闭"的原则,掌握上游来水量,控制水位上涨时间,尽量减少水库弃水。

3.2.3　水库洪水调度起调水位及下泄流量

×××

3.2.4　汛期水库调度权限划分

第4章　供水调度

某水库城镇供水管高程×××m,发电死水位×××m,考虑经济及社会发展,保障流域区域生活生产供水,某水库电站在控制调节水库水位时,尽可能的多出效益,也满足了下游城市供水需求,同时对河道的环境治理创造良好的生活空间,在特殊情况下发生供水矛盾时,优先保障生活供水。

第5章　发电调度

5.1　调度任务

某水库电站以发电为主,兼有防洪、灌溉、城镇供水,水产养殖和旅游等综合效益,兴利调度的任务是在确保大坝安全的前提下,充分利用调节库容,合理调配水量多发电,充分发挥工程的综合效益。

5.2　调度原则

发电调度方案制定应以电网、某水库电站的安全行为为前提,充分合理利用水量与水头,承担电力系统调峰任务,努力做到经济、优质运行;某水库电站兴利调度服从于防洪调度,并与生态调度相协调。

第6章 综合利用调度

6.1 调度方式

某水库电站一般应尽可能维持高水位运行,使发电水头较高;在汛前及汛期有可能发生弃水时及时加大机组出力多发季节性电能,当水库遭遇枯水期时,应降低出力运行。具体按某水库电站基本发电调度图调度。

6.2 实时调度

(1)某水库在实际运行中,依据气象、水文部门长期预报结果,确定一个时段内总体来水情况,根据水库调度图,并考虑电网的发电、调峰要求拟定一个时段的发电和库水位控制计划,报上级部门审批,并按批复意见执行。

(2)对于枯水年,某水库应特别注意保持高水位运行,对于丰水年,宜适当加大出力降低运行水位,以获得较多的季节性电能。

(3)电站在枯水期(11月~翌年3月)应在满足系统要求的日平均出力条件下尽可能调峰运行,保持较高水位,充分发挥电站的容量效益。枯水期末,如库水位较高,可根据对汛初来水的预报,适当加大出力,以降低库水位。

6.3 生态调度

生态调度的原则是结合防洪、发电等调度,确保下游河道不断流,合理下泄流量,满足下游生态需水要求,一般情况下,通过电站发电下泄流量满足生态用水要求;特殊情况,为防止水库下游出现断流,可通过发电引水系统下泄生态基流。

6.4 积极采取下列措施为节水增发电量创造条件

(1)加强水库及枢纽工程管理,减少水库水量损失。

(2)开展厂内经济运行,优化开机方式和符合分配,保持机组在高效出力区运行。

(3)及时排漂清污,减少水工损失。

(4)开展尾水清渣工作,提高运行水头。

(5)尽量减少机组空载损耗。

(6)加强水文预报,开展预泄调度、补偿和错峰调度。

(7)利用闸门提高晚高峰出力调峰工作。

(8)水库动态控制汛期限制水位调度。

第7章 水库调度管理

7.1 年调度计划编制

7.1.1 年调度计划应根据枢纽开发任务及综合利用规划枢纽工程,实际运行情况、库区及下游河道情况等方面,按照确保枢纽工程安全及充分发挥综合利用效益的原则进行编制。

7.1.2 编制年度计划应应把当年洪水、径流的长期预报成果,作为重要的参考依据。年度调度计划应包括以下主要内容:

(1)枢纽工程、库区及下游河道、电站设备、闸门设备等各方面的情况及变化。

(2)有关部门的要求。

(3)气象、水文预报情况。

(4)防洪调度计划。

(5)发电调度计划。

(6)执行调度计划所存在的问题、意见和要求。

7.1.3 年度防洪调度计划除有特殊情况外,有关水库防洪调度方案应按照本规程“4 洪水调度”规定执行,并补充防洪设施安全监察情况及当年度汛存在的问题与解决方法。防洪调度计划还应以度汛方案的形式上报上级防汛部门。

7.1.4 编制年度发电设计计划所需要的径流预报过程,可采用下述方法进行:

(1)按照“水文气象情报及预报”的要求,进行平水偏丰水年,平水年、平水偏枯水年三种量级的定性预报,同时提出月径流预报,以预报下限值编制年度发电设计计划。

(2)根据保证率70% ~75%的若干个偏枯典型年的各月平均水量求出典型年水量均值,若预报为平水年,直接采用典型年水量的值编制年度发电调度计划。若预报为平水偏丰年或平水偏枯年,以典型年各月水量均值分别下浮10% ~15%作为编制年度发电调度计划的依据。

7.1.5 年度发电调度计划编制方法如下:

(1)根据保证率为70% ~75%的偏枯典型年预报径流过程,按正常发电调度图计算年发电量及各月出力过程,以70% ~75%年的计算成果为主,参考预报来水计算成果,提出年计划发电量及各月计划平均出力过程线。经电力主管部门审查同意后,作为计划依据。

(2)按照规程“发电调度”中的原则,确定各时段水库运行方式和控制水位。

(3)提出水轮发电机组及电气设备年度检修计划。

(4)存在的问题与建议。

7.2 日常(月、旬或周、日)调度计划编制

日常的发电调度计划,应按电网部门的要求,根据预报来水按月、旬(或周、日)编制上报。其中月调度计划内容及编制方法如下:

(1)根据预测的月末库水位计次月来水量,按本规程:“调度方式”进行水库发电调节计算,求得次月发电机相应的日发电量和月末库水位,根据建议调峰幅度,报电网主管部门审批。

(2)当实际来水预报来水相差较大时,应修正调整发电计划,报电网主管部门审批。

(3)枯水期应根据机组运行状态及水情,提出检修建议。汛期如出现临时性检修,应报电网调度部门批准执行。

7.3 调度计划审批

7.3.1 年度调度计划应不迟于前一年11月底以前上报电网主管部门并请求尽快审批下达。

7.3.2 年度设计计划中的防洪调度部分,应作为汛期度汛计划上报×××县防办。

7.3.3 阅读发电计划于前一月的20日前上报电网主管部门,由主管部门审批下达。

7.3.4 汛期遇到来水不超过预计范围较高,需要调整月发电计划时,应及时提出调整,上报电网公司主管部门,取得同意后改变发电计划。

7.3.5 汛期发生较大洪水时,应根据预报“洪水调度”规定迅速提出调洪方案,紧急上报县防办,根据县防办的决定进行。

7.4 调度运行操作权限

7.4.1 洪水调度权限按3.1.3节执行。

7.4.2 泄洪闸门启闭运用,必须根据控制泄量的要求,遵照法定审批权限履行签核手续,由专职管理人员按规定的运用程序执行,泄洪闸门启闭运用过程应记录存入水库调度运行技术档案备查。

7.4.3 电厂运行按上级批准的调度运行方式工作,担任调峰机组的开、停机应按上级调度的命令执行。当机组出力过小影响机组运行性能时,应及时向上级主管部门反映,按审批意见调整出力运行。

7.5 水库调度日常工作

7.5.1 建立24 h值班制度,值班人员应做到:

(1)及时根据气象、水文、预报资料,进行洪水预报作业。

(2)根据洪水预报情况,提出调度意见,按洪水等级及时向上级单位报告。

(3)密切注意水库及上、下游防洪抢险情况,当发生异常情况时,需及时向×××县防办和有关单位汇报。

(4)及时向上、下游有关部门通报水库运行情况,当水库泄洪或大幅度改变运用方式及工程发生异常情况,可能危及大坝和下游群众生命财产安全等重大情况时,要及时把情况和上级有关决定向有关单位和部门联系传达。

(5)大洪水开闸泄洪接县防汛办指令发出泄洪预警,半小时后开闸泄洪。

(6)做好值班调度记录,严格履行交接班手续,对上级的调度命令和指示要进行录音或文字记录。

7.5.2 水工金结部门专责人员检查了解溢洪道、闸门及启闭机的调试、检查和维护工作,要求汛前达到待命运行状态,保证整个汛期安全运行。

7.5.3 水工金结部门应编制、整理当月水库月报,上报公司分管领导及生产技术部门。调度月报内容包括:

(1)当月初期库容、初期库水位、月平均流量、总来水量、平均净水头、发电出库、泄量等情况。

(2)当月水文气象。

(3)水库调度运用过程及特征值和必要的分析。

(4)次月的水库调度计划与要求。

7.5.4 水库调度中心应建立水库调度运用技术档案制度。水文的数据、气象水位预报成果、上级调度决策文件、调度运用实况数据等,应及时整理归档。

7.5.5 水库调度应每年12月进行当年水库调度总结,于次年2月前上报有关部门。

(1)当年雨情、水情、发电情况及分析。

(2)气象、水文预报成果及其误差评定。

(3)水库防洪发电调度实况及合理性分析。

(4)综合经济效益评价。

(5)经验教训及今后改进意见。

7.6 水库观测工作

(1)加强大坝外部变形、内部变形及渗流监测。具体观测大坝的水平位移、垂直位移及挠度位移。

(2)每季度对大坝进行一次观测。每2~3年对大坝下游河道断面进行实测,同时对断面淤积物样进行分析,了解下游河道冲刷情况,并做好相关记录,计算及资料整理初步分析,确定大坝在安全范围内运行。

第8章 附 件

(1)某水库工程位置图。

(2)某水库枢纽平面布置图。

(3)某水库泄洪、输水建筑物纵横剖面图。

(4)水库—库容—泄量关系。

(5)闸门数量—开度—泄量关系。

(6)《某水库调度运用计划及调度规程》的批复等文件。

(7)某水库电站基本发电调度图。

(8)下游洪水淹没图。

参考文献

[1] 宋萌勃,岳延兵,陈吉琴. 水库调度与管理[M]. 郑州:黄河水利出版社,2013.
[2] 陈森林. 水电站水库运行与调度[M]. 北京:中国电力出版社,2008.
[3] 陈宁珍. 水库运行调度[M]. 北京:水利电力出版社,1990.
[4] 武鹏林,霍德敏,马存信,等. 水利计算与水库调度[M]. 北京:地震出版社,2000.
[5] 中国电力企业联合会. 改革开放四十年的中国电力[M]. 北京:中国电力出版社,2018.
[6] 中华人民共和国住房和城乡建设部. 水库调度设计规范:GB/T 50587—2010[S]. 北京:中国计划出版社,2010.
[7] 中华人民共和国水利部. 水库调度规程编制导则:SL 706—2015[S]. 北京:中国水利水电出版社,2015.
[8] 郭生练. 水库调度综合自动化系统[M]. 武汉:武汉水利电力大学出版社, 2000.
[9] 李益民,段佳美. 水库调度[M]. 北京:中国电力出版社, 2004.
[10] 王文川. 水利水电规划[M]. 北京:中国水利水电出版社,2013.
[11] 陈惠源,万俊. 水资源开发利用[M]. 武汉:武汉大学出版社,2001.
[12] 宋萌勃. 工程水文及水利计算[M]. 武汉:华中科技大学出版社,2013.
[13] 水利部水利管理司. 小型水库管理人员培训辅导指南[M]. 北京:中国水利水电出版社,1998.
[14] 黄强. 水能利用[M]. 4 版. 北京:中国水利水电出版社,2009.